工程施工放线快学快用系列丛书

建筑工程施工放线快学快用

本书编写组 编

中国建材工业出版社

图书在版编目(CIP)数据

建筑工程施工放线快学快用/《建筑工程施工放线快学快用》编写组编. —北京:中国建材工业出版社, 2013.1

(工程施工放线快学快用系列丛书)

ISBN 978-7-5160-0341-1

Ⅰ. ①建… Ⅱ. ①建… Ⅲ. ①建筑工程-工程施工 Ⅳ. ①TU7

中国版本图书馆 CIP 数据核字(2012)第 277724 号

建筑工程施工放线快学快用
本书编写组 编

出版发行：中国建材工业出版社
地　　址：北京市西城区车公庄大街 6 号
邮　　编：100044
经　　销：全国各地新华书店
印　　刷：北京紫瑞利印刷有限公司
开　　本：850mm×1168mm　1/32
印　　张：10
字　　数：308 千字
版　　次：2013 年 1 月第 1 版
印　　次：2013 年 1 月第 1 次
定　　价：**26.00 元**

本社网址：www.jccbs.com.cn
本书如出现印装质量问题，由我社发行部负责调换。电话：(010)88386906
对本书内容有任何疑问及建议，请与本书责编联系。邮箱：dayi51@sina.com

内容提要

本书根据《工程测量规范》(GB 50026—2007)和《建筑变形测量规范》(JGJ 8—2007)编写,详细介绍了建筑工程施工放线的基本理论和方式方法。全书主要内容包括概论、水准测量、角度测量、距离测量与直线定向、测量误差基础知识、地形测量、小区域控制测量、建筑施工测量放线、民用建筑施工测量放线、工业建筑施工测量放线、全站仪的使用、建筑物变形观测与竣工总平面图的编绘等。

本书着重于对建筑工程施工放线人员技术水平和专业知识的培养,可供建筑工程施工放线人员工作时使用,也可供高等院校相关专业师生学习时参考。

建筑工程施工放线快学快用

编写组

主　编：李良因
副主编：甘信忠　张婷婷
编　委：李　慧　李建钊　徐梅芳　范　迪
　　　　訾珊珊　朱　红　王　亮　秦大为
　　　　孙世兵　徐晓珍　葛彩霞　马　金
　　　　刘海珍　贾　宁

前 言

FOREWORD

工程施工放线是指建设单位在工程场地平整完毕,规划要求应拆除原有建筑物(构筑物)全部拆除后,委托具有相应测绘资质的单位按工程测量的相关知识和标准规范,依据建设工程规划许可证及附件、附图所进行的施工图定位。施工放线的目的是通过对建设工程定位放样的事先检查,确保建设工程按照规划审批的要求安全顺利地进行,同时兼顾改善环境质量,避免对相邻产权主体的利益造成侵害。

所谓工程测量即是在工程建设的勘察设计、施工和运营管理各阶段,应用测绘学的理论和技术进行的各种测量工作。工程测量在工程建设中起着重要的作用,其贯穿于建筑工程建设的始终,服务于施工过程中的每一个环节。工程测量成果的好坏,直接或间接地影响到建设工程的布局、成本、质量与安全等,特别是工程施工放样,如出现错误,就会造成难以挽回的损失。

随着我国工程测绘事业的发展,科学技术的进步,工程施工放线的理论与方法也日趋成熟。为帮助广大工程技术及管理人员学习工程施工放线及工程测量的相关基础知识,掌握工程施工放线的方法,我们组织工程测量领域的专家学者和工程施工放线方面的技术人员编写了《工程施工放线快学快用系列丛书》,本套丛书包括以下分册:

1. 建筑工程施工放线快学快用
2. 市政工程施工放线快学快用
3. 公路工程施工放线快学快用
4. 水利水电工程施工放线快学快用

本套丛书同市面上同类图书相比,主要具有以下特点:

(1)明确读者对象,有针对性的进行图书编写。测量工作主要有两个方面:一是将各种现有地面物体的位置和形状,以及地面的起伏形态等,用图形或数据表示出来,为测量工作提供依据,称为测定或测绘;二是将规划设计和管理等工作行成的图纸上的建筑物、构筑物或其他图形的位置在现场标定出来,作为施工的依据,称为测设或放样。本套丛书即以测设为讲解对象,重点研究测量放线的理论依据与测设方法,以指导读者掌握施工放线的基本技能。

(2)编写内容注重结合实际需要。本套丛书以现行《工程测量规范》(GB 50026—2007)为编写依据,在编写上注重联系新技术、新仪器、新方法的实际应用,以使读者了解测绘科技的最新发展和动态,切实掌握适应现代科技发展的实用知识。

(3)紧扣快学快用的编写理念。本套丛书以"快学快用"为编写理念,在编写体例上对有关知识进行有条理的、细致的、有层次的划分,使读者对知识体系有更深人、更清晰的认知,从而达到快速学习、快速掌握、快速应用的目的。

(4)实例讲解,便于读者掌握。本套丛书列举了大量测量实例,通过具体的应用,教会读者如何进行相关的测量计算,如何操作仪器进行各种测设工作,并详述了测设中应引起注意的各种测量技巧,使读者达到学而致用的要求。

本套丛书在编写过程中,参考或引用了有关部门、单位和个人的资料,得到了相关部门及工程施工单位的大力支持与帮助,在此一并表示衷心的感谢。由于编者的水平有限,丛书中缺点及不当之处在所难免,敬请广大读者提出批评和指正。

编写组

目录

CONTENTS

第一章　概论　　　　　　　　　　／1
　第一节　建筑工程测量放线基础　／1
　　一、建筑工程测量放线的任务　／1
　　二、建筑工程测量的作用　　　／2
　第二节　建筑工程测量工作的原
　　　　　则与程序　　　　　　　／2
　　一、建筑工程测量工作的原则　／2
　　二、建筑工程测量工作的程序　／2
　第三节　地面点位的确定　　　　／4
　　一、地球的形状与大小　　　　／4
　　快学快用1　地球参考椭球面形
　　　　　　　状与大小的决定因素
　　　　　　　　　　　　　　　　／5
　　二、确定地面点位的原理　　　／5
　　三、确定地面点的位置　　　　／6
　　快学快用2　在实际工作中确定
　　　　　　　地面点位　　　　　／9
　第四节　用水平面代替水准面的
　　　　　限度　　　　　　　　　／10
　　一、地球曲率对水平距离的影响　／10
　　二、地球曲率对高程的影响　　／11

第二章　水准测量　　　　　　　　／13
　第一节　水准测量原理　　　　　／13
　　一、水准测量基本原理　　　　／13
　　快学快用1　运用高差法进行水
　　　　　　　准测量　　　　　　／13

　　快学快用2　运用仪高法进行水
　　　　　　　准测量　　　　　　／15
　　二、几何水准测量规律　　　　／15
　第二节　水准测量仪器构造与使用
　　　　　　　　　　　　　　　　／15
　　一、水准仪的构造　　　　　　／15
　　二、水准仪的使用　　　　　　／20
　　快学快用3　水准仪粗略整平的
　　　　　　　主要步骤　　　　　／20
　　快学快用4　水准仪的照准与调
　　　　　　　焦的主要步骤　　　／21
　第三节　水准测量方法及成果整理
　　　　　　　　　　　　　　　　／22
　　一、水准点　　　　　　　　　／22
　　二、水准路线　　　　　　　　／22
　　快学快用5　水准路线拟定工作
　　　　　　　的主要步骤　　　　／23
　　三、水准测量施测方法　　　　／23
　　四、水准测量检核　　　　　　／24
　　快学快用6　水准测量闭合差的
　　　　　　　计算步骤及实例　　／26
　第四节　水准仪的检验与校正　　／27
　　一、水准仪轴线应满足的条件　／27
　　二、普通水准仪的检验与校正　／28
　　三、精密水准仪的检验与校正　／31
　第五节　水准测量误差分析　　　／31

一、仪器误差　　　　　　　　　/ 32
　二、观测误差　　　　　　　　　/ 32
　三、外界条件引起的误差　　　　/ 33
　　快学快用 7　水准测量误差的影响
　　　　　　　　　　　　　　　　/ 35
第三章　角度测量　　　　　　　　/ 36
　第一节　角度测量原理　　　　　/ 36
　　一、水平角测量原理　　　　　/ 36
　　　快学快用 1　测量水平角的仪器
　　　　　　　　须具备的条件　　/ 36
　　二、竖直角测量原理　　　　　/ 37
　第二节　角度测量仪器构造与使用
　　　　　　　　　　　　　　　　/ 37
　　一、光学经纬仪的构造　　　　/ 37
　　二、光学经纬仪的对中与整平　/ 39
　　　快学快用 2　使用光学对中器进
　　　　　　　　行对中和整平操作
　　　　　　　　步骤　　　　　　/ 40
　　三、光学经纬仪的读数设备　　/ 41
　　　快学快用 3　分微尺测微器的读
　　　　　　　　数方法　　　　　/ 42
　　　快学快用 4　单平板玻璃测微器
　　　　　　　　的读数方法　　　/ 42
　第三节　角度测量方法与计算　　/ 43
　　一、水平角观测方法　　　　　/ 43
　　　快学快用 5　运用测回法进行水
　　　　　　　　平角观测　　　　/ 43
　　　快学快用 6　运用方向观测法进
　　　　　　　　行水平角观测　　/ 44
　　二、竖直角观测方法与计算　　/ 45
　　　快学快用 7　竖直角的计算实例/ 46
　第四节　经纬仪检验与校正　　　/ 48
　　一、经纬仪轴线应满足的条件　/ 48
　　二、经纬仪一般性检查　　　　/ 49

　　三、光学经纬仪的检验与校正　/ 49
　第五节　水平角观测误差分析　　/ 52
　　一、仪器误差　　　　　　　　/ 52
　　二、观测误差　　　　　　　　/ 52
　　三、外界条件引起的误差　　　/ 53
第四章　距离测量与直线定向　　　/ 54
　第一节　钢尺量距　　　　　　　/ 54
　　一、量距工具　　　　　　　　/ 54
　　二、直线定线　　　　　　　　/ 56
　　　快学快用 1　运用目测定线法进
　　　　　　　　行直线定线　　　/ 56
　　　快学快用 2　运用过高地定线法
　　　　　　　　进行直线定线　　/ 56
　　　快学快用 3　运用经纬仪定线法
　　　　　　　　进行直线定线　　/ 57
　　三、距离丈量　　　　　　　　/ 58
　　　快学快用 4　平坦地面丈量法进
　　　　　　　　行距离丈量　　　/ 58
　　　快学快用 5　倾斜地面丈量法进
　　　　　　　　行距离丈量　　　/ 59
　　四、钢尺精密量距　　　　　　/ 60
　　　快学快用 6　钢尺丈量主要步骤/ 60
　　　快学快用 7　钢尺精密量距的尺
　　　　　　　　长改正　　　　　/ 61
　　五、钢尺的检定　　　　　　　/ 63
　　　快学快用 8　与标准尺比长的尺
　　　　　　　　长检定　　　　　/ 64
　　　快学快用 9　与基准线长度进行
　　　　　　　　实量比较的尺长检定
　　　　　　　　　　　　　　　　/ 64
　第二节　视距测量　　　　　　　/ 65
　　一、视距测量基本原理　　　　/ 65
　　二、视线水平时的视距测量公式/ 65
　　三、视线倾斜时计算水平距离和高差/ 66

快学快用 10　视距测量方法与步骤
　　　　　　　　　　　　　　　/ 66

第三节　电磁波测距　　　　　/ 67
一、测距仪的分类及构造　　　　/ 67
二、脉冲式光电测距仪基本原理　/ 70
三、相位式光电测距仪基本原理　/ 70
四、测距成果整理　　　　　　　/ 71
五、测距仪使用注意事项　　　　/ 72

第四节　直线定向　　　　　　/ 72
一、标准方向的分类　　　　　　/ 73
　快学快用 11　方位角表示直线
　　　　　　　　定向的方法　　/ 73
二、方位角之间的关系　　　　　/ 73
　快学快用 12　真方位角与磁方
　　　　　　　　位角之间的关系/ 74
　快学快用 13　坐标方位角推算/ 75
三、象限角直线定向　　　　　　/ 75
　快学快用 14　象限角与方
　　　　　　　　位角的关系　　/ 76

第五章　测量误差基础知识　　/ 77
第一节　测量误差概述　　　　/ 77
一、测量误差产生的原因　　　　/ 77
二、测量误差的分类　　　　　　/ 78
三、偶然误差的特性　　　　　　/ 79

第二节　评定测量精度的指标　/ 80
一、精度　　　　　　　　　　　/ 80
二、中误差与相对误差　　　　　/ 81
　快学快用 1　衡量观测中误差的
　　　　　　　指标　　　　　　/ 81
三、极限误差　　　　　　　　　/ 82
　快学快用 2　衡量相对误差的指标
　　　　　　　　　　　　　　　/ 82

第三节　误差传播定律　　　　/ 83

快学快用 3　倍数的函数关系　　/ 83
快学快用 4　和或差的函数关系　/ 84
快学快用 5　非线性函数关系　　/ 85
快学快用 6　常见函数的中误差
　　　　　　　关系式　　　　　/ 85

第四节　算术平均值及其中误差/ 87
一、算术平均值　　　　　　　　/ 87
二、观测值的中误差　　　　　　/ 88
三、算术平均值的中误差　　　　/ 89

第五节　加权平均值及中误差　/ 89
一、权　　　　　　　　　　　　/ 89
　快学快用 7　权与中误差的关系/ 90
二、加权平均值　　　　　　　　/ 91
三、加权平均值的中误差　　　　/ 91

第六章　地形测量　　　　　　/ 92
第一节　地形图概述　　　　　/ 92
一、地形图的比例尺　　　　　　/ 92
　快学快用 1　地形图比例尺的选用
　　　　　　　　　　　　　　　/ 93
二、地形图的分幅与编号　　　　/ 94
三、地形图符号与图例　　　　　/ 95

第二节　地形图测绘　　　　　/ 104
一、地形图测绘要求　　　　　　/ 104
二、测图前准备工作　　　　　　/ 106
三、碎部点的选择　　　　　　　/ 108
四、地形图测绘方法　　　　　　/ 108
　快学快用 2　运用经纬仪测绘法
　　　　　　　　进行测绘　　　/ 108
　快学快用 3　运用光电测距仪测
　　　　　　　　绘法进行测绘　/ 110
　快学快用 4　运用小平板仪测绘
　　　　　　　　法进行测绘　　/ 110
五、地形图拼接、检查与整饰　　/ 112

第三节　数字地形测量　/ 113
一、数字地形图的概念　/ 113
二、计算机辅助成图系统配置　/ 113
三、数据采集　/ 114
四、数据处理与编辑　/ 115
快学快用5　计算机辅助成图后的资料提交　/ 116

第四节　地形图识读与应用　/ 117
一、地形图识读　/ 117
快学快用6　地物、地貌识读要点　/ 117
快学快用7　图外注记识读要点　/ 117
二、地形图在工程建设中的应用　/ 117
快学快用8　设计成某一高程的水平面　/ 120
快学快用9　设计成一定坡度的倾斜地面　/ 122

第七章　小区域控制测量　/ 123
第一节　概　述　/ 123
一、控制测量的分类　/ 123
二、平面控制测量　/ 124
快学快用1　平面控制网坐标系统的选择　/ 125
三、高程控制测量　/ 125

第二节　平面控制测量　/ 125
一、导线测量　/ 125
快学快用2　导线网的布设规定　/ 128
快学快用3　导线点位的选定　/ 128
快学快用4　闭合导线坐标计算实例　/ 137
二、卫星定位测量　/ 139
快学快用5　卫星定位测量控制网布设要求　/ 140
快学快用6　卫星定位测量控制点的选定要求　/ 141

第三节　高程控制测量　/ 143
一、图根水准测量　/ 143
二、三、四等水准测量　/ 143
三、三角高程测量　/ 144
快学快用7　三角高程测量的方法与步骤　/ 146

第八章　建筑施工测量放线　/ 148
第一节　概述　/ 148
一、建筑施工测量放线的概念与任务　/ 148
二、建筑施工测量放线的原则与内容　/ 148
三、建筑施工测量放线一般程序　/ 149
四、建筑施工测量放线的特点　/ 149
五、建筑物施工放线精度　/ 149

第二节　已知距离、角度与高程的测设　/ 151
一、已知距离的测设　/ 151
快学快用1　运用钢尺测设法进行距离测设　/ 152
快学快用2　运用电磁波测距仪测设法进行距离测设　/ 152
二、已知角度的测设　/ 153
快学快用3　运用直接测设法进行角度测设　/ 154
快学快用4　运用精确测设法进行角度测设　/ 154
快学快用5　运用勾股定理法进行角度测设　/ 155
快学快用6　运用中垂线法进行角度测设　/ 156
三、已知高程的测设　/ 156

快学快用 7　运用视线高程法进行高程测设　/ 156
快学快用 8　运用高程传递法进行高程测设　/ 157
快学快用 9　运用简易高程测设法进行高程测设　/ 158

第三节　点的平面位置与坡度线测设　/ 159
一、点的平面位置测设　/ 159
　快学快用 10　运用直角坐标法测设点位　/ 159
　快学快用 11　运用极坐标法测设点位　/ 160
　快学快用 12　运用角度交会法测设点位　/ 162
　快学快用 13　运用距离交会法测设点位　/ 163
二、坡度线测设　/ 164
　快学快用 14　运用水平视线法进行坡度线测设　/ 164
　快学快用 15　运用倾斜视线法进行坡度线测设　/ 165

第四节　建筑方格网与建筑基线　/ 166
一、建筑方格网　/ 166
　快学快用 16　方格网主轴线的选择　/ 168
　快学快用 17　建筑方格网的测设　/ 168
二、建筑基线　/ 172
　快学快用 18　根据控制点测设建筑基线　/ 173
　快学快用 19　根据边界桩测设建筑基线　/ 174

快学快用 20　根据建筑物测设建筑基线　/ 174

第九章　民用建筑施工测量放线　/ 176

第一节　建筑物定位与放线　/ 176
一、建筑物的定位　/ 176
　快学快用 1　建筑定位方法的选择　/ 176
　快学快用 2　根据与原有建筑物的关系进行定位　/ 177
　快学快用 3　根据与原有道路的关系进行定位　/ 177
二、建筑物放线　/ 178
　快学快用 4　建筑物引测轴线的方法　/ 178
　快学快用 5　建筑物测设细部轴线交点　/ 179

第二节　民用建筑基础施工测量　/ 180
一、基槽抄平与垫层标高控制　/ 180
　快学快用 6　基槽水平桩测设　/ 181
二、垫层中线投测　/ 181
三、基础皮数杆设置　/ 182

第三节　民用建筑墙体施工测量　/ 182
一、一层楼房墙体施工测量放线　/ 182
二、二层以上楼房墙体施工测量放线　/ 184
　快学快用 7　运用皮数杆传递标高　/ 184
　快学快用 8　运用钢尺传递标高　/ 185

第四节　高层建筑施工测量放线　/ 185
一、高层建筑施工测量放线的特点　/ 185
二、建立施工控制网　/ 185
三、高层建筑基础施工测量放线　/ 187

四、高层建筑轴线投测 / 189
 快学快用 9 运用吊垂线法进行
      轴线投测 / 189
 快学快用 10 运用经纬仪引桩
      投测法进行轴线投测
         / 190
 快学快用 11 运用激光垂准仪
      投测法进行轴线投测
         / 191
五、高层建筑的高程传递 / 192
第五节 特殊工程施工测量放线 / 195
一、三角形建筑施工测量放线 / 195
二、圆弧形建筑施工测量放线 / 196
 快学快用 12 运用直接拉线法
      进行放线 / 196
 快学快用 13 运用几何作图法
      进行放线 / 198
 快学快用 14 运用坐标计算法
      进行放线 / 199
三、抛物线形建筑施工测量放线 / 202
 快学快用 15 运用拉线法放抛物线
         / 202

第十章 工业建筑施工测量放线 / 204
第一节 工业厂房控制网测设 / 204
一、控制网测设前准备工作 / 204
二、中小型工业厂房控制网测设 / 205
 快学快用 1 中小型工业厂房控
      制网测设方法 / 205
三、大型工业厂房控制网的测设 / 206
第二节 工业厂房柱列轴线与柱
    基测设 / 206
一、工业厂房柱列轴线测设 / 206
二、柱基测设 / 207

第三节 工业建筑物放线 / 208
一、工业建筑物放线的概念 / 208
二、工业建筑物放线工作 / 208
第四节 工业建筑物结构基础施
    工测量放线 / 209
一、混凝土杯形基础施工测量放线 / 209
 快学快用 2 混凝土杯形基础施
      工测量方法 / 209
二、钢柱基础施工测量放线 / 211
三、混凝土柱基础、柱身与平台施工
  测量放线 / 212
第五节 工业厂房构件安装测量
    放线 / 214
一、柱子安装测量放线 / 214
二、起重机梁安装测量放线 / 216
 快学快用 3 起重机梁安装的标
      高测设 / 217
 快学快用 4 起重机梁安装的轴
      线投测 / 217
三、钢结构工程测量放线 / 218
第六节 工业管道工程施工测量
    放线 / 219
一、管道工程测量准备工作 / 219
二、管道工程测量内容 / 219
三、管道中线测量 / 220
 快学快用 5 运用图解法进行管
      道主点测设 / 220
 快学快用 6 运用解析法进行管
      道主点测设 / 221
 快学快用 7 管线转向角测量方法
         / 222
四、管道纵横断面图测绘 / 223
五、地下管道施工测量放线 / 225

快学快用 8　地下管线系统的功能
　　　　　　　　　　　　　/ 227

六、顶管施工测量　　　　　/ 230
七、管道竣工测量放线　　　/ 231
八、机械设备安装测量放线　/ 232

第十一章　全站仪的使用　/ 236

第一节　全站仪概述　/ 236

一、全站仪的分类　　　　　/ 236
二、全站仪的功能与特点　　/ 238
三、全站仪的基本构造　　　/ 238

第二节　全站仪基本测量　/ 250

一、全站仪测量前准备工作　/ 250
二、全站仪开机操作　　　　/ 251
三、角度测量　　　　　　　/ 252
快学快用 1　通过锁定角度值对水平角的设置　/ 254
快学快用 2　通过键盘输入对水平角进行设置　/ 254
四、距离测量　　　　　　　/ 255
五、放线测量　　　　　　　/ 258
六、坐标测量　　　　　　　/ 259
七、特殊模式测量　　　　　/ 262
八、全站仪的检验与校正　　/ 263

第十二章　建筑物变形观测与竣工总平面图的编绘　/ 268

第一节　建筑物变形观测概述　/ 268

一、建筑物变形测量的意义　/ 268
二、建筑物产生变形的原因　/ 268
三、建筑物变形测量的内容与任务　/ 269
四、建筑物变形测量前准备工作　/ 269
五、建筑物变形测量等级划分及精度要求　/ 269
六、建筑变形观测网网点布设　/ 271
七、建筑物变形观测周期　　/ 272

第二节　建筑物沉降观测　/ 272

一、沉降观测的标志　　　　/ 272
二、沉降观测水准点的测设　/ 273
快学快用 1　水准点高程的测定／274
三、沉降观测点的布设　　　/ 274
四、建筑物沉降观测的实施　/ 278
快学快用 2　沉降观测路线的确定　/ 279
快学快用 3　建筑物沉降观测成果提交　/ 279
五、建筑沉降观测的内容　　/ 280
快学快用 4　基坑、回弹观测设备与作业方法　/ 281
快学快用 5　基坑回弹观测成果提交　/ 281
快学快用 6　地基土分层沉降观测成果提交　/ 282
快学快用 7　建筑物沉降观测成果关系曲线　/ 282

第三节　建筑物位移观测　/ 283

一、建筑物位移观测的主要内容　/ 283
二、建筑主体倾斜观测　　　/ 283
快学快用 8　建筑主体倾斜观测方法的选用　/ 284
快学快用 9　倾斜观测成果提交／286
三、建筑水平位移观测　　　/ 286
快学快用 10　运用视准线法进行水平位移观测　/ 286
快学快用 11　运用激光准直法进行水平位移观测　/ 287
快学快用 12　运用引张线法进行水平位移观测　/ 288

快学快用 13　运用测边角法进行水平位移观测 / 288
快学快用 14　水平位移观测成果提交 / 289
四、基坑壁侧向位移观测 / 289
快学快用 15　基坑壁侧向位移观测方法的选用 / 289
快学快用 16　侧向位移观测成果提交 / 290
五、场地滑坡观测 / 291
快学快用 17　场地滑坡观测方法的选用 / 292
快学快用 18　场地滑坡观测成果提交 / 292
六、建筑挠度观测 / 294
快学快用 19　挠度观测成果提交 / 295

第四节　特殊变形测量 / 296
一、日照变形观测 / 296
快学快用 20　日照变形观测方法的选用 / 296
快学快用 21　日照变形观测成果提交 / 297
二、风振观测 / 298
快学快用 22　风振观测方法的选用 / 298
快学快用 23　风振观测成果提交 / 299
三、裂缝观测 / 299
快学快用 24　裂缝观测成果提交 / 301

第五节　竣工总平面的编绘 / 301
一、编绘竣工总平面图的意义 / 301
二、编绘竣工总平面图的主要程序 / 301
三、竣工总平面图编绘内容 / 302
四、竣工总平面图绘制注意事项 / 304

参考文献 / 305

第一章 概 论

第一节 建筑工程测量放线基础

一、建筑工程测量放线的任务

建筑工程测量是测量学的一个重要组成部分,其主要对象是民用建筑、工业建筑和高层建筑,也包括道路、管线和桥梁等配套工程。建筑工程测量的主要任务包括以下四方面内容。

1. 测绘大比例尺地形图

测图是指使用测量仪器和工具,依照一定的测量程序和方法,通过测量和计算,得到一系列测量数据,或者把局部地球表面的形状和大小依照规定的符号与比例尺绘制成地形图,并把工程所需的数据用数字表示出来,为规划设计提供图纸和资料。

2. 用图

用图是指识别地形图、断面图等的知识、方法和技能。用图是先根据图面的图式符号识别地面上地物和地貌,然后在图上进行测量,从图上取得工程建设所必需的各种技术资料。

3. 施工放线和竣工测量

施工放线是将图纸上规划设计好的建(构)筑物按照设计要求通过测量的定位、放线、安装,将其位置和高程标定到施工作业面上,作为工程施工的依据,并配合建筑施工进行各种测量工作,并为开展竣工测量提供资料依据。

4. 建筑物变形观测

对某些有特殊要求的建(构)筑物,在施工过程中和使用期间,还要测定有关部位在建筑荷载和外力作用下,随着时间推移而产生变形的规律,定期进行监测,以了解其变形规律,监视其安全性和稳定性。

由此可见,测量工作一直贯穿于工程建设的全过程,其直接影响到工程建设的进度与质量。

二、建筑工程测量的作用

建筑工程测量在工程建设中有着不可或缺的作用,其主要体现在以下四个方面:

(1)建筑用地的选择,道路、管线位置的确定等,都要利用测量所提供的资料和图纸进行规划设计。

(2)施工阶段需要通过测量工作来衔接,配合各项工序的施工,才能保证设计意图的正确执行。

(3)竣工后的竣工测量,为工程的验收、日后的扩建和维修管理提供资料。

(4)在工程管理阶段,对建(构)筑物进行变形观测,确保工程安全使用。

第二节 建筑工程测量工作的原则与程序

一、建筑工程测量工作的原则

测量成果的好坏,直接或间接地影响到建筑工程的布局、成本、质量与安全等,特别是施工放线,如出现错误,就会造成难以挽回的损失。而从测量基本程序可以看出,测量是一个多层次、多工序的复杂工作,在测量过程中不但会有误差,还可能会出现错误。为了杜绝错误,保证测量成果准确无误,在测量工作过程中必须遵循"边工作边检核"的基本原则,即在测量中,不管是外业观测、放线还是内业计算、绘图,每一步工作均应进行检核,上一步工作未作检核前不能进行下一步工作。

二、建筑工程测量工作的程序

测定碎部点位置时,其工作程序主要分为控制测量和碎部测量两步骤。

1. 控制测量

控制测量分为平面控制测量和高程控制测量,由一系列控制点构成控制网。如图 1-1 所示,先在测区内选择若干具有控制意义的点 A、B、C…作为控制点,以精密的仪器和准确的方法测定各控制点之间的距离 d,各控制边之间的水平夹角 β,如果某一条边(图 1-1 中的 AB 边)的方位角 α 和其中某一点的坐标已知,则可计算出其他控制点的坐标。另外,还要测出各控制点之间的高差,设点 A 的高程为已知,则可求出其他控制点的高程。

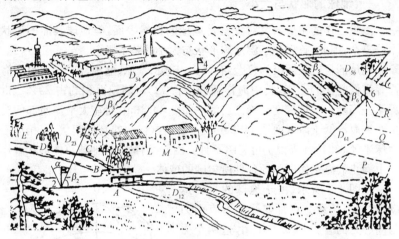

图 1-1 测量程序示意图

2. 碎部测量

碎部测量是在控制测量的基础上进行细部测量,以测绘地形图或进行建筑物的放线。如图 1-1 中在控制点 A 上测定其周围碎部点 M、N…的平面位置和高程,应遵循"从整体到局部、先控制后碎部"的原则。这样可以减少误差累积,保证测图精度,而且还可以分幅测绘,加快测图进度。

从上述分析可知,测量工作的基本程序可以归纳为"先控制后碎部"、"从整体到局部"和"由高级到低级"。对施工测量放线来说,也要遵循这个基本程序,先在整个建筑施工场地范围内进行控制测量,得到一定数量控制点的平面坐标和高程,然后以这些控制点为依据,在局部地区逐个进行对建(构)筑物轴线点的测设,如果施工场地范围较大时,控制测量也应由高级到低级逐级加密布置,使控制点的数量和精度均能满足施工放线的要求。

第三节 地面点位的确定

建筑工程测量放线的本质是确定地面点位,因此,确定好地面点位是极其重要的。

一、地球的形状与大小

测量工作的主要研究对象就是地球的自然表面,但地球表面的形状十分复杂,因此,首先要了解地球形状与大小的基本概念。

地球的自然表面极为复杂,有高山、丘陵、平原、盆地、湖泊、河流和海洋等高低起伏的形态,其中海洋面积约占71%,陆地面积约占29%。世界第一高峰——珠穆朗玛峰高出海平面8844.43m,而在太平洋西部的马里亚纳海沟低于海水面达11022m。尽管有这样大的高低起伏,但相对于地球半径6371km来说仍可忽略不计。因此,测量中将地球总体形状看作是由静止的海水面向陆地延伸所包围的球体。

如图1-2所示,由于地球的自转运动,地球上任意一点都要受到万有引力与离心力的合力的双重作用,这两个力的合力称为重力,重力的方向线称为铅垂线,是测量上的基准线。

处于静止状态的水面称为水准面,水准面有无数个,其中与平均海水面相吻合的水准面称为大地水准面,大地水准面是测量工作的基准面,与水准面相切的平面称为水平面。

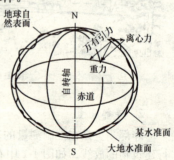

图1-2 地球的自然表面

由于地球内部的质量分布不均匀,因此地球各处引力的大小不同,引起基准线方向的不规则变化,使人们无法在这个曲面上直接进行测绘和数据处理。为了方便起见,选择一个与大地水准面非常接近的、能用数学方程表示的几何形体来代表地球的形体。这就是地球参考椭球面,如图1-3所示。

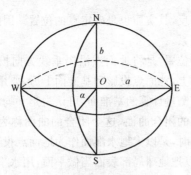

图 1-3 参考椭球面

快学快用 1 地球参考椭球面形状与大小的决定因素

地球参考椭球面的形状与大小由其长半径 a 和短半径 b(或扁率 $α$)决定。我国目前采用的椭球参数是 1975 年国际大地测量与地球物理联合会通过并推荐的值。

$$a = 6378140m$$
$$b = 6356755m$$
$$α = \frac{a-b}{a} = \frac{1}{298.257}$$

由于地球椭球的扁率很小,当测区面积不大时,可以把地球看做是圆球,其半径为

$$R = \frac{2a+b}{3}$$

二、确定地面点位的原理

由几何学原理可知,由点组成线、线组成面、面组成体,因此构成物体形状的最基本元素是点。在测量上,把地面上的固定性物体称为地物,如房屋、道路等;地面起伏变化的形态称为地貌,如高山、丘陵、平原等。地物和地貌总称为地形。以地形测绘为例,虽然地面上各种地物种类繁多,地势起伏千差万别,但它们的形状、大小及位置完全可以看成是由一系列连续不断的点所组成的。

放线是在实地标定出设计建(构)筑物的平面位置和高程的测量工

作。与测图过程相反,其实质也是确定点的位置。因此,点位关系是测量上要研究的基本关系。

确定地面点的位置,是将地面点沿铅垂线方向投影到一个代表地球表面形状的基准面上,地面点投影到基准面上后,要用坐标和高程来表示点位。测绘过程及测量计算的基准面,可认为是平均海洋面的延伸,穿过陆地和岛屿所形成的闭合曲面,这个闭合的曲面称为大地水准面。大范围内进行测量工作时,是以大地水准面作为地面点投影的基准面;如果在小范围内测量,可以把地球局部表面当做平面,用水平面作为地面点投影的基准面。

三、确定地面点的位置

确定地面点的位置,就是将地面点沿着铅垂线方向投影到一个代表地球表面形状的基准面上,地面点投影到基准面上后,要用坐标(平面位置)和高程来表示点位。

1. 地面点平面位置的确定

地面点的平面位置,可以用地理坐标系和平面直角坐标系表示。

(1)地理坐标系。地理坐标系按坐标所依据的基本线和基本面的不同以及求坐标方法的不同可分为天文地理坐标系和大地地理坐标系两种。

1)天文地理坐标系。简称天文坐标,常用天文经度 λ 和天文纬度 φ 表示,其基准为铅垂线和大地水准面。

如图 1-4 所示,F 为地面任一点 P 在大地水准面上的铅垂投影点,即过 P 点的铅垂线与大地水准面的交点。过 F 点和地球南北极 N、S(N 表示北极,S 表示南极,南北两极的连线 NS 称为地轴)的平面,称为该点的天文子午面。通过英国格林尼治天文台 G 点的天文子午面,称为首天文子午面。天文子午面与大地水准面的交线,称为天文子午线或天文经线。F 点的天文经度,就是过 F 点的天文子午面与首天文经线。F 点的天文经度,就是过 F 点的天文子午面与首天文子午面所夹的二面角,用 λ 表示。规定:首天文子午线的天文经度为 $0°$;自首天文子午线向东 $0\sim180°$,称为东经;向西 $0\sim180°$,称为西经。

垂直于地轴的平面与大地水准面的交线,称为天文纬线。垂直于地轴并通过地心的平面,称为赤道面;赤道面与大地水准面的交线,称为赤道。F 点的天文纬度,就是过 F 点的铅垂线与赤道面的夹角,用 φ 表示。规定赤道的天文纬度为 $0°$;从赤道向北 $0\sim 90°$,称北纬;向南 $0\sim 90°$,称为南纬。

由上面的定义可知,同一铅垂线的各点将具有相同的天文坐标,其空间位置则要通过高程的不同来区别。

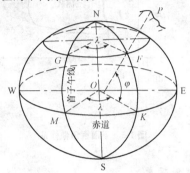

图 1-4　天文地理坐标示意图

2) 大地地理坐标。简称大地坐标,常用大地经度 L 和大地纬度 B 表示。大地坐标的定义与天文坐标的定义类似,但其基准为参考椭球体面和法线。即地面上任意点 P 的大地经度 L,是过该点的大地子午面与首大地子午面所夹的二面角;P 点的大地纬度 B,是过该点的法线(与参考椭球体面相垂直的线)与赤道面的夹角。

(2) 平面直角坐标系。对于小地区的工程测量,可将这个小区域的大地水准面看成水平面,则地面点垂直投影在这个水平面上的位置,可用平面直角坐标系来表示。这样便使测量计算工作大为简化。

平面直角坐标系是由一平面内两条互相垂直的坐标轴 x 和 y 所构成,如图 1-5 所示。测量的规定以南北方向线为纵坐标轴,即 x 轴,向北方向为正向,向南方向为负向;以东西方向线为横坐标轴,即 y 轴,向东方向为正向,向西方向为负向;两轴的交点为坐标原点,组成平面直角坐标系。

平面直角坐标系中的四个象限Ⅰ、Ⅱ、Ⅲ、Ⅳ是从北东开始顺时针方向编号的。测量中的平面直角坐标系与数学中的平面直角坐标系是坐标轴符号互换，Ⅱ、Ⅳ象限的位置对调，象限编号的方向相反，这样数学中的全部三角公式和符号规则，就能直接应用到测量计算中，不需作任何改变。

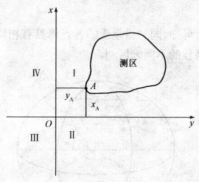

图 1-5 平面直角坐标系

2. 地面点高程的确定

地面点的高程会有绝对高程和相对高程两种确定方法。

(1) 绝对高程。地面点到大地水准面的铅垂距离，称为该点的绝对高程，简称高程，用 H 表示。如图 1-6 所示，地面点 A、B 的高程分别为 H_A、H_B。数值越大表示地面点越高，当地面点在大地水准面的上方时，高程为正；反之，当地面点在大地水准面的下方时，高程为负。

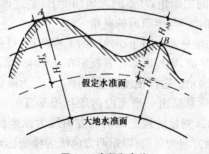

图 1-6 高程和高差

(2) 相对高程。如果有些地区引用绝对高程有困难时，可采用相对高程。相对高程是采用假定的水准面作为起算高程的基准面。地面点到假定水准面的垂直距离叫该点的相对高程。由于高程基准面是根据实际情况假定的,所以相对高程有时也称为假定高程。如图 1-6 所示,地面上点 A、B 的相对高程分别为 H_A' 和 H_B'。

两个地面点之间的高程差称为高差,用 h 来表示。高差有方向性和正负,但与高程基准无关。如图 1-6 所示,A 点至 B 点的高差为:

$$h_{AB} = H_B - H_A = H_B' - H_A'$$

当 h_{AB} 为正时,B 点高于 A 点;当 h_{AB} 为负时,B 点低于 A 点。高差的方向相反时,其绝对值相等而符号相反,即:

$$h_{AB} = -h_{BA}$$

快学快用 2 在实际工作中确定地面点位

在实际工作中确定地面点位不是直接测量坐标和高程,而是通过测量地面点与已知坐标和高程的点之间的几何关系,再经过计算间接得到所测点的坐标和高程。

如图 1-7 所示,Ⅰ 和 Ⅱ 是已知坐标点,它们在水平面上的投影位置为 1,2。地面点 A、B 是待定点,它们投影在水平面上的投影位置是 a,b。如果观测了水平角 β_1、水平距离 L_1,可用三角函数计算出 a 点的坐标。同理,观测水平角 β_2 和水平距离 L_2,也可计算出 b 点的坐标。

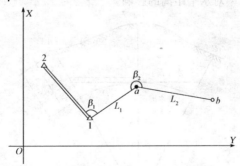

图 1-7 基本测量工作

在测绘地形图时,可在图上直接用量角器根据水平角 β_1 做出 1 点至 a 点的方向线,在此方向线上根据距离 L_1 和一定的比例尺,即可定出 a 点的位置,同理可在图上定出 b 点的位置。

若Ⅰ点的高程已知为 H_I,观测了高差 h_{IA},则可利用高差计算公式转换后计算出 A 点的高程:

$$H_A = H_I + h_{IA}$$

同理,若观测了高差 h_{AB},可计算出 B 点的高程。

第四节 用水平面代替水准面的限度

在实际测量工作中,在一定的测量精度要求和测区面积不大的情况下,往往以水平面直接代替水准面,就是把较小一部分地球表面上的点投影到水平面上来决定其位置。但是,用水平面代替水准面具有一定的限度,主要包括水准面的曲率对水平距离和高程的影响。

一、地球曲率对水平距离的影响

如图 1-8 所示,A、B、C 表示地面上的三点,它们在大地水准面上的投影点为 a、b、c,用该区域中心点的切平面代替大地水准面后,地面上的点 A、B 和 C 在水平面上的投影点用 a、b' 和 c' 表示,现分析由水平面代替水准面后,地球曲率对水平距离的影响。

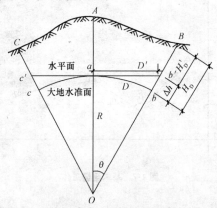

图 1-8 水平面代替水准面的影响

设 A、B 两点在水准面上的距离为 $\overset{\frown}{D}$,在水平面上的距离为 D',两者

之差 ΔD,即是用水平面代替水准面所引起的距离差异。由图得:

$$\Delta D = D' - \hat{D} = R\tan\theta - R\theta = R(\tan\theta - \theta)$$

根据三角函数的级数公式: $\tan\theta = \theta + \frac{1}{3}\theta^3 + \frac{2}{15}\theta^5 + \cdots$。因 θ 角很小,只取其前两项,代入上式得

$$\Delta D = R\left(\theta + \frac{1}{3}\theta^3 - \theta\right) = \frac{1}{3}R\theta^3$$

以 $\theta = \dfrac{\hat{D}}{R}$ 代入上式,得

$$\Delta D = \frac{\hat{D}^3}{3R^2}$$

或

$$\frac{\Delta D}{\hat{D}} = \frac{\hat{D}^2}{3R^2}$$

以地球半径 $R=6371$ km 及不同的距离 $\hat{D}$ 代入上式,可得到表1-1所列的结果。

表 1-1　　　　　水平面代替水准面所引起的距离差异

$\hat{D}$/km	ΔD/m	$\Delta D/\hat{D}$
10	0.008	1∶1220000
25	0.128	1∶200000
50	1.027	1∶49000
100	8.212	1∶12000

由以上数据可知,当水平距离为 10km 时,以水平面代替水准面所产生的误差为距离的 1∶1220000。目前最精密的距离丈量,其容许相对误差为 1∶1000000。因此,可以得出结论:在半径为 10km 的圆面积内,可以用水平面代替水准面。

二、地球曲率对高程的影响

在图 1-8 中,地面上点 B 的高程即垂直距离 bB,用水平面代替水准面后,地面上点 B 的高程为 $b'B$ 两者之差用 Δh 表示,即是用水平面代替水

准面后,地球曲率引起的高程差异,由图得:

$$\Delta h = bB - b'B = Ob' - Ob = R\sin\theta - R = R(\sin\theta - 1)$$

已知 $\sin\theta = 1 + \dfrac{\theta^2}{2} + \dfrac{5}{24}\theta^4 + \cdots$。因 θ 值很小,仅取前两项代入上式;又因 $\theta = \dfrac{\widehat{D}}{R}$,故得

$$\Delta h = R\left(1 + \dfrac{\theta^2}{2} - 1\right) = \dfrac{\widehat{D}^2}{2R}$$

用不同的距离代入上式,便得到表 1-2 所列的结果。

表 1-2　　　　　水平面代替水准面所引起的高程差异

$\widehat{D}$/km	0.2	0.5	1	2	3	4	5
Δh/cm	0.31	2	8	31	71	125	196

第二章 水准测量

第一节 水准测量原理

一、水准测量基本原理

水准测量的基本原理:利用一条水平视线,并借助水准尺,来测定地面两点间的高差,这样就可由已知点的高程推算出其他未知点的高程。水准测量测定高程的方法有高差法和仪高法两种。

快学快用 1 运用高差法进行水准测量

用水准测量方法测定高差 h_{AB} 的原理,如图 2-1 所示。欲测定 A、B 两点之间的高差 h_{AB},可在 A、B 两点上分别竖立有刻划的尺子——水准尺,并在 A、B 两点之间安置一台能提供水平视线的仪器——水准仪。根据仪器的水平视线,在 A 点尺上读数,设为 a;在 B 点尺上读数,设为 b;则 A、B 两点间的高差为:

$$h_{AB} = a - b$$

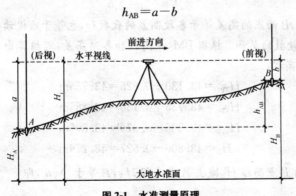

图 2-1 水准测量原理

$a > b$ 时,高差为正值;$a < b$ 时,高差为负值。若已知 A 点的高程为

H_A,则 B 点的高程为

$$H_B = H_A + h_{AB} = H_A + (a-b)$$

【例 2-1】 如图 2-2 所示为高差法计算实例,试对其进行计算。

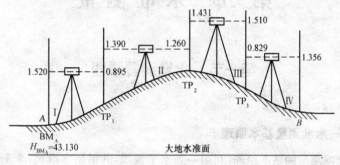

图 2-2 高差法计算

【解】 (1)由图 2-2 可知,每安置一次仪器,便可得到相应高差 h_1、h_2、h_3、h_4,即

$$h_1 = a_1 - b_1 = 1.520 - 0.895 = 0.625 \text{m}$$
$$h_2 = a_2 - b_2 = 1.390 - 1.260 = 0.130 \text{m}$$
$$h_3 = a_3 - b_3 = 1.431 - 1.510 = -0.079 \text{m}$$
$$h_4 = a_4 - b_4 = 0.829 - 1.356 = -0.527 \text{m}$$

(2)将上述各式相加,得出:

$$\sum h = \sum a - \sum b$$

(3)A、B 两点的高差等于各段高差的代数和,也等于后视读数的总和减去前视读数的总和。根据 BM_A 点高程和各站高差,可推算出各转点高程和 B 点高程:

$$H_{TP1} = 43.130 + 0.625 = 43.755 \text{m}$$
$$H_{TP2} = 43.755 + 0.130 = 43.885 \text{m}$$
$$H_{TP3} = 43.885 - 0.079 = 43.806 \text{m}$$
$$H_B = 43.806 - 0.527 = 43.279 \text{m}$$

(4)由 B 点高程 H_B 减去 A 点高程 H_A,应等于 $\sum h$,即

$$H_B - H_A = \sum h$$

因而有

$$\sum a - \sum b = \sum h = H_{终} - H_{始}$$

快学快用 2 运用仪高法进行水准测量

在测量工作中,通常将水准仪望远镜水平视线的高程称为仪器高程或视线高程,用 H_i 表示,如图 2-2 所示。在图 2-2 中由视线高计算 B 点高程的方法,叫仪高法。此法在建筑工程测量中被广泛应用。图中 A 点的高程读数等于水准仪的视线高程,即:

$$H_i = H_A + a$$

B 点高程 $\qquad H_B = H_i - b = (H_A + a) - b$

仪高法的施测步骤与高差法基本相同。

仪高法的计算方法与高差法不同,须先计算仪高 H_i,再推算前视点和中间点的高程,即:

$$\sum a - \sum b (不包括中间点) = H_{终} - H_{始}$$

二、几何水准测量规律

(1)每站高差等于水平视线的后视读数减去前视读数。

(2)起点至闭点的高差等于各站高差的总和,也等于各站后视读数的总和减去前视读数的总和。

第二节 水准测量仪器构造与使用

一、水准仪的构造

水准仪主要由测量望远镜、水准管(或补偿器)、支架和基座四个部分组成。

1. DS_3 型微倾式水准仪的构造

DS_3 型微倾式水准仪是水准仪中较常见的一种我国按其精度指标划分为 DS_{05}、DS_1、DS_3、DS_{10} 四个等级,D 和 S 分别为"大地测量"和"水准仪"汉语拼音的第一个字母,数字 05、1、3、10 指用该类型水准仪进行水准测量时每千米往、返测高差中数的偶然中误差值,分别不超过 0.5mm、1mm、3mm、10mm。一般可省略"D"只写"S",在建筑工程测量中的应用十分广泛。如图 2-3 所示为 DS_3 型微倾式水准仪,其主要由望远镜、水准器与基座三部分组成。

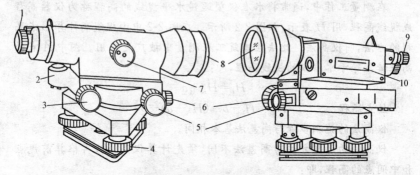

图 2-3　DS_3 型微倾式水准仪

1—目镜对光螺旋;2—圆水准器;3—微倾螺旋;4—脚螺旋;5—微动螺旋;
6—制动螺旋;7—对光螺旋;8—物镜;9—水准管气泡观察窗;10—管水准器

(1)望远镜。如图 2-4 所示,望远镜主要由物镜、对光透镜、对光螺旋、十字丝分划板及目镜组成,其作用是用来瞄准不同距离的水准尺并进行读数。

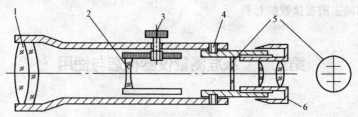

图 2-4　望远镜

1—物镜;2—对光透镜;3—对光螺旋;4—固定螺丝;5—十字丝分划板;6—目镜

(2)水准器。DS_3 型微倾式水准仪的水准器分为圆水准器(水准盒)和管水准器(水准管)两种,它们都是供整平仪器用的。

水准管是由玻璃圆管制成,上部内壁的纵向按一定半台磨成圆弧,如图 2-5 所示。水准管内注满酒精与乙酸混合液,经过加热、封闭、冷却后,

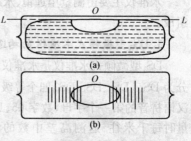

图 2-5　水准管

管内形成一个气泡。管内表面的中点为零点,通过零点作圆弧的纵向切线 LL 称为水准管轴从零点向两侧每隔 2mm 刻一个分划,每 2mm 弧长所对的圆心角称为水准管分划值,如图 2-6 所示。

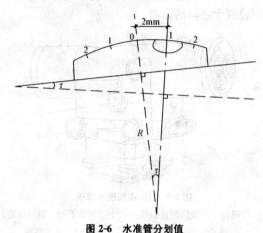

图 2-6　水准管分划值

(3)基座。基座主要由轴座、脚螺旋、底板和三角压板构成,其作用是支承仪器的上部,用中心螺旋将基座连接到三脚架上。

2. DS_1 型精密水准仪的构造

DS_1 型精密水准仪主要用于国家二、三级水准测量和高精度的工程测量中,例如建筑物沉降观测。

DS_1 型精密水准仪的构造与 DS_3 型微倾式水准仪基本相同,也是由望远镜、水准器和基座三部分构成。如图 2-7 所示。

3. 自动安平水准仪的构造

自动安平水准仪的构造,如图 2-8 所示。

(1)自动安平原理。如图 2-9 所示,当视准轴水平时,物镜光心位于 O,十字丝交点位于 B,通过十字丝横丝在尺上的正确读数为 a。当视准轴倾斜一个微小角度 $\alpha(<10')$ 时,十字丝交点从 B 移至 A,通过十字丝横丝在尺上的读数 a',A 不再是水平视线的读数 a。为了能使十字丝横丝读数仍为水平视线的读数 a,可在望远镜的光路上加一个补偿器,通过物镜光心的水平视线经过补偿器的光学元件后偏转一个 β 角,这样在 A 点处十字丝横丝仍可读得正确读数 a。由于 α 角和 β 角都是很小的角值,如

果下式成立,即能达到补偿的目的。即:
$$f\alpha = S\beta$$
式中　S——补偿器到十字丝的距离;
　　　f——物镜到十字丝的距离。

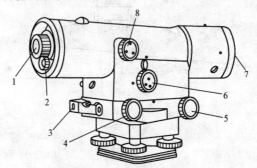

图 2-7　DS_1 型精密水准仪

1—目镜;2—测微读数显微镜;3—十字水准器;4—微倾螺旋;
5—微动螺旋;6—测微螺旋;7—物镜;8—对光螺旋

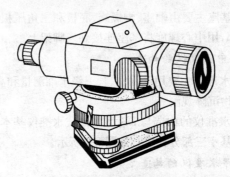

图 2-8　自动安平水准仪

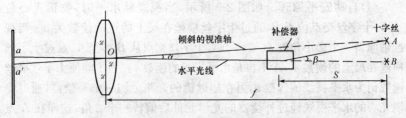

图 2-9　自动安平原理

第二章 水准测量

(2)补偿器。如图 2-10 所示为 DZS₃ 型自动安平水准仪的结构剖面图。在对光透镜与十字分划板之间安装一个补偿器,这个补偿器由固定在望远镜上的屋脊棱镜以及用金属丝悬吊的两块直角棱镜组成。当望远镜倾斜时,直角棱镜在重力摆作用下,作与望远镜相反的偏转运动,而且由于阻尼器的作用,很快会静止下来。

当视准轴水平时,水平光线进入物镜后经过第一个直角棱镜反射到屋脊棱镜,在屋脊棱镜内作三次反射后,到达另一直角棱镜,再经反射后光线通过十字丝的交点。

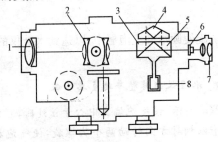

图 2-10 DZS₃ 结构剖面图
1—物镜;2—调焦镜;3—直角棱镜;4—屋脊棱镜;
5—直角镜;6—十字丝分划板;7—目镜;8—阻尼器

4. 电子数字水准仪的构造

SDL₃₀ 数字水准仪的构造,如图 2-11 所示。

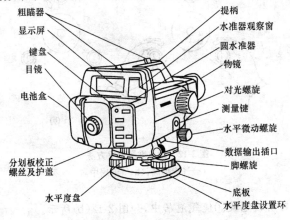

图 2-11 SDL₃₀ 数字水准仪

二、水准仪的使用

以 DS_3 型水准仪为例,水准仪的基本操作主要包括仪器安置、粗略整平、照准和调焦、精确整平和读数。

1. 仪器安置

在安置仪器处,打开三脚架,通过目测,使架头大致水平且高度适中(约在观测者的胸颈部),将仪器从箱中取出,用连接螺旋将水准仪固定在三脚架上,放稳第三支腿。

2. 粗略整平

调节仪器脚螺旋使圆水准气泡居中,以达到水准仪的竖轴近似垂直,视线大致水平。

> **快学快用 3** 水准仪粗略整平的主要步骤

(1)如图 2-12(a)所示,设气泡偏离中心于 a 处时,可以先选择一对脚螺旋①、②,用双手以相对方向转动两个脚螺旋,使气泡移至两脚螺旋连线的中间 b 处。

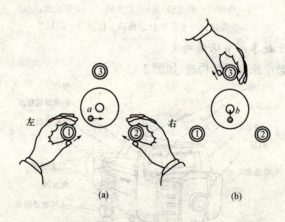

图 2-12 圆水准器整平方法
(a)气泡偏高;(b)气泡居中

(2)再转动脚螺旋③使气泡居中,如图 2-12(b)所示。
(3)如此反复进行,直至气泡严格居中。

此处需要注意的是,在整平中气泡移动方向始终与左手大拇指(或右手食指)转动脚螺旋的方向一致。

3. 照准和调焦

仪器粗略整平后,即用望远镜瞄准水准尺。

快学快用 4 水准仪的照准与调焦的主要步骤

(1)目镜对光。将望远镜对向较明亮处,转动目镜对光螺旋,使十字丝成像最为清晰为止。

(2)初步照准。放松照准部的制动螺旋,利用望远镜上部的照门和准星,对准水准尺,然后拧紧制动螺旋。

(3)物镜对光和精确瞄准。先转动物镜对光螺旋使图像清晰,然后转动微动螺旋,使十字丝纵丝照准水准尺中央。

(4)消除视差。物镜对光后,眼睛在目镜端上、下微微地移动,发现十字丝和物像有相互移动的现象,这种现象称为视差。视差产生的原因是物像与十字丝板平面没有完全重合,如图2-13所示。

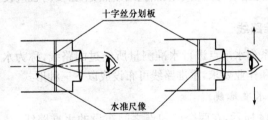

图2-13 视差产生原因

4. 精确整平

精平是在读数前转动微倾螺旋使气泡居中,从而得到精确的水平线。转动微倾螺旋时速度应缓慢,直至气泡稳定不动而又居中时为止。必须注意,当望远镜转到另一方向观测时,气泡不一定符合,应重新精平,符合气泡居中后才能读数。

5. 读数

当气泡符合后,立即用十字丝横丝在水准尺上读数。读数前要认清水准尺的注记特征。望远镜中看到的水准尺是倒像时,读数应自上而下,从小到大读取,直接读取 m、dm、cm、mm(为估读数)四位数字。读数后要立即检查气泡是否仍符合居中,否则,重新符合后读数。

第三节 水准测量方法及成果整理

一、水准点

用水准测量的方法测定的高程控制点称为水准点,简记 BM。水准点可作为引测高程的依据。水准点分永久性和临时性两种。永久性水准点是国家有关专业测量单位,按统一的精度要求在全国各地建立的国家等级的水准点。在建筑工程中,通常需要设置一些临时性的水准点,这些点可用木桩打入地下,桩顶钉一个顶部为半球状的圆帽铁钉,也可以利用稳固的地物,如坚硬的岩石、房角等,作为高程起算的基准。此外,为了便于引测与寻找,通常各等级的水准点应绘制点记,必要时也应设置指示桩。

二、水准路线

通过一系列水准点进行水准测量所经过的路线,称为水准路线。根据测区情况和作业要求,水准路线可布设成以下三种形式。

1. 附合水准路线

如图 2-14 所示,在两个已知点之间布设的水准路线,是从一已知水准点 BM_1 出发,经过测量各测段的高差,求得沿线其他各点高程,最后又闭合到 BM_2 的路线。

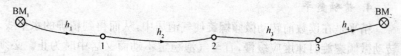

图 2-14 附合水准路线示意图

2. 闭合水准路线

如图 2-15 所示,从一已知水准点 BM_3 出发,经过测量各测段的高差,求得沿线其他各点高程,最后又闭合到 BM_3 形成的环形路线。

3. 支水准路线

如图 2-16 所示,由一个已知水准点出发,而另一端为未知点的水准路线。该路线既不自行闭合,也不附合到其他水准点上。为了成果检核,支水准路线必须进行往、返测量。

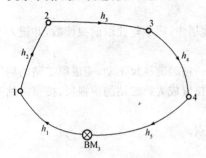

图 2-15 闭合水准路线示意图

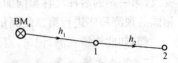

图 2-16 支水准路线示意图

快学快用 5　水准路线拟定工作的主要步骤

(1)收集资料。拟定水准路线一般先要收集现有的较小比例尺地形图,收集测区已有的水准测量资料,包括水准点的高程、精度、高程系统、施测年份及施测单位。

(2)现场勘察。施工测量设计人员应亲自到现场勘察,核对地形图的正确性,了解水准点的现状,例如是保存完好还是已被破坏。

(3)路线设计。在已有资料和现场勘察结果的基础上,根据任务要求进行水准路线的图上设计。一般说来,对精度要求高的水准路线应该沿公路、大道布设,精度要求较低的水准路线也应尽可能沿各类道路布设,目的在于路线通过的地面要坚实,使仪器和标尺都能稳定。

(4)绘制水准线路布设图。图上设计结束后,绘制一份水准路线布设图。图上按一定比例绘出水准路线和水准点的位置,注明水准路线的等级和水准点的编号。

三、水准测量施测方法

1. 简单水准测量

(1)在已知高程的水准点上立水准尺,作为后视尺。

(2)在路线的前进方向上的适当位置放置尺垫,在尺垫上竖立水准尺作为前视尺。仪器距两水准尺间的距离基本相等,最大视距不大于150m。

(3)安置仪器,使圆水准器气泡居中。照准后视标尺,消除视差,用微倾螺旋调节水准管气泡并使其精确居中,用中丝读取后视读数,记入手簿。

(4)照准前视标尺,使水准管气泡居中,用中丝读取前视读数,并记入手簿。

(5)将仪器迁至第二站,同时,第一站的前视尺不动,变成第二站的后视尺,第一站的后视尺移至前面适当位置成为第二站的前视尺,按第一站相同的观测程序进行第二站测量。

(6)如此连续观测、记录,直至终点。

2. 复合水准测量

在实际测量中,由于起点与终点间距离较远或高差较大,一个测站不能全部通视,需要把两点间距分成若干段,然后连续多次安置仪器,重复一个测站的简单水准测量过程,这样的水准测量称为复合水准测量,它的特点就是工作的连续性。

四、水准测量检核

1. 计算检核

校核高差计算有无错误时,应检核后视读数总和与前视读数总和的差,是否等于高差的代数和,如果等式成立的话,说明计算正确,否则说明计算有错误。

2. 测站检核

(1)双仪高法。在同一个测站上,第一次测定高差后,变动仪器高度(大于0.1m以上),再重新安置仪器观测一次高差。两次所测高差的绝对值不超过5mm,取两次高差的平均值作为该站的高差,如果超过5mm,则需重测。

(2)双面尺法。在同一个测站上,仪器高度不变,分别利用黑、红两面水准尺测高差,若两次高差之差的绝对值不超过5mm,则取平均值作为该站的高差,否则重测。

3. 路线成果检核

(1)附合水准路线。为使测量成果得到可靠的校核,最好把水准路线布设成附合水准路线。对于附合水准路线,理论上在两已知高程水准点间所测得各站高差之和应等于起讫两水准点间的高程之差,如果它们不能相等,其差值称为高差闭合差,用 f_h 表示。高差闭合差的大小在一定程度上反映了测量成果的质量。

(2)闭合水准路线。在闭合水准路线上也可对测量成果进行校核。对于闭合水准路线,因为它起始于同一个点,所以理论上全线各站高差之和应等于零,即:

$$\sum h = 0$$

如果高差之和不等于零,则其差值即 $\sum h$ 就是闭合水准路线的高差闭合差,即:

$$f_h = \sum h$$

(3)支水准线路。支水准线路必须在起点、终点间用往返测进行校核。理论上往返测所得高差的绝对值应相等,但符号相反,或者是往返测高差的代数和应等于零,即:

$$\sum h_{往} = -\sum h_{返}$$

或

$$\sum h_{往} + \sum h_{返} = 0$$

如果往返测高差的代数和不等于零,其值即为支水准线路的高差闭合差,即

$$f_h = \sum h_{往} + \sum h_{返}$$

有时也可以用两组并测来代替一组的往返测以加快工作进度。两组所得高差应相等,若不等,其差值即为支水准线路的高差闭合差。即:

$$f_h = \sum h_1 - \sum h_2$$

闭合差的大小能反映出测量成果的精度。在各种不同性质的水准测量中,都规定了高差闭合差的限值即容许高差闭合差,用 $f_{h容}$ 表示。一般图根水准测量的容许高差闭合差为

平地: $\qquad f_{h容} = \pm 40\sqrt{L}$ (mm)

山地: $\qquad f_{h容} = \pm 12\sqrt{n}$ (mm)

式中 L——附合水准路线或闭合水准路线的总长,对支水准线路,L 为测段的长,均以千米为单位;

n——整个线路的总测站数。

闭合差是指观测值与重复观测值之差,或与已知点的已知数据的不

符值，常用符号 f_h 表示。闭合差的数值必须有一个限度，见表 2-1。作业规范规定，超过了这个限度则应检查原因，返工重测。

表 2-1　　　　　　　　　　　闭合差

路线种类 等级	路线往返测闭合差 /mm	附合路线或闭合 路线闭合差/mm
三等水准测量	$\pm 12\sqrt{S}$	$\pm 12\sqrt{L}$
四等水准测量	$\pm 20\sqrt{S}$	$\pm 20\sqrt{L}$
普通水准测量	$\pm 40\sqrt{S}$	$\pm 40\sqrt{L}$

注：S 为相邻两水准点间的距离，以公里为单位；L 为附合路线或闭合路线的长度，以公里为单位。

快学快用 6　水准测量闭合差的计算步骤及实例

水准测量闭合差的大小在一定程度上反映了测量成果的质量。

(1) 对于支水准路线的往、返观测闭合差 f_h 为

$$f_h = \sum h_{往} + \sum h_{返}$$

(2) 对于附合水准路线的闭合差 f_h 为

$$f_h = \sum h_{测} - \sum h_{理} = \sum h_{测} - (H_{终} - H_{始})$$

(3) 对于闭合水准路线的闭合差 f_h 为

$$f_h = \sum h_{测}$$

【例 2-2】　如图 2-17 所示，BM_A，BM_B 为两个水准点，BM_A 点的高程为 65.376m，BM_B 点高程为 68.623m，1、2、3 为待定高程点。各测段测站、长度及高差均注于图 2-17 中。试计算 1、2、3 点的高程。

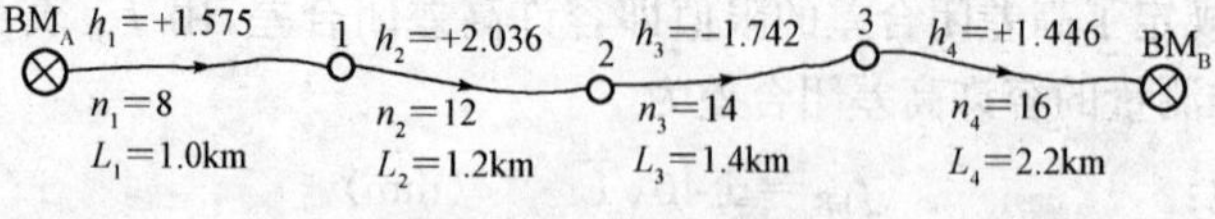

BM_A　$h_1 = +1.575$　1　$h_2 = +2.036$　2　$h_3 = -1.742$　3　$h_4 = +1.446$　BM_B
$n_1 = 8$　　　　$n_2 = 12$　　　　$n_3 = 14$　　　　$n_4 = 16$
$L_1 = 1.0$km　$L_2 = 1.2$km　$L_3 = 1.4$km　$L_4 = 2.2$km

图 2-17　水准测量线路图

【解】　(1) 高差闭合差的计算。

$$f_h = \sum h_{测} - \sum h_{理} = \sum h_{测} - (H_{BM_A} - H_{BM_B})$$
$$= +3.315 - (68.623 - 65.376) = +0.068\text{m}$$

$$f_{h容}=\pm 40\sqrt{L}=\pm 40\sqrt{5.8}=\pm 96\text{mm}$$

$|f_h|<|f_{h容}|$，其精度符合要求。

(2)高差闭合差调整。

各段改正数为：

$$v_1=\frac{-f_h}{\sum l}\cdot l_1=\frac{-0.068}{5.8}\times 1.0=-0.012\text{m}$$

$$v_2=\frac{-0.068}{5.8}\times 1.2=-0.014\text{m}$$

……

检核：$\sum v=-f_h=-0.068\text{m}$

各测段改正后高差，即：

$$h_{1段}=h_1+v_1=+1.575-0.012=+1.563\text{m}$$

$$h_{2段}=+2.036-0.014=+2.022\text{m}$$

……

检核：$\sum h_{段}=H_{BM_B}-H_{BM_A}=+3.247\text{m}$

(3)待定点高程计算。按顺序逐点计算各种的高程，即：

$$H_1=H_A+h_{1段}=65.376+1.563=66.939\text{m}$$

$$H_2=H_1+h_{2段}=66.939+2.022=68.961\text{m}$$

……

检核：$H_{BM_B}(算)=H_{BM_B}(已知)=68.623\text{m}$

第四节　水准仪的检验与校正

一、水准仪轴线应满足的条件

水准仪的轴线如图 2-18 所示，其主要轴线：CC_1 为望远镜视准轴，LL_1 为水准管轴，$L'L_1'$ 为圆水准器轴，VV_1 为竖轴。在进行水准测量时，水准仪必须提供一条水平视线。因此，水准仪的视准轴必须平行于水准管轴，这是水准仪应满足的主要条件。

综上所述，水准仪的轴线应满足以下条件：

(1)圆水准器轴平行于仪器的纵轴($L'L_1' /\!/ VV_1$);
(2)十字丝的中丝(横丝)垂直于仪器的纵轴;
(3)水准管轴平行于视准轴($LL_1 /\!/ CC_1$)。

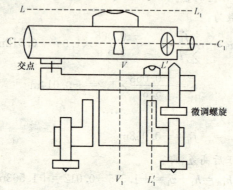

图 2-18 水准仪的轴线

二、普通水准仪的检验与校正

1. 圆水准器的检验与校正

圆水准器检验与校正的目的是使圆水准器轴平行于纵轴($L'L_1' /\!/ VV$)(表 2-2)。

表 2-2　　　　　　　　圆水准器轴的检验与校正

项目	内　　容
检验	安置仪器后,转动脚螺旋使圆水准器气泡居中,如图 4-19(a)所示,此时,圆水准器轴处于铅垂。然后将望远镜绕竖轴旋转 180°,如果气泡仍居中,说明条件满足。如果气泡偏离中心,如图 4-19(b)所示,则需要校正
校正	首先转动脚螺旋使气泡向中心方向移动偏距的一半,即 VV 处于铅垂位置,如图 4-19(c)所示。其余的一半用校正针拨动圆水准器的校正螺丝使气泡居中,则 $L'L_1'$ 也处于铅垂位置,如图 4-19(d)所示,则满足条件 $L'L_1' /\!/ VV$

2. 十字丝的检验与校正

十字丝检验与校正的主要目的是横丝应水平,纵丝应铅垂,即横丝应垂直于纵轴(十字横丝$\perp VV$),见表 2-3。

第二章 水准测量

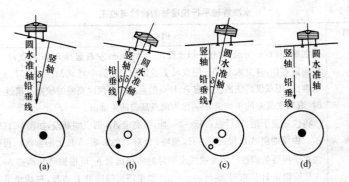

图 2-19 圆水准器轴的检验与校正

表 2-3　　　　　十字丝的检验与校正

项目	内　容
检验	整平仪器后用十字丝横丝的一端对准一个清晰固定点 M,如图 2-20(a)所示,旋紧制动螺旋,再用微动螺旋,使望远镜缓慢移动,如果 M 点始终不离开横丝,如图 2-20(b)所示,则说明条件满足。如果离开横丝,如图 2-20(c)、(d)所示,则需要校正
校正	旋下十字丝护罩,松开十字丝分划板座固定螺丝,微微转动十字丝环,使横丝水平(M 点不离开横丝为止),然后将固定螺丝拧紧,旋上护罩

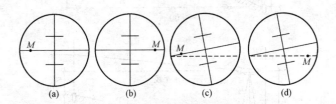

图 2-20 十字丝的检验与校正

3. 水准管轴平行于视准轴的检验与校正

水准管轴平行于视准轴的检验与校正的目的是使水准管轴平行于视准轴($LL_1//CC_1$),见表 2-4。

表 2-4　　　　　　水准管轴平行视准轴的检验与校正

项目	内　　容
检验	如图 2-21(a)所示，在较平坦地段，相距约 80m 左右选择 A、B 两点，打下木桩标定点位，并立水准尺。用皮尺丈量定出 AB 的中间点 M，并在 M 点安置水准仪，用双仪高法两次测定 A、B 点的高差。当两次高差的较差不超过 3mm 时，取两次高差的平均值 $h_{平均}$ 作为两点高差的正确值。 将仪器置于距 A（后视点）2～3m 处，再测定 AB 两点间高差，如图2-21(b)所示。因仪器离 A 点很近，故可以忽略 i 角对 a_2 的影响，A 尺上的读数 a_2 可以视为水平视线的读数。因此视线水平时的前视读数 b_2 可根据已知高差 $h_{平均}$ 和 A 尺读数 a_2 计算求得：$b_2 = a_2 - h_{AB}$。如果望远镜瞄准 B 点尺，视线精平时的读数 b_2' 与 b_2 相等，则条件满足，如果 $i'' = \dfrac{b_2' - b_2}{D_{AB}} \times \rho''$ 的绝对值大于 20″ 时，则仪器需要校正
校正	转动微倾螺旋使横丝对准的读数为 b_2，然后放松水准管左右两个校正螺丝，再一松一紧调节上、下两个校正螺丝，使水准管气泡居中（符合），最后再拧紧左右两个校正螺丝，此项校正仍需反复进行，直至达到要求为止

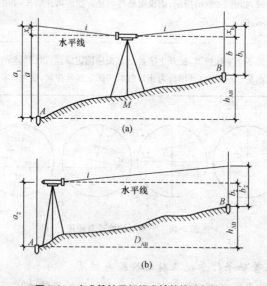

图 2-21　水准管轴平行视准轴的检验与校正

三、精密水准仪的检验与校正

精密水准仪的检验与校正，见表 2-5。

表 2-5　　　　　　　　　　精密水准仪的检验与校正

项　目	内　　容
圆水泡的校正	(1)目的使圆水泡轴线垂直，以便安平。 (2)校正方法用长水准管使纵轴切垂直，然后进行校正，使圆水泡气泡居中，其步骤如下：转动望远镜使之垂直于一对水平螺旋，用圆水泡粗略安平，再用微倾螺旋使长水准气泡居中微倾螺旋之读数，转动仪器180°，若气泡偏差，仍用微倾螺旋安平，又得一读数，旋转微倾螺旋至两读数之平均数。此时长水准轴线已与纵轴垂直。接着再用水平螺旋安平长水准管气泡居中，则纵轴即垂直。转动望远镜至任何位置气泡像符合差不大于1mm。纵轴既已垂直，则校正圆水准使气泡恰在黑圈内。在圆水泡的下面有3个校正螺旋，校正时螺旋不可旋得过紧，以免损坏水准盒。
微倾螺旋上刻度指标差的改正	上述进行使长水准轴线与纵轴垂直的步骤中，曾得到微倾螺旋两数的平均数，当微倾螺旋对准此数时，则长水准轴线应与纵轴垂直，此数本应为零。若不对零线，则有指标差，可将微倾螺旋外面周围三个小螺旋各松开半转，轻轻旋动螺旋头至指标恰指"0"线为止，然后重新旋紧小螺旋。在进行此项工作时，长水准必须始终保持居中，即气泡像保持符合状态
长水准管的校正	(1)目的是使水准管轴平行于视准轴。 (2)步骤与普通水准仪的检验校正相同

第五节　水准测量误差分析

水准测量误差包括仪器误差、观测误差和外界条件引起的误差三个方面，做好分析各项误差产生的原因，研究消减误差的方法，可进一步提高观测成果的精度。

一、仪器误差

1. 水准仪的误差

仪器经过检验校正后,还会存在残余误差,例如微小的 i 角误差。当水准管气泡居中时,由于 i 角误差使视准轴不处于精确水平的位置,会造成在水准尺上的读数误差。在一个测站的水准测量中,如果使前视距与后视距相等,则 i 角误差对高差测量的影响可以消除。严格地检校仪器和按水准测量技术要求限制视距差的长度,是降低本项误差的主要措施。

2. 水准尺的误差

由于水准尺的分划不精确、尺底磨损、尺身弯曲的影响都会给读数造成误差,因此,必须使用符合技术要求的水准尺。至于尺的零点差,可在一水准测段中使测站为偶数的方法予以消除。

二、观测误差

1. 水准管气泡居中误差

水准管气泡居中的程度,依靠观测者眼睛的判断,很容易造成气泡居中误差,微小的倾角造成读数误差。设水准管分划值为 τ'',居中误差一般为 $\pm 0.15\tau''$,采用符合式水准器时,气泡居中精度可提高一倍,故居中误差为:

$$m_\tau = \pm \frac{0.15\tau''}{2\rho''} \cdot D$$

式中 D——水准仪到水准尺的距离。

居中误差在前、后视测量中一般是不相等的,因此,在计算测站高差中不能抵消它的影响。在观测中,应该仔细地整平水准管,尽可能减少此项误差。

2. 读数误差

在水准测量外业时,在水准尺上估读毫米数的误差,与人眼的分辨能力、望远镜的放大倍率以及视线长度有关,通常按下式计算,即:

$$m_v = \frac{60''}{V} \cdot \frac{D}{\rho''}$$

式中 V——望远镜的放大倍率;

$60''$——人眼的极限分辨能力。

3. 水准尺倾斜误差

如图 2-22 所示,由于观测时水准尺不竖直,读数时会产生误差,且读数恒偏大,其误差值通常按下式计算,即:

$$m_l = l(1 - \cos\alpha)$$

式中 l ——尺倾斜 α 角时的读数。

α ——尺倾斜角度。

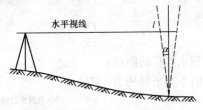

图 2-22 水准尺倾斜误差

水准测量时,为了避免水准尺倾斜,扶尺者应位于水准尺的后方,双手扶尺,注意垂直。如果尺上配有水准器,扶尺时应保持气泡居中。

三、外界条件引起的误差

1. 仪器下沉(或上升)引起的误差

仪器下沉(或上升)的速度与时间成正比,如图 2-23(a)所示,从读取后视读数 a 到读取前视读数 b 时,仪器下沉了 Δ,则

$$h_1 = a_1 - (b_1 + \Delta)$$

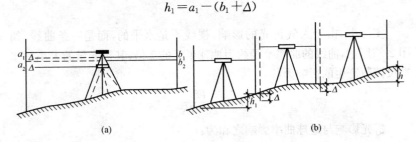

图 2-23 仪器和标尺升沉误差的影响
(a)仪器下沉;(b)尺子下沉

为了减弱此项误差的影响,可以在同一测站进行第二次观测,而且第

二次观测应先读前视读数 b_2，再读后视读数 a_2。则取两次高差的平均值，即：

$$h = \frac{h_1 + h_2}{2} = \frac{(a_1 - b_1) + (a_2 - b_2)}{2}$$

2. 地球曲率及大气折光的影响引起的误差

如图 2-24 所示，用水平视线代替大地水准面在尺上读数产生的误差用 C 表示，则

$$C = \frac{D^2}{2R}$$

式中　D——仪器到水准尺的距离；

R——地球的平均半径约为 6371km。

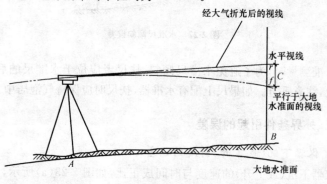

图 2-24　地球曲率及大气折光引起的误差

实际上，由于大气折光的影响，视线不是水平的，而是一条曲线，如图 2-24所示，曲线的曲率半径约为地球半径的 7 倍，其折光量的大小对水准尺读数产生的影响为：

$$r = \frac{D^2}{2 \times 7R}$$

折光影响与地球曲率影响之和为：

$$f = C - r = \frac{D^2}{2R} - \frac{D^2}{14R} = 0.43 \frac{D^2}{R}$$

如果使前后视距离 D 相等，则 f 值相等，地球曲率和大气折光的影响也会消除或大大减弱。

3. 温度变化引起的误差

当阳光直接照射在仪器上时,仪器各部件会因受热而产生变形,从而影响仪器轴线间的几何关系,引起测量误差。此外,温度的变化也会造成大气折光的变化,从而引起测量误差。因此,在晴天时应给仪器撑伞防晒。

快学快用 7 水准测量误差的影响

(1)读数误差的影响。

1)当图像与十字丝分划板平面不重合时,眼睛靠近目镜微微上下移动,发现十字丝和目镜影像有相对运动,称为视差。视差可通过重新调节目镜和物镜调焦螺旋加以消除。

2)估读误差与望远镜的放大率和视距长度有关,故各级水准测量所用仪器的望远镜放大率和最大视距都有相应规定,普通水准测量中,要求望远镜放大率在20倍以上,视线长不超过150m。

(2)大气折光的影响。如图2-25所示,因为大气层密度不同,对光线产生折射,使视线产生弯曲,从而使水准测量产生误差。视线离地面越近,视线越长,大气折光的影响越大。为消减大气折光的影响,只能采取缩短视线,并使视线离地面有一定的高度及前、后视的距离相等的方法。

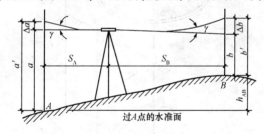

图2-25 大气折光对高差的影响

第三章 角度测量

第一节 角度测量原理

一、水平角测量原理

水平角是指地面上一点到两个目标的方向线在同一水平面上的垂直投影间的夹角,或是经过两条方向线的竖直面所夹的两面角。如图3-1所示,A、B、C为地面三点,过AB、AC直线的竖直面,在水平面P上的交线ab、ac所夹的角β,就是直线AB和AC之间的水平角。

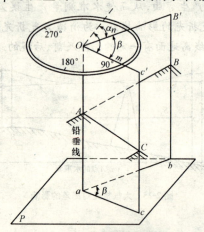

图3-1 水平角的测量原理

快学快用 1 测量水平角的仪器须具备的条件

(1)能安置成水平位置且全圆顺时针注记的刻度盘(称水平度盘),并且圆盘的中心一定要位于所测角顶点A的铅垂线上。

(2)有一个不仅能在水平方向转动,而且能在竖直方向转动的照准设备,使之能在过 AB、AC 的竖直面内照准目标。

(3)应有读取读数的指标线。望远镜瞄准目标后,利用指标线读取 AB、AC 方向线在相应水平度盘上的读数 a_1 与 b_1。则

水平角角值 $\beta =$ 右目标读数 $b_1 -$ 左目标读数 a_1

若 $b_1 < a_1$,则 $\beta = b_1 + 360° - a_1$。水平角没有负值。

二、竖直角测量原理

竖直角(垂直角)是指观测目标的方向线与水平面间在同一竖直面内的夹角,通常用 α 表示,如图 3-2 所示。竖直角值范围在 $-90° \sim +90°$ 之间。视线方向在水平线之上,竖直角为仰角,用 $+\alpha$ 表示。视线方向在水平线之下,竖直角为俯角,用 $-\alpha$ 表示。

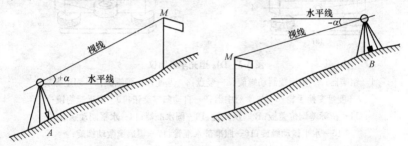

图 3-2 竖直角测量原理

第二节 角度测量仪器构造与使用

经纬仪的主要功能是测定或放线水平角和竖直角。经纬仪的种类繁多,如按读数系统分,可以分成光学经纬仪、游标经纬仪和电子经纬仪,目前使用较多的是光学经纬仪,它具有比其他经纬仪精度更高、体积更小、重量更轻、密封性能更为良好的特点。在本节中主要介绍光学经纬仪。

一、光学经纬仪的构造

工程上常用的经纬仪有 DJ_6、DJ_2 两类,分别如图 3-3、图 3-4 所示。

1. DJ_6型光学经纬仪的构造

各种型号的DJ_6型光学经纬仪的构造大致相同。其主要由基座、水平度盘和照准部三部分组成,如图3-3所示。

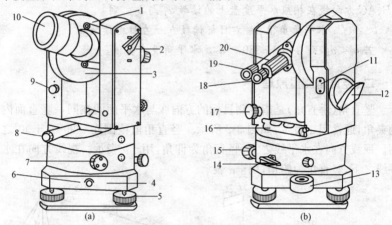

图3-3 DJ_6型光学经纬仪
1—粗瞄器;2—望远镜制动螺旋;3—竖盘;4—基座;5—脚螺旋;6—固定螺旋;
7—度盘变换手轮;8—光学对中器;9—自动归零旋钮;10—望远镜物镜;
11—指标差调位盖板;12—反光镜;13—圆水准器;14—水平制动螺旋;
15—水平微动螺旋;16—照准部水准管;17—望远镜微动螺旋;
18—望远镜目镜;19—读数显微镜;20—对光螺旋

(1)基座。基座主要用于支承整个仪器。基座上有三个脚螺旋,用来整平仪器。竖轴轴套与基座固连在一起。轴座连接螺旋拧紧后,可将照准部固定在基座上,使用仪器时,切勿松动该螺旋,以免照准部与基座分离而坠落。

(2)水平度盘。水平度盘是由玻璃制成的圆环,其上刻有从0°~360°的分划,顺时针方向注记,用于水平角的测量。在水平度盘的度盘轴套上,有些仪器没有金属圆盘,用于复测,称为复测盘。

(3)照准部。照准部是指位于水平度盘上,能绕其旋转轴旋转的部分,照准部上有支架、望远镜旋转轴颈、望远镜、横轴、望远镜制动螺旋、竖直度盘等。

2. DJ_2型光学经纬仪的构造

DJ_2型光学经纬仪的外形,如图3-4所示。与DJ_6型光学经纬仪相比,

第三章 角度测量

在结构上,除望远镜的放大倍数较大,照准部水准管的灵敏度较高、度盘格值较小外,主要表现为读数设备的不同。DJ_2型光学经纬仪的读数设备有如下两个特点:

(1)DJ_2型光学经纬仪采用对径重合读数法,相当于利用度盘上相差$180°$的两个指标读数并取平均值,可消除度盘偏心的影响。

(2)DJ_2型光学经纬仪在读数显微镜中只能看到水平度盘或竖直度盘中的一种,读数时,可通过转动换像手轮,选择所需要的度盘形象。

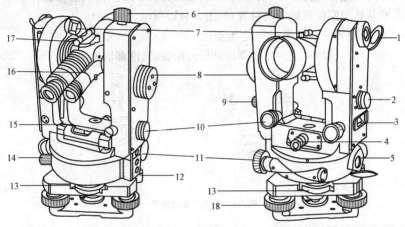

图 3-4 DJ_2 型光学经纬仪

1—竖盘反光镜;2—竖盘指标水准管观察镜;3—竖盘指标水准管微动螺旋;
4—光学对中器目镜;5—水平度盘反光镜;6—望远镜制动螺旋;7—光学瞄准器;
8—测微轮;9—望远镜微动螺旋;10—换像手轮;11—水平微动螺旋;
12—水平度盘变换手轮;13—中心锁紧螺旋;14—水平制动螺旋;15—照准部水准管;
16—读数显微镜;17—望远镜反光扳手轮;18—脚螺旋

二、光学经纬仪的对中与整平

1. 经纬仪的对中

对中的目的是使仪器的中心(竖轴)与测站点位于同一铅垂线上。

(1)对中时,应先把三脚架张开,架设在测站点上,要求高度适宜,架头大致水平。

(2)挂上垂球,平移三脚架使垂球尖大致对准测站点。

(3)将三脚架踩实,装上仪器,同时应把连接螺旋稍微松开,在架头上移动仪器精确对中,误差小于2mm,旋紧连接螺旋即可。

2. 经纬仪的整平

整平的目的是使仪器的竖轴竖直,水平度盘处于水平位置。

(1)整平时,松开水平制动螺旋,转动照准部,让水准管大致平行于任意两个脚螺旋的连接,如图3-5(a)所示。

(2)两手同时向内或向外旋转这两个脚螺旋使气泡居中。气泡的移动方向与左手大拇指(或右手食指)移动的方向一致。将照准部旋转90°,水准管处于原位置的垂直位置,如图3-5(b)所示。

(3)用另一个脚螺旋使气泡居中。

(4)反复操作,直至照准部转到任何位置,气泡都居中为止。

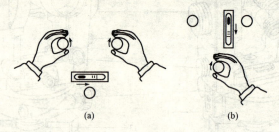

图 3-5　经纬仪精确整平

快学快用 2　使用光学对中器进行对中和整平操作步骤

使用光学对中器对中,应与整平仪器结合进行。其操作步骤如下:

(1)将仪器置于测站点上,三个脚螺旋调至中间位置,架头大致水平,让仪器大致位于测站点的铅垂线上,将三脚架踩实。

(2)旋转光学对中器的目镜,看清分划板上圆圈,拉或推动目镜使测站点影像清晰。

(3)旋转脚螺旋让光学对中器对准测站点。

(4)利用三脚架的伸缩螺旋调整脚架的长度,使圆水准气泡居中。

(5)用脚螺旋整平照准部水准管。

(6)用光学对中器观察测站点是否偏离分划板圆圈中心。如果偏离中心,稍微松开三脚架连接螺旋,在架头上移动仪器,圆圈中心对准测站点后旋紧连接螺旋。

(7)重新整平仪器,直至光学对中器对准测站点为止。

三、光学经纬仪的读数设备

光学经纬仪的读数设备有分微尺测微器与单平板玻璃测微器两类。

1. 分微尺测微器

J_6 型光学经纬仪采用分微尺测微器进行读数。这类仪器的度盘分划值为 1°，按顺时针方向注记每度的度数。在读数显微镜的读数窗上装有一块带分划的分微尺，度盘上的分划线间隔经显微物镜放大后成像于分微尺上。

如图 3-6 所示，读数显微镜内所看到的度盘和分微尺的影像，上面注有"H"（或水平）为水平度盘读数窗，注有"V"（或竖直）为竖直度盘读数窗，分微尺的长度等于放大后度盘分划线间隔 1° 的长度，分微尺分为 60 个小格，每小格为 1′。分微尺每 10 小格注有数字，表示 0′、10′、20′、…、60′，注记增加方向与度盘相反。读数装置直接读到 1′，估读到 0.1′(6″)。

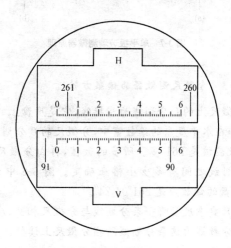

图 3-6　分微尺读数窗

2. 单平板玻璃测微器

单平板玻璃测微器的组成部分主要包括平板玻璃、测微尺、连接机构和测微轮。

当转动测微轮时，平板玻璃和测微尺即绕同一轴作同步转动。如图

3-7(a)所示,光线垂直通过平板玻璃,度盘分划线的影像未改变原来位置,与未设置平板玻璃一样,此时测微尺上读数为零,如按设在读数窗上的双指标线读数应为 $92°+a$。转动测微轮,平板玻璃随之转动,度盘分划线的影像也就平行移动,当 $92°$ 分划线的影像夹在双指标线的中间时,如图 3-7(b)所示,度盘分划线的影像正好平行移动一个 a,而 a 的大小则可由与平板玻璃同步转动的测微尺上读出,其值为 $18'20''$。因此,整个读数为 $92°+18'20''=92°18'20''$。

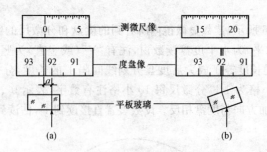

图 3-7 单平板玻璃测微器原理

快学快用 3 分微尺测微器的读数方法

读数时,分微尺上的 0 分划线为指标线,它是度盘上的位置就是度盘读数的位置。如在水平度盘的读数窗中,分微尺的 0 分划线已超过 $261°$,水平度盘的读数应该是 $261°$ 多。所多的数值,再由分微尺的 0 分划线至度盘上 $261°$ 分划线之间有多少小格来确定。图 3-6 中为 4.4 格,故为 $04'24''$。水平度盘的读数应是 $261°04'24''$。

在读数时,只要看度盘哪一条分划线与分微尺相交,度数就是这条分划线的注记数,分数则为这条分划线所指分微尺上读数。

快学快用 4 单平板玻璃测微器的读数方法

(1) 读数时,先转动测微轮,使度盘某分划线精确地移在双指标线的中央,读出该分划线的度盘读数。

(2) 根据单指标线在测微尺上读取分、秒数。

(3) 读数全部进行相加,即为全部读数。

第三节　角度测量方法与计算

一、水平角观测方法

水平角观测方法有测回法与方向观测法两种。测回法适用于观测两个照准目标的单角。方向观测法适用于三个以上方向所形成的多个角度测量。

> **快学快用 5**　运用测回法进行水平角观测

如图 3-8 所示，先将经纬仪安置在 O 处，并在 AB 两点上分别设置照准标志。具体观测步骤如下：

(1) 盘左位置：松开照准部制动螺旋，瞄准左边的目标 A，对望远镜应进行调焦并消除视差，使测钎和标杆准确地夹在双竖丝中间，为了降低标杆或测钎竖立不直的影响，应尽量瞄准测钎和标杆的根部。读取水平度盘读数 $a_左$，并记录。

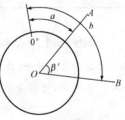

图 3-8　方向观测法

(2) 顺时针方向转动照准部，用同样的方法瞄准目标 B，读取水平度盘读数 $b_左$。

(3) 盘右位置：倒转望远镜，使盘左变成盘右。按上述方法先瞄准右边的目标 B，读记水平度盘读数 $b_右$。

(4) 逆时针方向转动照准部，瞄准左边的目标 A，读记水平度盘读数 $a_右$。

以上操作为盘右半测回或下半测回，测得的角值为：

$$\beta_右 = b_右 - a_右$$

盘左和盘右两个半测回合在一起叫做一测回。两个半测回测得的角值的平均值就是一测回的观测结果，即

$$\beta = (\beta_左 + \beta_右)/2$$

测回法观测记录见表 3-1。

表 3-1　　　　　　　　　测回法观测手簿

仪器等级：**DJ₆**　　　　仪器编号：　　　　观测者：

观测日期：　　　　　　天　气：**晴**　　　记录者：

测站	测回数	竖盘位置	目标	水平度盘读数(° ′ ″)	半测回角值(° ′ ″)	半测回互差(″)	一测回角值(° ′ ″)	各测回平均角值(° ′ ″)
O	1	左	A	0 02 17	48 33 06	18	48 33 15	48 33 03
			B	48 35 23				
		右	A	180 02 31	48 33 24			
			B	228 35 55				
	2	左	A	90 05 07	48 32 48	6	48 32 51	
			B	138 37 55				
		右	A	270 05 23	48 32 54			
			B	318 38 17				

快学快用 6　运用方向观测法进行水平角观测

如图 3-9 所示，在测站 O 上，用方向观测法观测 A、B、C、D 各方向之间的水平角，可按下述操作步骤进行。

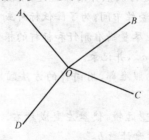

图 3-9　方向观测法

(1) 盘左位置：先观测所选定的起始方向 A（又称零方向），再按顺时针方向依次观测 B、C、D 各方向，每观测一个方向均读取水平度盘读数并记入观测手簿。如果方向数超过 3 个，最后还要回到起始方向 A，并读数记录。最后一步称为归零，A 方向两次读数之差称为归零差。目的是为了检查水平度盘的位置在观测过程中是否发生变动。

(2) 盘右位置：倒转望远镜，按逆时针方向依次照准 A、D、C、B、A 各方向,并读取水平度盘读数,并记录。此为盘右半测回或下半测回。上、下半测回合起来为一测回,如果要观测 n 个测回,每测回仍应按 $180°/n$ 的差值变换水平度盘的起始位置。

方向观测法记录见表 3-2。

表 3-2　　　　　　　方向观测法观测手簿

仪器等级：DJ_2　　　　　仪器编号：　　　　　观测者：
观测日期：　　　　　　天　气：晴　　　　　记录者：

测站	测回数	目标	读数 盘左 (° ′ ″)	读数 盘右 (° ′ ″)	2c (″)	平均读数 (° ′ ″)	归零方向值 (° ′ ″)	各测回归零方向值之平均值 (° ′ ″)
1	2	3	4	5	6	7	8	9
O	1	A	0 01 27	180 01 51	−24	(0 01 45) 0 01 42	0 00 00	0 00 00
		B	43 25 17	223 25 37	−20	43 25 26	43 23 41	43 23 40
		C	95 34 56	275 35 24	−28	95 35 08	95 33 23	95 33 20
		D	150 00 33	330 01 02	−29	150 00 50	149 59 05	149 59 04
		A	0 01 37	180 02 01		0 01 48		
	2	A	90 00 38	270 01 07	−29	(90 00 47) 90 00 50	0 00 00	
		B	133 24 13	313 24 41	−28	133 24 26	43 23 39	
		C	185 33 53	5 34 15	−22	185 34 05	95 33 18	
		D	239 59 36	60 00 00		239 59 50	149 59 03	
		A	90 00 26	270 00 58	−32	90 00 44		

二、竖直角观测方法与计算

1. 竖直角观测方法

竖直角的基本观测方法是：将经纬仪安置在测站点上,对中、整平及判定竖盘注记形式后,按下述步骤进行观测。

（1）将经纬仪安置在测站点上,经对中整平后,量取仪器高。

（2）用盘左位置瞄准目标点,使十字丝中横丝切准目标的顶端或指定位置,调节竖盘指标水准管微动螺旋,使竖盘指标水准管气泡严格居中,并读取盘左读数 L 并记入手簿,为上半测回。

(3)纵转望远镜,用盘右位置再瞄准目标点相同位置,调节竖盘指标水准管微动螺旋,使竖盘指标水准管气泡居中,读取盘右读数 R。

2. 竖直角的计算

(1)平均竖直角的计算。盘左、盘右对同一目标各观测一次,组成一个测回。一测回竖直角值(盘左、盘右竖直角值的平均值即为所测方向的竖直角值):

$$\alpha = \frac{\alpha_L + \alpha_R}{2}$$

(2)竖直角 $\alpha_{左}$ 与 $\alpha_{右}$ 的计算。如图 3-10 所示,竖盘注记方向有全圆顺时针和全圆逆时针两种形式。竖直角是倾斜视线方向读数与水平线方向值之差,根据所用仪器竖盘注记方向形式来确定竖直角计算公式。

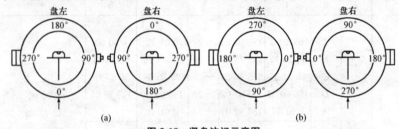

图 3-10 竖盘注记示意图
(a)全圆顺时针;(b)全圆逆时针

竖直角的确定方法是:盘左位置,将望远镜大致放平,看一下竖盘读数接近 0°、90°、180°、270°中的哪一个,盘右水平线方向值为 270°,然后将望远镜慢慢上仰(物镜端抬高),看竖盘读数是增加还是减少,如果是增加,则为逆时针方向注记 0°~360°,竖直角计算公式为:

$$\begin{cases} \alpha_{左} = L - 90° \\ \alpha_{右} = 270° - R \end{cases}$$

如果是减少,则为顺时针方向注记 0°~360°,竖直角计算公式为:

$$\begin{cases} \alpha_{左} = 90° - L \\ \alpha_{右} = R - 270° \end{cases}$$

快学快用 7 竖直角的计算实例

【例 3-1】 观测一高处目标,盘左读数为 $81°46'30''$,盘右读数为 $278°10'30''$,计算其竖直角。

【解】 竖直角：$\alpha = \dfrac{1}{2}(\alpha_左 + \alpha_右)$

$= \dfrac{1}{2}(R - L - 180°)$

$= \dfrac{1}{2} \times (278°10'30'' - 81°46'30'' - 180°)$

$= +8°12'00''$

3. 竖盘指标差

当视线水平且指标水准管气泡居中时，指标所指读数不是 90°或 270°，而是与 90°或 270°相差一个角值 x，如图 3-11 所示。也就是说，正镜观测时，实际的始读数为 $x_{0左} = 90° + x$，倒镜观测时，始读数为 $x_{0右} = 270° + x$。其差值 x 称为竖盘指标差，简称指标差。设此时观测结果的正确角值为 $\alpha'_左$ 和 $\alpha'_右$，得：

$$\alpha'_左 = \alpha_左 + x$$
$$\alpha'_右 = \alpha_右 - x$$

将 $\alpha'_左$ 与 $\alpha'_右$ 取平均值，得

$$\alpha = \dfrac{1}{2}(\alpha'_左 + \alpha'_右) = \dfrac{1}{2}(\alpha_左 + \alpha_右)$$
$$\alpha'_左 = x_{0左} - L = (90° + x) - L$$
$$\alpha'_右 = R - (x_{0左} + 180°) = R - (270° + x)$$

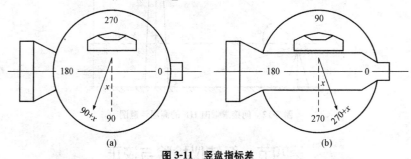

图 3-11 竖盘指标差
(a)盘左位置；(b)盘右位置

4. 竖直角的应用

竖直角主要用于将观测的倾斜距离化算水平距离或计算三角高程。

(1)倾斜距离化算水平距离。通过测得地面上任意两点的斜距及竖

直角,计算两点间的水平距离,计算公式如下:

$$D = S\cos\alpha$$

式中　D——两点间的水平距离;

　　　S——两点间的斜距;

　　　α——竖直角。

(2)三角高程计算在地形起伏较大不方便进行水准测量或工程中求其高大构筑物高程时,常采用三角高程测量法。如图 3-12 所示,间接求烟囱 HF 的高程示意图。可在离开烟囱底部 30m 左右的 E 点安置经纬仪,仰视望远镜,用中丝瞄准烟囱顶端 H 点,并测得竖直角 α_1,再把望远镜俯视,用中丝瞄准烟囱底部下点,并测得竖直角 α_2,则根据 EF 两点间距离D,可求得 H 点、F 点的高程h_1 和 h_2。即:

$$h_1 = D\tan\alpha_1$$
$$h_2 = D\tan\alpha_2$$

因此,H 点的高程 H 的计算公式如下:

$$H = h_1 + h_2$$

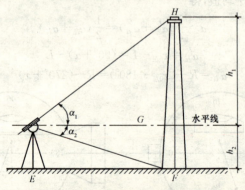

图 3-12　间接求烟囱 HF 的高程示意图

第四节　经纬仪检验与校正

一、经纬仪轴线应满足的条件

如图 3-13 所示为经纬仪主要轴线关系示意图。其主要轴线有:视准

轴 CC、照准部水准管轴 LL、望远镜旋转轴（横轴）HH、照准部的旋转轴（竖轴）VV。根据角度测量原理，这些轴线之间应满足以下条件：

(1) 竖轴应垂直于水平度盘且过其中心；

(2) 照准部管水准器轴应垂直于仪器竖轴（$LL \perp VV$）；

(3) 视准轴应垂直于横轴（$CC \perp HH$）；

(4) 横轴应垂直于竖轴（$HH \perp VV$）；

(5) 横轴应垂直于竖盘且过其中心。

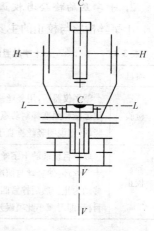

图 3-13 经纬仪主要轴线关系

二、经纬仪一般性检查

在检验与校正之前应对仪器外观各部位做全面检查。安置仪器后，应先检查仪器脚架各部分性能是否良好，然后检查仪器各螺丝是否有效，照准部和望远镜转动是否灵活，望远镜成像与读数系统成像是否清晰等，当确认各部分性能良好后，方可进行仪器的检校，否则应及时处理所发现的问题。

三、光学经纬仪的检验与校正

1. 照准部水准管的检验与校正

照准部水准管的检验与校正的目的是使照准部水准管轴垂直于仪器的竖轴，这样可以利用调整照准部水准管气泡居中的方法使竖轴铅垂，以整平仪器（表 3-3）。

表 3-3　　　　照准部水准管轴垂直于竖轴的检验与校正

项目	内　　容
检验	初步整平仪器后，转动照准部使水准管平行于任意一对脚螺旋的连线，调节该两个脚螺旋，使水准管气泡居中，然后将照准部旋转 180°，若气泡仍然居中，表明条件满足（$LL \perp VV$），否则需校正
校正	转动与水准管平行的两个脚螺旋，使气泡向中间移动偏离距离的 1/2，剩余的 1/2 偏离量用校正针拨动水准管的校正螺丝，达到使气泡居中

2. 十字丝的检验与校正

十字丝检验与校正的主要目的是使竖丝垂直于横轴(表 3-4)。

表 3-4　　　　　　　十字丝竖丝垂直于横轴的检验与校正

项目	内　容
检验	整平仪器后,用竖丝一端照准一个固定清晰的点状目标 P(图 3-14),拧紧望远镜和照准部制动螺旋,然后转动望远镜微动螺旋,如果该点始终不离开竖丝,则说明竖丝垂直于横轴,否则需要校正
校正	取下目镜端的十字丝分划板护盖,放松四个压环螺丝(图 3-15),微微转动十字丝环,使竖丝与照准点重合,直至望远镜上下微动时,P 点始终在竖丝上移动为止。然后拧紧四个压环螺丝,旋上护盖。若每次都用十字丝交点照准目标,即可减小此项误差

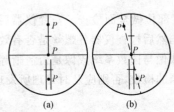
图 3-14　十字丝竖丝垂直于横轴检验

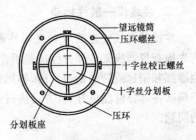
图 3-15　十字丝竖丝垂直于横轴校正

3. 望远镜视准轴的检验与校正

望远镜视准轴的检验与校正的目的是使视准轴垂直于横轴(表 3-5)。

表 3-5　　　　　　　望远镜视准轴垂直于横轴的检验与校正

项目	内　容
检验	(1)在较平坦地区,选择相距约 100m 的 A、B 两点,在 AB 的中点 O 安置经纬仪,在 A 点设置一个照准标志,B 点水平横放一根水准尺,使其大致垂直于 OB 视线,标志与水准尺的高度基本与仪器同高; (2)盘左位置视线大致水平照准 A 点标志,拧紧照准部制动螺旋,固定照准部,纵转望远镜在 B 尺上读数 B_1[图 3-16(a)];盘右位置再照准 A 点标志,拧紧照准部制动螺旋,固定照准部,再纵转望远镜在 B 尺上读数 B_2[图 3-16(b)]。若 B_1 与 B_2 为同一个位置的读数(读数相等),则表示 $CC \perp HH$,否则需校正

续表

项目	内　容
校正	如图 3-16(b) 所示，由 B_2 向 B_1 点方向量取 $B_1B_2/4$ 的长度，定出 B_3 点，用校正针拨动十字丝环上的左、右两个校正螺丝，使十字丝交点对准 B_3 即可。校正后勿忘将旋松的螺丝旋紧。此项校正也需反复进行

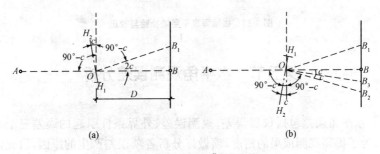

图 3-16　望远镜视准轴检验与校正

(a) 盘左；(b) 盘右

4．横轴的检验与校正

横轴的检验与校正的目的是使横轴垂直于竖轴（表 3-6）。

表 3-6　　　　　横轴垂直于竖轴的检验与校正

项目	内　容
检验	(1) 如图 3-17 所示，安置经纬仪距较高墙面 30m 左右处，整平仪器； (2) 盘左位置，望远镜照准墙上高处一点 M（仰角 30°～40°为宜），然后将望远镜大致放平，在墙面上标出十字丝交点的投影 m_1［图 3-17(a)］； (3) 盘右位置，再照准 M 点，然后再把望远镜放置水平，在墙面上与 m_1 点同一水平线上再标出十字丝交点的投影 m_2，如果两次投点的 m_1 与 m_2 重合，则表明 $HH \perp VV$，否则需要校正
校正	首先在墙上标定出 m_1m_2 直线的中点 m［图 3-17(b)］，用望远镜十字丝交点对准 m，然后固定照准部，再将望远镜上仰至 M 点附近，此时十字丝交点必定偏离 M 点，而在 M' 点，这时打开仪器支架的护盖，校正望远镜横轴一端的偏心轴承，使横轴一端升高或降低，移动十字丝交点，直至十字丝交点对准 M 点为止。对于光学经纬仪，横轴校正螺旋均由仪器外壳包住，密封性好，仪器出厂时又经过严格检查，若不是巨大震动或碰撞，横轴位置不会变动。一般测量前只进行此项检验，若必须校正，应由专业检修人员进行

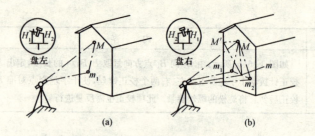

图 3-17 横轴垂直于竖轴检验与校正

第五节 水平角观测误差分析

水平角误差包括仪器误差、观测误差、外界条件引起的误差三个方面,为了提高观测成果的精度,须做好分析各项误差产生的原因,研究消减误差的方法。

一、仪器误差

(1)仪器制造加工不完善而引起的误差,主要有度盘刻划不均匀误差、照准部偏心差(照准部旋转中心与度盘刻划中心不一致)和水平度盘偏心差(度盘旋转中心与度盘刻划中心不一致),此类误差一般都很小,并且大多数都可以在观测过程中采取相应的措施消除或减弱它们的影响。

(2)仪器检验校正后的残余误差。它主要是仪器的三轴误差,即视准轴误差、横轴误差和竖轴误差,其中,视准轴误差和横轴误差,可通过盘左、盘右观测取平均值消除,而竖轴误差不能用正、倒镜观测消除。因此,在观测前除应认真检验、校正照准部水准管外,还应仔细地进行整平。

二、观测误差

(1)仪器对中误差。仪器对中时,垂球尖没有对准测站点标志中心,产生仪器对中误差。对中误差对水平角观测的影响与偏心距成正比,与测站点到目标点的距离成反比,所以要尽量减少偏心距,对边长越短且转角接近 180°的观测更应注意仪器的对中。

(2)整平误差。因为照准部水准管气泡不居中,将导致竖轴倾斜而引起的角度误差,此项误差不能通过正倒镜观测消除。竖轴倾斜对水平角的影响,和测站点到目标点的高差成正比。因此,在观测过程中,特别是在山区作业时,应特别注意整平。

(3)目标偏心误差。测角时,通常用标杆或测钎立于被测目标点上作为照准标志,若标杆倾斜,而又瞄准标杆上部时,则使瞄准点偏离被测点产生目标偏心误差。目标偏心对水平角观测的影响与测站偏心距的影响相似。测站点到目标点的距离越短,瞄准点位置越高,引起的测角误差越大。在观测水平角时,应仔细地把标杆竖直,并尽量瞄准标杆底部。当目标较近,又不能瞄准其底部时,最好采用悬吊垂球,瞄准垂球线。

(4)瞄准误差。照准误差与人眼的分辨能力和望远镜放大率有关。一般人眼的分辨率为 $60''$。若借助于放大率为 V 倍的望远镜,则分辨能力就可以提高 V 倍,故照准误差为 $60''/V$。DJ_6 型经纬仪放大倍率一般为 28 倍,故照准误差大约为 $\pm 2.1''$。在观测过程中,若观测员操作不正确或视差没有消除,都会产生较大的照准误差。故观测时应仔细地做好调焦和照准工作。

(5)读数误差。该项误差主要取决于仪器的读数设备及读数的熟练程度。读数前要认清度盘以及测微尺的注字刻划特点,读数中要使读数显微镜内分划注字清晰。通常是以最小估读数作为读数估读误差,DJ_6 型经纬仪读数估读最大误差为 $\pm 6''$(或者 $\pm 5''$)。

三、外界条件引起的误差

角度观测是在外界中进行的,外界中各种因素都会对观测的精度产生影响。如,地面不坚实或刮风会使仪器不稳定;大气能见度的好坏和光线的强弱会影响照准和读数;温度变化使仪器各轴线几何关系发生变化等。要完全消除这些影响几乎是不可能的,只能采取一些措施,例如选择成像清晰、稳定的天气条件和时间段观测,观测中给仪器打伞,避免阳光对仪器直接照射等,以减弱外界不利因素的影响。

第四章 距离测量与直线定向

距离测量是确定地面点位时测量的基本工作之一。地面上两点间的距离是指这两点沿铅垂线方向在大地水准面上投影点间的弧长。距离测量的方法主要有钢尺量距、视距测量与光电测距。

第一节 钢尺量距

一、量距工具

1. 钢卷尺

钢卷尺是钢制的带尺,尺的宽度为 10～15mm,厚度约为 0.4mm,长度有 30m,50m 等,如图 4-1 所示。

图 4-1 钢卷尺

钢卷尺基本分划到厘米,在米与分米之间都有数字标记。一般钢尺在起点处一分米内刻有毫米分划;有的钢尺,整个尺长内都刻有毫米。

钢卷尺的零点位置有端点尺和刻线尺之分。端点尺是以尺的最外端作为尺的零点,如图 4-2(a)所示,当从建筑物墙边开始丈量时使用方便;刻线尺是以尺前端的一刻线作为尺的零点,如图 4-2(b)所示。

2. 花杆

花杆是定位放线工作中必不可少的辅助工具(图 4-3),作用是标定点位和指引方向。它的构造为空心铝合金圆杆或实心圆木杆,直径约为 3cm 左右,长度为 1.5～3m,杆的下部为锥形铁脚,以便标定点位或插入

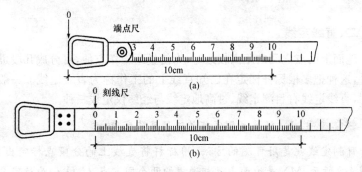

图 4-2 刻线尺与端点尺

(a)端点尺；(b)刻线尺

地面,杆的外表面每隔 20cm 分别涂成红色和白色,称花杆。

在实际测量中花杆常被用于指引目标(标点)、定向、穿线。例如,地面上有一点,以钉小钉的木桩标定在地面上,从较远处是无法看到此点的,那么在点上立一花杆并使锥尖对准该点,花杆竖直时,从远处看到花杆就相当于看到了该点,起到了引导目标的作用(标点)。

3. 测钎

测钎由 8 号铅丝制成,长度为 40cm 左右,下部削尖以便插入地面,上部为 6cm 左右的环状,以便于手握。每 12 根为一束,测钎用于记录整尺段和卡链及临时标点使用,如图 4-4 所示。

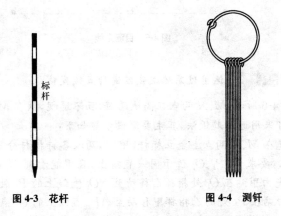

图 4-3 花杆　　　　　图 4-4 测钎

二、直线定线

地面上两点之间的距离较远时,为使量距工作方便,可分成几段进行丈量,这种把多根标杆标定在已知直线上的工作称为直线定线。一般情况下,直线定线有目测定线、过高地定线与经纬仪定线三种。

快学快用 1　运用目测定线法进行直线定线

目测定线就是用目测的方法,用标杆将直线上的分段点标定出来。如图 4-5 所示,MN 是地面上互相通视的两个固定点,C、D、…为待定分段点,其主要测设步骤如下:

(1)定线时,先在 M、N 点上竖立标杆,测量员位于 M 点后 1~2m 处,视线将 M、N 两标杆同一侧相连成线。

(2)指挥测量员乙持标杆在 C 点附近左右移动标杆,直至三根标杆的同侧重合到一起时为止。

(3)同法,可定出 MN 方向上的其他分段点。定线时要将标杆竖直。在平坦地区,定线工作常与丈量距离同时进行,即边定线边丈量。

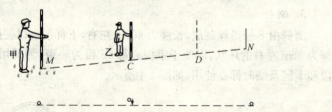

图 4-5　目测定线

快学快用 2　运用过高地定线法进行直线定线

如图 4-6 所示,M、N 两点在高地两侧,互不通视,欲在 MN 两点间标定直线,可采用逐渐趋近法,其主要测设步骤如下:

(1)先在 M、N 两点上竖立标杆,甲、乙两人各持标杆分别选择 O_1 和 P_1 处站立,要求 N、P_1、O_1 位于同一直线上,且甲能看到 N 点,乙能看到 M 点,可先由甲站在 O_1 处指挥乙移动至 NO_1 直线上的 P_1 处。

(2)由站在 P_1 处的乙指挥甲移动至 AP_1 直线上的 O_2 点,要求 O_2 能看到 N 点,接着再由站在 O_2 处的甲指挥乙移至能看到 N 点的 O_2 处。

(3)以此逐渐趋近,直到 O、P、N 在一直线上,同时 M、O、P 也在一直线上,这时说明 M、O、P 均在同一直线上。

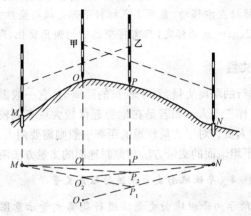

图 4-6 过高地定线

快学快用 3 运用经纬仪定线法进行直线定线

经纬仪定线是在直线的一个端点安置经纬仪后,对中、整平,用望远镜十字丝竖丝瞄准另一个端点目标,固定照准部。观测员指挥另一观测员拿着测钎由远及近,将测钎按十字丝纵丝位置垂直插入地下,便也得到了各个分段点。

若量距的精度要求较高或两端点距离较长时,宜采用经纬仪定线,如图 4-7 所示,欲在 MN 直线上定出 1、2、3、⋯点,其主要测设步骤如下:

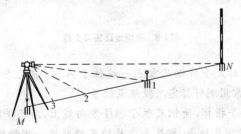

图 4-7 经纬仪定线

(1)在 M 点安置经纬仪,对中、整平后,用十字丝交点瞄准 N 点标杆根部尖端。

(2)制动照准部,望远镜可以上、下移动,并根据定点的远近进行望远镜对光,指挥标杆左右移动,直至1点标杆下部尖端与竖丝重合为止。

(3)其他2、3、…点的标定,只需将望远镜的俯角变化,即可定出。

三、距离丈量

用钢尺进行的距离丈量,对于较长的距离时,它一般需要前尺手、后尺手和记录工作三个人。如若是在地势起伏较大或车辆较多的地区,则还需增加辅助人员。对于丈量较短的距离一般则需要两人。进行距离丈量时,一般有平坦地面的丈量方法与倾斜地面的丈量方法两种。

快学快用 4 平坦地面丈量法进行距离丈量

如图4-8所示为平坦地面丈量法进行距离丈量示意图,其主要丈量步骤如下:

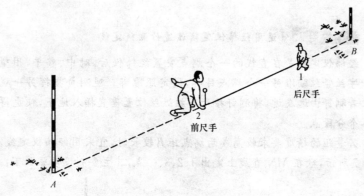

图4-8 平坦地面距离丈量

(1)丈量时后尺手持钢尺零点一端位于A点,前尺手持钢尺末端沿AB方向前进,常用测钎标定尺段端点位置。

(2)由后尺手指挥,使钢尺位于AB方向线上,后尺手将尺的零点对准A点,随后将钢尺拉平,前尺手在尺的末端处插一测钎作为标记,确定分段点。

(3)后尺手与前尺手一起抬尺前进,依次丈量整尺段,后尺手以尺的

第四章 距离测量与直线定向

零点对准测钎，前尺手对准 B 点，并读数 q，则直线 AB 的水平距离为：

$$D = n \cdot l + q$$

式中　　l——钢尺的一整尺段长(m)；

　　　　n——整尺段数；

　　　　q——不足一整尺的零尺段的长(m)。

(4) 为防止错误和提高测量精度，需要往、返各丈量一次。同法，由 $B—A$ 进行返测，得到 $D_{返}$。

(5) 计算往、返测平均值。

(6) 计算往、返丈量的相对误差 K，把往返丈量所得距离的差数除以该距离的平均值，得出丈量的相对精度。

$$K = \frac{|D_{往} - D_{返}|}{D_{平均}} = \frac{1}{D_{平均}/|D_{往} - D_{返}|}$$

相对误差 K 是衡量丈量结果精度的指标，常用一个分子为 1 的分数表示。

【例 4-1】 某平坦地区两点间距离为 AB，往测时 $D_{往}$ 为 185.32m，返测时 $D_{返}$ 为 185.38m，试计算两点间的水平距离。

【解】 AB 间距离的平均值：

$$D_{平均} = (D_{往} + D_{返})/2 = (185.32 + 185.38)/2 = 185.35 \text{m}$$

相对误差为：

$$K = \frac{|D_{往} - D_{返}|}{D_{平均}} = \frac{|185.32 - 185.38|}{185.35} = \frac{1}{3089}$$

由于 1/3089 < 1/3000，所以可以取两点间距离的平均值作为测量结果，即 $D_{AB} = 185.35 \text{m}$。

快学快用 5 **倾斜地面丈量法进行距离丈量**

倾斜地面丈量方法有平量法与斜量法两种。

(1) 平量法。如图 4-9 所示，丈量由 M 点向 N 点进行，后尺手将尺的零端对准 M 点，前尺手将尺抬高，并且目估使尺子水平，用垂球尖将尺段的末端投于 MN 方向线地面上，再插以测钎。依次进行，丈量 MN 的水平距离。若地面倾斜较大，将钢尺整尺拉平有困难时，可将一尺段分成几段来平量。

(2) 斜量法。当倾斜地面的坡度比较均匀时，如图 4-10 所示，可沿斜面直接丈量出 MN 的倾斜距离 D'，测出地面倾斜角 α 或 MN 两点间的高差 h，按下式计算 MN 的水平距离 D。即：

$$D = D'\cos\alpha$$
$$D = \sqrt{D'^2 - h^2}$$

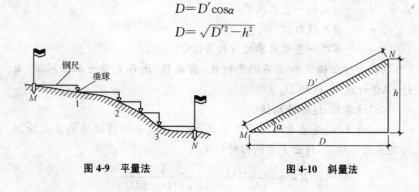

图 4-9　平量法　　　　　　图 4-10　斜量法

四、钢尺精密量距

用一般方法进行量距时，量距精度只能达到 1/1000～1/5000。当量距精度要求更高时，如 1/10000～1/40000，便要采用钢尺精密量距的方法进行丈量。

钢尺精密量距进行丈量时，一般由 5 人组成丈量组，其中，两人拉尺，两人读数，一人指挥兼记录和读温度。

进行钢尺精密量距时，主要有定线、量距、测量桩顶高程与尺长改正四个步骤。

快学快用 6　钢尺丈量主要步骤

用检定过的钢尺对相邻两木桩之间的距离进行丈量时的主要步骤如下：

(1) 拉伸钢尺置于相邻两木桩顶上，并使钢尺有刻划线一侧贴切十字线。后尺手将弹簧秤挂在尺的零端，以便施加钢尺检定时的标准拉力 (30m 钢尺，标准拉力 10kg)。

(2) 钢尺拉紧后，前尺手以尺上某一整分划对准十字线交点时，发出读数口令"预备"，后尺手回答"好"。在喊好的同一瞬间，两端的读尺员同时根据十字交点读数，估读到 0.5mm 记入手簿。

(3) 每尺段要移动钢尺位置丈量三次，三次测得的结果的较差视不同要求而定,一般不得超过 2~3mm,否则要重新丈量。如在限差以内,则取三次结果的平均值,作为此尺段的观测成果。每量一尺段都要读记温度一次,估读到 0.5℃。

(4)往测完毕后,应进行返测,每条直线所需丈量的次数视量边的精度要求而定。

快学快用 7 **钢尺精密量距的尺长改正**

(1)倾斜改正。设量得的倾斜距离为 D',两点间测得高差为 h,将 D' 改算成水平距离 D 需加倾斜改正 Δl_h,一般用下式计算公式:

$$\Delta l_h = -\frac{h^2}{2D'}$$

倾斜改正数 Δl_h 永远为负值。

(2)尺长改正。由于钢尺的名义长度与实际长度不一致,丈量时就会产生误差。设钢尺在标准温度、标准拉力下的实际长度为 l,名义长度为 l_0,则一整尺的尺长改正数为:

$$\Delta l = l - l_0$$

每量 1m 的尺长改正数为:

$$\Delta l_* = \frac{l - l_0}{l_0}$$

丈量 D' 距离的尺长改正数为:

$$\Delta l_l = \frac{l - l_0}{l_0} \cdot D'$$

钢尺的实长大于名义长度时,尺长改正数为正,反之为负。

(3)温度改正。钢尺量距时的温度和标准温度不同引起的尺长变化进行的距离改正称温度改正。

一般钢尺的线膨胀系数采用 $\alpha = 1.2 \times 10^{-5}$ 或者写成 $\alpha = 0.000012/(m \cdot ℃)$,表示钢尺温度每变化 1℃ 时,每 1m 钢尺将伸长(或缩短)0.000012m,所以尺段长 L_i 的温度改正数为:

$$\Delta l_i = \alpha(t - t_0)l_i$$

(4)计算全长。将改正后的各尺段长度加起来即得 MN 段的往测长度,同样还需返测 MN 段长度并计算相对误差,以衡量丈量精度。

【例 4-2】 对地面上两点的距离 AB 进行测量,测量数据见表 4-1,计算两点间的距离。

表 4-1　　　　　　　　　　精密量距记录计算表

钢尺号码:№:11　　钢尺膨胀系数:0.000012　　钢尺检定时温度 t_0:20℃　　计算者:____
钢尺名义长度 l_0:30m　钢尺检定长度 l:30.0025　钢尺检定时拉力:100N　　日期:____

尺段编号	实测次数	前尺读数/m	后尺读数/m	尺段长度/m	温度(℃)	高差/m	温度改正数/mm	尺长改正数/mm	倾斜改正数/mm	改正后尺段长/m
A1	1	29.9360	0.0700	29.9660	25.8	−0.152	+2.1	+2.5	−0.4	29.8694
	2	400	755	645						
	3	500	850	650						
	平均			29.8652						
12	1	29.9230	0.0175	29.9055	27.6	−0.174	+2.7	+2.5	−0.5	29.9104
	2	300	250	050						
	3	380	315	065						
	平均			29.9057						
……	……	……	……	……	……	……	……	……	……	……
6B	1	18.9750	0.0750	18.9000	27.5	−0.065	+1.7	+1.6	−0.1	18.9027
	2	540	545	8995						
	3	800	810	8990						
	平均			18.8995						
Σ										198.2838

【解】 (1) A1段尺长改正:

一整尺的尺长改正数:

$\Delta l = l - l_0 = 30.0025 - 30 = 0.0025 \text{m}$

每丈量 1m 的尺长改正数:

$\Delta l_\text{米} = \dfrac{l - l_0}{l_0} = \dfrac{30.0025 - 30}{30} = 0.000083 \text{m}$

丈量 A1 段距离的尺长改正数:

$\Delta l_1 = \dfrac{l - l_0}{l_0} \cdot l_{A1} = \dfrac{30.0025 - 30}{30} \times 29.8652 = 0.0025 \text{m}$

即: $\Delta l_1 = 2.5 \text{mm}$

⋮

(2) A1 段温度改正数：$\Delta l_i = \alpha(t-t_0)l_{A1}$
$= 0.000012 \times (25.8-20) \times 29.8652$
$= 0.0021 \text{m}$

即：$\Delta l_i = 2.1 \text{mm}$

⋮

(3) A1 段倾斜改正：$\Delta l_h = -\dfrac{h^2}{2l_{A1}} = -\dfrac{(-0.152)^2}{2 \times 29.8652} = -0.0004 \text{m}$

即：$\Delta l_h = -0.4 \text{mm}$

(4) 改正后的 A1 段尺段长：
$D_{A1} = l_{A1} + \Delta l_l + \Delta l_i + \Delta l_h$
$= 29.8652 + 0.0025 + 0.0021 - 0.0004$
$= 29.8694 \text{m}$

⋮

其他尺段的长的计算参照 A1 段计算

(5) 全长：$D_{AB} = D_{A1} + D_{12} + \cdots + D_{6B}$
$= 29.8694 + 29.9104 + \cdots + 18.9027$
$= 198.2838 \text{m}$

五、钢尺的检定

钢尺的检定通常用尺长检定方法。在用这种方法检定前都要了解关于尺长的方程式。

1. 尺长方程式

所谓尺长方程式，在标准拉力下（30m 钢尺用 100N，50m 钢尺用 150N）钢尺的实长与温度的函数关系式。其形式为：

$$l_t = l_0 + \Delta l + \alpha l_0(t-t_0)$$

式中　l_t——钢尺在温度 t℃时的实际长度；

　　　l_0——钢尺的名义长度；

　　　Δl——尺长改正数，即钢尺在温度 t_0 时的改正数，等于实际长度减去名义长度；

　　　α——钢尺的线膨胀系数，其值取为 1.2×10^{-5}/℃；

　　　t_0——钢尺检定时的标准温度（20℃）；

　　　t——钢尺使用时的温度。

2. 尺长检定方法

尺长的检定方法有与标准尺比长和将被检定钢尺与基准线长度进行实量比较两种。

快学快用 8　与标准尺比长的尺长检定

钢尺检定最简单的方法:将欲检定的钢尺与检定过的已有尺长方程式的钢尺进行比较(认定它们的线膨胀系数相同),求出尺长改正数,再进一步求出欲检定钢尺的尺长方程式。

【例 4-3】 设标准尺的尺长方程式为:

$$L_{标}=30+0.003+1.2\times10^{-5}\times30(t-20)(m)$$

被检定的钢尺,多次丈量标准长度为 29.997m,从而求得被检定钢尺的尺长方程式:

$$\begin{aligned}L_{检}&=L_{标}+(30-29.997)\\&=30+0.003+1.2\times10^{-5}\times30(t-20)+0.003\\&=30+0.006+1.2\times10^{-5}\times30(t-20)(m)\end{aligned}$$

快学快用 9　与基准线长度进行实量比较的尺长检定

在测绘单位已建立的校尺场上,利用两固定标志间的已知长度 l 作为基准线来检定钢尺的方法是:将被检定钢尺在规定的标准拉力下多次丈量(至少往返各三次)基线 l 的长度,求得其平均值 l'。测定检定时的钢尺温度,然后通过计算即可求出在标准温度时的尺长改正数,并求得该尺的尺长方程式。

【例 4-4】 设已知基准线长度为 140.306m,用名义长度为 30m 的钢尺在温度 $t=9℃$ 时,多次丈量基准线长度的平均值为 140.326m,试求钢尺在 $t_0=25℃$ 的尺长方程式。

【解】 被检定钢尺在 9℃ 时,整尺段的尺长改正数 $\Delta L=140.306-140.326/140.326\times30=-0.0043m$,则被检定钢尺在 9℃ 时的尺长方程式为:$l_t=30-0.0043+1.2\times10^{-5}\times30(t-9)$;然后求被检定钢尺在 25℃ 时的长度为:$l_{25}=30-0.0043+1.2\times10^{-5}\times30\times(25-9)=30+0.0015(m)$,则被检定钢尺在 25℃ 时的尺长方程式为:

$$l_t=30+0.0015+1.2\times10^{-5}\times30(t-25)(m)$$

钢尺送检后,根据给出的尺长方程式,利用式中的第二项可知实际作业中,整尺段的尺长改正数。利用式中第三项可求出尺段的温度改正数。

第二节 视距测量

一、视距测量基本原理

视距测量是用望远镜内的视距装置,根据光学和三角形学原理测定距离和高差的方法。视距测量不仅能测定地面两点间的水平距离,而且能测定地面两点间的高差,其操作简单,被广泛地应用于地形测量中。

二、视线水平时的视距测量公式

如图 4-11 所示,A,B 两点间的水平距离 D 与高差 h 分别为:

$$D=KL$$
$$h=i-v$$

式中 D——仪器到立尺点间的水平距离;

K——视距乘常数,通常为 100;

L——望远镜上下丝在标尺上读数的差值,称视距间隔或尺间隔;

h——A,B 点间高差(测站点与立尺点之间的高差);

i——仪器高(地面点至经纬仪横轴或水准仪视准轴的高度);

v——十字丝中丝在尺上读数。

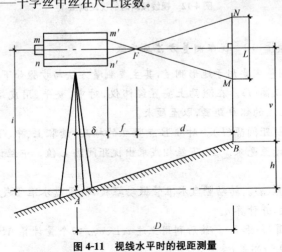

图 4-11 视线水平时的视距测量

水准仪视线水平是根据水准管气泡居中来确定。经纬仪视线水平,是根据在竖盘水准管气泡居中时,用竖盘读数为90°或270°来确定。

三、视线倾斜时计算水平距离和高差

如图 4-12 所示,A,B 两点间的水平距离 D 与高差 h 分别为:

$$D = KL\cos^2\alpha$$

$$h = \frac{1}{2}KL\sin 2\alpha + i - v$$

式中　α——视线倾斜角(竖直角)。

其他符号与前述公式符号意义相同。

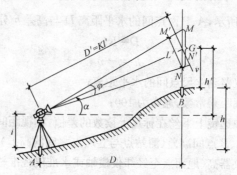

图 4-12　视线倾斜时的视距测量

快学快用 10　视距测量方法与步骤

视距测量主要用于地形测量,其主要测量方法与步骤如下:

(1)量仪高(i)。在测站上安置经纬仪,对中、整平,用皮尺量取仪器横轴至地面点的铅垂距离,取至厘米。

(2)求视距间隔(L)。对准 B 点竖立的标尺,读取上、中、下三丝在标尺的读数,读至毫米。上、下丝相减求出视距间隔 L 值。中丝读数 v 用以计算高差。

(3)计算(α)。转动竖盘水准管微动螺旋,使竖盘水准管气泡居中,读取竖盘读数,并计算 α。

(4)计算(D 和 h)。最后利用上述 $i、L、v、\alpha$ 四个量计算 AB 两点间的水平距离 D 和高差 h。

第三节 电磁波测距

电磁波测距是用电磁波(光波或微波)作为载波,传输测距信号,以测量两点间距离的一种方法。与传统的钢尺量距和视距测量相比,电磁波测距具有测程长、精度高、作业快、工作强度低、几乎不受地形限制等优点。电磁波测距的英文全称是:Electro-magnetic Distance Measuring,简称为 EDM。

一、测距仪的分类及构造

测距仪主要有以微波作为载波的微波测距仪、以激光为光源的激光测距仪、电磁波测距仪三种。在本节中主要介绍以砷化镓(GaAs)发光二极管发出的红外光作光源的红外测距仪。

1. 主要技术指标与性能

DI1000红外测距仪是瑞士生产的短程红外相位式测距仪。由于它本身没有照准用的望远镜,所以需要将它安装在光学经纬仪或电子经纬仪上,如图 4-13 所示。

(1)红外光源波长:$0.865\mu m$。

(2)测尺长及对应的调制频率:

精测尺:$\lambda_S/2=20m, f=7.492700MHz$;

粗测尺:$\lambda_S/2=2000m, f=74.92700kHz$。

(3)测程:800m(1 块反射棱镜);

1600m(3 块反射棱镜)。

(4)标称精度:正常测距$\pm(5mm+5\times10^{-6}D)$;

跟踪测距$\pm(10mm+5\times10^{-6}D)$。

(5)测量时间:正常测距 $4.5\sim10s$;

跟踪测距初始测距 3s,以后每次测距 0.3s。

(6)显示:带有灯光照明的 7 位数字液晶显示,最小显示距离 1mm。

(7)主要功能:①自动进行气象改正:在测站上测定气温、气压值,通过仪器面板操作键,可直接输入到仪器内。仪器测量的距离即为经过气象改正后的距离值。②平距和高差的自动计算:斜距测完后,输入竖直角,仪器自动计算平距和高差。③跟踪测量。④自动调整测距信号的强弱:测量时,光信号受阻,仪器自动停止工作,待挡光物排除后,仪器自动继续测量。

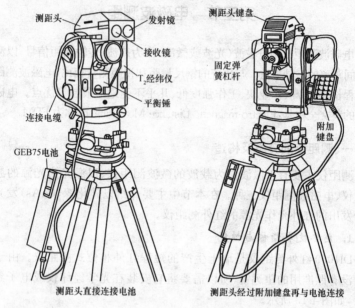

图 4-13 将 DI1000 红外测距仪安装在 T_2 光学经纬仪上

2. 仪器操作

(1) 主机。主机有发射镜、接收镜、显示窗、键盘。键盘上的按键有双功能或多功能,如图 4-14 所示。

(2) 反射棱镜。Leica 厂 DI 系列测距仪有 1 块、3 块和 11 块共三种反射棱镜架,分别用于不同距离的测量。棱镜架中的圆形棱镜是活动的,可以从架上取下来。测距时,用经纬仪望远镜照准各种反射棱镜的位置如图 4-15 所示。DI1000 红外测距仪只用到 1 块和 3 块两种棱镜架,当所测距离小于 800m 时,使用 1 块棱镜;当所测距离大于 800m 时,使用 3 块棱镜。圆形棱镜的加常数为 0。

(3) 附加键盘。DI1000 红外测距仪可以直接连接电池利用主机上的键盘进行测距操作,也可以将图 4-16 所示的附加键盘串联在测距头与电池之间进行工作。附加键盘上共有 15 个按键,每个按键也具有双功能或多功能。

第四章 距离测量与直线定向

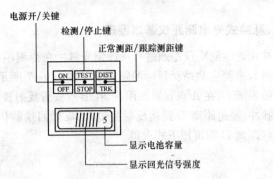

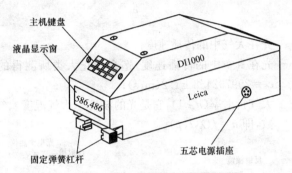

图 4-14 DI1000 的操作面板

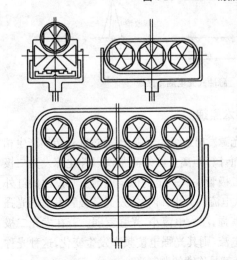

图 4-15 反射棱镜组

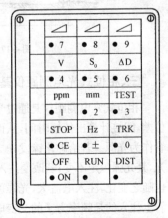

图 4-16 附加键盘

二、脉冲式光电测距仪基本原理

脉冲式光电测距仪是通过直接测定光脉冲在待测距离两点间往返传播的时间 t，来测定测站至目标的距离 D。如图 4-17 所示，用测距仪测定两点间的距离 D，在 A 点安置测距仪，在 B 点安置反射棱镜。由测距仪发射的光脉冲，经过距离 D 到达反射棱镜，再反射回仪器接收系统，所需时间为 t，则距离 D 即可按下式求得

$$D = \frac{1}{2} c t_{2D}$$

其中

$$c = \frac{c_0}{n}$$

式中　c——光在大气中的传播速度；

　　　c_0——光在真空中的传播速度，迄今为止人类所测得的精确值为 $c_0 = 299792458 \pm 1.2 \, (\text{m/s})$；

　　　n——大气折射率（$n \geqslant 1$），它是光的波长 λ、大气温度 t、气压 p 的函数，即 $n = f(\lambda, t, p)$。

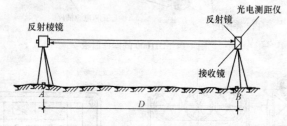

图 4-17　脉冲式光电测距原理

三、相位式光电测距仪基本原理

相位式光电测距仪是通过光源发出连续的调制光，通过往返传播产生相位差，间接计算出传播时间，从而计算距离。红外测距仪以砷化镓发光二极管作为光源。若给砷化镓发光二极管注入一定的恒定电流。它发出的红外光，其光强恒定不变；若改变注入电流的大小，砷化镓发光二极管发射的光强也随之变化，注入电流大，光强就强，注入电流小，光强就弱。若在发光二极管上注入的是频率为 f 的交变电流，则其光强也按频率发生变化，这种光称为调制光。相位法测距发出的光就是连续的调制光。

第四章 距离测量与直线定向

调制光波在待测距离上往返传播,其光强变化一个整周期的相位差为 2π,将仪器从 A 点发出的光波在测距方向上展开,如图 4-18 所示,显然,返回 A 点时的相位比发射时延迟了 φ 角,其中包含了 N 个整周($2\pi N$)和不足一个整周的尾数 $\Delta\varphi$,即:

$$\varphi = 2\pi N + \Delta\varphi$$

另一方面,设正弦光波的振荡频率为 f,由于频率的定义是一秒钟振荡的次数,振荡一次的相位差为 2π,则正弦光波经过 t_{2D} 后振荡的相位移为:

$$\varphi = 2\pi f t_{2D}$$

由上述两式可解出 t_{2D} 为:

$$t_{2D} = \frac{2\pi N + \Delta\varphi}{2\pi f} = \frac{1}{f}\left(N + \frac{\Delta\varphi}{2\pi}\right) = \frac{1}{f}(N + \Delta N)$$

$$D = \frac{c}{2f}(N + \Delta N) = \frac{\lambda_S}{2}(N + \Delta N)$$

式中,$\lambda_S = c/f$ 为正弦波的波长;$\lambda_S/2$ 为正弦波的半波长,又称测距仪的测尺;取 $c \approx 3 \times 10^8 \text{m/s}$,则不同的调制频率 f 对应的测尺长见表 4-2。

表 4-2 调制频率与测尺长度的关系

调制频率 f	15MHz	7.5MHz	1.5kHz	150kHz	75kHz
测尺长 $\frac{\lambda_S}{2}$	10m	20m	100m	1km	2km

由表 4-2 可知其规律是:调制频率越大,测尺长度越短。

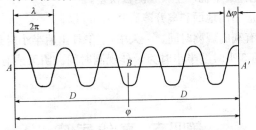

图 4-18 相位式光电测距原理

四、测距成果整理

测距仪实地测定的距离,需进行以下三项改正,才能得到两点间的水平距离。

(1) 气象改正:应按厂家提供的气象改正值计算公式或专用图表来进行。

(2) 仪器加、乘常数的改正:应根据仪器检测结果进行。

(3) 倾斜改正:

$$D=D'\sin Z=D'\cos\alpha$$

式中 D'——实测斜距;

Z——测线的天顶距;

α——测线的竖直角。

五、测距仪使用注意事项

(1) 仪器在运输时必须注意防潮、防震和防高温。

(2) 测距完毕立即关机。迁站时应先切断电源,切忌带电搬动。

(3) 电池要经常进行充、放电保养。

(4) 测距仪物镜不可对着太阳或其他强光源(如探照灯等),以免损坏光敏二极管,在阳光下作业须撑伞。

(5) 防止雨淋仪器,若经雨淋,须烘干(不高于 50℃)或晾干后再通电,以免发生短路,烧毁电气元件。

(6) 设置测站时,应远离变压器、高压线等,以防强电磁场的干扰。

(7) 避免测线两侧及镜站后方有反光物体(如房屋玻璃窗、汽车挡风玻璃等),以免背景干扰产生较大测量误差。

(8) 测线应高出地面和离开障碍物 1.3m 以上。

(9) 选择有利的观测时间。一天中,上午日出后半小时至 1 个半小时或下午日落前 3 小时至半小时为最佳观测时间。阴天或有微风时,全天都可以观测。

第四节 直线定向

在测量工作中,常常需要确定地面上两点之间的相对位置,但是除了测定两点之间的水平距离之外,还须确定两点所连直线的方向。确定直线与标准方向之间的水平角度称为直线定向。

一、标准方向的分类

标准方向通常有真子午线方向、磁子午线方向与坐标纵轴方向三种。

1. 真子午线方向

通过地面上一点并指向地球南北极的方向线,称为该点的真子午线方向。真子午线方向是用天文测量方法测定的。指向北极星的方向可近似地作为真子午线的方向。

2. 磁子午线方向

通过地面上一点的磁针,在自由静止时其轴线所指的方向(磁南北方向),称为磁子午线方向。磁子午线方向可用罗盘仪测定。由于地磁两极与地球两极不重合,致使磁子午线与真子午线之间形成一个夹角 δ,称为磁偏角。磁子午线北端偏于真子午线以东为东偏,δ 为正;以西为西偏,δ 为负。

3. 坐标纵轴方向

测量中通常以通过测区坐标原点的坐标纵轴为准,测区内通过任一点与坐标纵轴平行的方向线,称为该点的坐标纵轴方向。

快学快用 11 方位角表示直线定向的方法

在测量工作中,常采用方位角来表示直线定向。通过测站的子午线与测线间顺时针方向的水平夹角称为方位角。

如图 4-19 所示为方位角示意图。若标准方向 ON 为真子午线方向,并用 α 表示真方位角,则 α_1、α_2、α_3、α_4 分别为 O_1、O_2、O_3、O_4 的真方位角。若 ON 为磁子午线方向,则各角分别为相应直线的磁方位角。

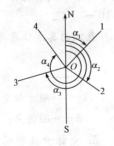

图 4-19 方位角示意图

二、方位角之间的关系

1. 几种方位角之间的关系

直线的方位角是指由标准方向的北端起,顺时针方向量到某直线的夹角,角值为 0°~360°。由于子午线方向有真北、磁北和坐标北(轴北)之分,故对应的方位角分别称为真方位角(用 A 表示)、磁方位角(用 A_m 表示)和坐标方位角(用 α 表示),如图 4-20 所示。为了标明直线的方向,通常在方位角的右下方标注直线的起终点,如 α_{12} 表示起点是 1,终点是 2 的直线的坐标方位角。

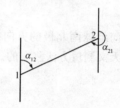

图 4-20　正反坐标方位角示意图

快学快用 12　真方位角与磁方位角之间的关系

由于地球的南北极与地磁的南北极并不重合,因此,过地面上某点的真子午线方向与磁子午线方向常不重合,二者之间的夹角即称为磁偏角 δ,用 δ 表示。

磁针北端偏于真子午线以东称东偏,此时,磁偏角取正值;磁针北端偏于真子午线以西称为西偏,此时,磁偏角取负值。我国磁偏角的变化在 $-10°\sim +6°$。

直线的真方位角与磁方位角之间可用下式进行换算:

$$A = A_m + \delta$$

式中　A——真方位角;

　　　A_m——磁方位角;

　　　δ——磁偏角。

2. 坐标方位的确定

如图 4-19 所示,直线 1—2 的点 1 是起点,点 2 是终点;通过起点 1 的坐标纵轴方向与直线 1—2 所夹的坐标方位角 α_{12} 称为直线 1—2 的正方位角,α_{21} 为直线 1—2 的反方位角。同样,也可称 α_{21} 为直线 2—1 的正方位角,而 α_{12} 为直线 2—1 的反方位角。一般在测量工作中,常以直线的前进方向为正方向,反之称为反方向。在平面直角坐标系中通过直线两端点的坐标纵轴方向彼此平行,因此正、反坐标方位角之间的关系式为:

$$\alpha_{反} = \alpha_{正} \pm 180°$$

当 $\alpha_{正}$＜180°时，上式用加 180°；
当 $\alpha_{反}$＞180°时，上式用减 180°。

快学快用 13 坐标方位角推算

在实际工作中，为了得到多条直线的坐标方位角，把这些直线首尾相接，依次观测各接点处两条直线之间的转折角。若已知第一条直线的坐标方位角，便可根据上述两种算法依次推算出其他各条直线的坐标方位角。

如图 4-21 所示，已知直线 12 的坐标方位角为 α_{12}，2、3 点的水平转折角分别为 β_2 和 β_3，其中 β_2 在推算路线前进方向左侧，称为左角；β_3 在推算路线前进方向的右侧，称为右角。欲推算此路线上另两条直线的坐标方位角 β_2。根据反方位角计算公式得 α_{23}、α_{34}。

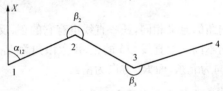

图 4-21 坐标方位角

再由同始点直线坐标方位角计算公式可得

$$\alpha_{21}=\alpha_{21}+\beta_2=\alpha_{12}+180+\beta_{24}$$

上式计算结果大于 360，则减 360；同理，由 α_{23} 和 β_3 可计算直线 34 的坐标方位角。

三、象限角直线定向

如图 4-22 所示，由标准方向线的北端或南端，顺时针或逆时针量到某直线的水平夹角，称为象限角，用 R 表示，其值在 0°～90°之间。象限角不但要表示角度的大小而且还要标记该直线位于第几象限。象限角分别用北东、南东、南西和北西表示。

如图 4-14 所示，AO 在 Ⅰ 象限，记为北偏东 R_{OA} 或 $NR_{OA}E$；OB 在 Ⅱ 象限，记为南偏东 R_{OB} 或 $SR_{OB}E$；OC 在 Ⅲ 象限，记为南偏西 R_{OC} 或 $SR_{OC}W$；OD 在 Ⅳ 象限，记为北偏西 R_{OD} 或 $NR_{OD}W$。象限角一般只在坐标计算时用，所

谓象限角主要是指坐标象限角。

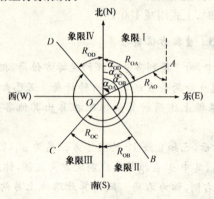

图 4-22 象限角

同正、反方向角的意义相同,任一直线也有它的正、反象限角,其关系是角值相等,方向不同。如直线 OA 的正、反象限角为 R_{OA}、R_{AO},其值 R_{OA} = R_{AO},但 R_{OA} 方向为北东,而 R_{AO} 方向为南西。

快学快用 14 象限角与方位角的关系

象限角一般只在坐标计算式时用,这时所说的象限角是指坐标象限角。坐标象限角与坐标方位角之间的关系,见表 4-4。

表 4-4　　　　　　　坐标象限角与坐标方位角关系表

直线方向	由坐标方位角推算象限角	由象限角推算坐标方位角
北东,第Ⅰ象限	$R=\alpha$	$\alpha=R$
南东,第Ⅱ象限	$R=180°-\alpha$	$\alpha=180°-R$
南西,第Ⅲ象限	$R=\alpha-180°$	$\alpha=180°+R$
北西,第Ⅳ象限	$R=360°-\alpha$	$\alpha=360°-R$

【例 4-5】　某直线 MN,已知正坐标方位角 $\alpha_{MN}=334°31'48''$,试计算 α_{NM}、R_{MN}、R_{NM}。

【解】　$\alpha_{NM}=334°31'48''-180°=154°31'48''$

$R_{MN}=360°-334°31'48''=N25°28'12''W$

$R_{NM}=180°-154°31'48''=S25°28'12''E$

第五章 测量误差基础知识

第一节 测量误差概述

一、测量误差产生的原因

人们对待客观的事物的认识总会存在不同程度的误差。实践表明，只要使用测量仪器对某个量进行观测，就会产生误差。实践证明，产生测量误差的原因主要有以下三方面。

1. 仪器的原因

测量工作是需要用观测仪器进行的，观测仪器机械构造上的缺陷和仪器本身精密度的限制。

2. 人的原因

由于观测者的技术水平和感觉器官的鉴别能力有一定的局限性，主要体现在仪器的对中、照准、读数等方面，由此也会产生误差。

3. 外界的原因

在测量工作中的外界条件是变化着的，如大气温度、湿度、风力、透明度、大气折光等。由于仪器、观测者和外界条件三方面因素综合影响观测结果，使其偏离真值而产生误差，因此，把三者合称为观测条件。

观测结果的质量与观测条件的好坏有着密切的关系。观测条件好，观测时产生的误差就可能小些，因而观测结果的质量就高些；反之，观测结果的质量就低些。

当观测条件相同时，观测结果的质量可以认为是相同的。凡是在相同的观测条件下所进行的一组观测，称为等精度观测。在不相同的观测条件下进行的一组观测，称为不等精度观测。不论观测条件好坏，在整个观测过程中，测量误差总是不可避免的。在弄清其来源后，分析其对观测的影响，可以获得较好的观测结果。

在测量中,除了误差之外,有时还可能发生错误。例如,测错、读错、算错等,这是由于观测者的疏忽大意造成的。只要观测者仔细认真地作业并采取必要的检核措施,错误就可以避免。

二、测量误差的分类

测量误差按产生的原因与对观测结果影响性质的不同可分为粗差、系统误差、偶然误差三类。

1. 粗差

由于观测者的粗心或受某种干扰造成的特别大的测量误差称为粗差。粗差是一种大量级的观测误差,属于测量上的失误。在测量成果中,是不允许粗差存在的。粗差产生的原因较多,主要是作业员的疏忽大意、失职而引起的,如大数被读错、读数被记录员记错、照准错误的目标等。

在观测数据中应尽可能设法避免出现粗差。能有效地发现粗差的方法有:进行必要的重复观测;通过多余的观测,采用必要而又严格的检核、验算等方式均可发现粗差。含有粗差的观测值都不能采用。因此,一旦发现粗差,该观测值必须舍弃或重测。

2. 系统误差

在相同的观测条件下,对某一量进行一系列的观测,如果出现数值大小和正负符号固定不变或按一定规律变化,这种误差称为系统误差。例如,用一把名义长度为 30m,而实际长度为 30.010m 的钢尺丈量距离,每量一尺段就要少量 0.010m,这 0.010m 的误差,在数值上和符号上都是固定的,丈量距离愈长,误差也就愈大。系统误差对观测成果具有累积作用

因此,在测量工作中,应尽量设法部分或全部地消除系统误差,其改正方法主要有以下两种:

(1)在观测方法和观测程序上采取必要的措施,限制或削弱系统误差的影响。如水准测量中的前后视距应保持相等,分上下午进行往返观测。三角测量中的正、倒镜观测,盘左、盘右读数,分不同的时间段观测等。

(2)分别找出产生系统误差的原因,利用已有公式,对观测值进行改正,如对距离观测值进行必要的尺长改正、温度改正、地球曲率改正等。

3. 偶然误差

在相同的观测条件下,做一系列的观测,如果观测误差在大小和符号

上都表现出随机性,即大小不等,符号不同,但统计分析的结果都具有一定的统计规律性。这种误差称为偶然误差,又称为随机误差。

偶然误差是由于人的感觉器官和仪器的性能受到一定的限制,以及观测时受到外界条件的影响等原因造成的。如仪器本身构造不完善而引起的误差,观测者的估读误差,照准目标时的照准误差等,不断变化着的外界环境,温度、湿度的忽高忽低,风力的忽大忽小等,会使观测数据有时大于被观测量的真值,有时小于被观测量的真值。

三、偶然误差的特性

从单个偶然误差而言,其大小和符号均没有规律性,但就其总体而言,却呈现出一定的统计规律性。例如,在相同观测条件下,对一个三角形的内角进行观测,由于观测带有误差,其内角和观测值(l_i)不等于它的真值($X=180°$),两者之差称为真误差(Δi),即

$$\Delta i = l_i - X (i = 1, 2, \cdots, n)$$

现观测 162 个三角形的全部三个内角,将其真误差按绝对值大小排列组成表 5-1。

表 5-1　　　　　　　真误差绝对值大小排列表

误差区间 ($3''$)	正误差		负误差		合　计	
	个数 k	频率 k/n	个数 k	频率 k/n	个数 k	频率 k/n
0~3	21	0.130	21	0.130	42	0.260
3~6	19	0.117	19	0.117	38	0.234
6~9	12	0.074	15	0.093	27	0.167
9~12	11	0.068	9	0.056	20	0.124
12~15	8	0.049	9	0.056	17	0.105
15~18	6	0.037	5	0.030	11	0.067
18~21	3	0.019	1	0.006	4	0.025
21~24	2	0.012	1	0.006	3	0.018
24 以上	0	0	0	0	0	0
Σ	82	0.506	80	0.494	162	1.000

由表 5-1 中可归纳出偶然误差的特性如下：

(1)有限性。偶然误差的绝对值不会超过一定的限值。

(2)聚中性。绝对值小的误差比绝对值较大的误差出现的机会多。

(3)对称性。绝对值相等的正、负误差出现的机会相等。

(4)抵消性。随着观测次数的无限增加，偶然误差的理论平均值趋近于零。即：

$$\lim_{n \to \infty} \frac{[\Delta]}{n} = 0$$

式中，方括号[ ]表示取括号中数值的代数和。

此外，为了充分表明误差分布的情况，除了上述用表格的形式(误差排列表)(表 5-1)，还可以用误差频率直方图表示。图 5-1 中横坐标表示误差的正负和大小，纵坐标表示各区间误差出现的相对个数除以区间的间隔值，由此每一小条的面积代表误差出现于该区间的频率(k/n)。

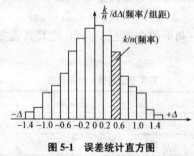

图 5-1　误差统计直方图

第二节　评定测量精度的指标

一、精度

精度就是观测成果的精确程度，其是指对某一个量的多次观测中，其误差分布的密集或离散的程度。在一定的观测条件下进行一组观测，如果小误差的个数相对较多，误差较为集中于零的附近，从误差统计直方图(图 5-1)上看，则显示为纵轴附近的长方条形成高峰，且各长方条构成的阶梯比较陡峭，即表明这组观测值的误差分布较密集，观测值间的差异较小,也就是说这组观测值的精度较高;如果小误差的个数相对较小,误差较为分散,从误差统计直方图(图 5-1)上看,则显示为纵轴附近的长方条顶峰较低,且各长方条构成的阶梯较平缓,即表明其误差分布较离散,观测值间的差异较大,也就是说这组观测值的精度较低。

在相同的观测条件下所测得的一组观测值,这一组中的每一个观测值,都是具有相同的精度。虽然它们的真误差不相等,但都对应于同一误差分布,称这些观测值是等精度的。由此,需要建立一个统一的衡量精度的标准,给出一个数值概念,是该标准及其数值大小能发现出误差分布的离散或密集程度,称为衡量精度的指标。

二、中误差与相对误差

1. 中误差

在实际测量工作中,不可能对某一量作无穷多次观测,因此,定义按有限次数观测的偶然误差求得的标准差称为中误差。

2. 相对误差

相对误差是专为距离测量定义的精度指标,因为单纯用距离丈量中误差还不能反映距离丈量的精度情况。对于某些观测成果,用中误差还不能完全判断测量精度。例如,用钢尺丈量 100m 和 200m 两段距离,观测值的中误差均为 0.01m,但不能认为两者的测量精度是相同的,因为量距误差与其长度有关。为了能客观反映实际精度,通常用相对误差来表达边长观测值的精度。

快学快用 1 衡量观测中误差的指标

在测量生产实践中,观测次数 n 总是有限的,以各个真误差的平方和的平均值的平方根作为评定观测质量的标准,称为中误差,用 m 表示,即

$$m = \pm \sqrt{\frac{[\Delta\Delta]}{n}}$$

式中 m——中误差;

$[\Delta\Delta]$——一组等精度观测误差 Δ_i 自乘的总和;

n——观测数。

中误差不同于各个观测值的真误差,它是衡量一组观测精度的指标,它的大小反映出一组观测值的离散程序。中误差越小,观测的精度就高;

反之,中误差越大,表明观测的精度就低。

【例 5-1】 某段距离的理论值为 49.984m,现使用 50m 钢尺丈量该距离,丈量次数为 6 次,观测值列于表 5-2,试求该钢尺一次丈量 50m 中误差。

表 5-2　　　　　　　　　某段距离测量记录

观测次序	观测值/m	Δ/mm	ΔΔ	m/mm
1	49.987	+3	9	
2	49.981	−3	9	
3	49.978	−6	36	
4	49.988	+4	16	5.02
5	49.975	−9	81	
6	49.984	0	0	
Σ			151	

三、极限误差

在一定的观测条件下,偶然误差的绝对值不应超过一定的限值,这个限值就是极限误差,也称限差或容许误差。

根据误差理论和大量的实践证明,在等精度观测某量的一组误差中,大于两倍中误差的偶然误差,其出现的概率为 4.6%;大于三倍中误差的偶然误差,其出现的概率为 0.3%,0.3%是概率接近于零的小概率事件。因此,在《工程测量规范》(GB 50026—2007)中,为确保观测成果的质量,规定以其中误差的两倍为偶然误差的允许误差或限值。即

$$\Delta_{极} = 2m$$

超过上述限差的观测值应舍去不用或返工重测。

快学快用 2 *衡量相对误差的指标*

相对误差 k 就是观测值中误差 m 的绝对值与观测值 D 的比,并将其化成分子为 1 的形式,即

$$K = \frac{|m|}{D} = \frac{1}{\frac{D}{|m|}}$$

距离测量中,常用同一段距离往返测量结果的相对误差来检核距离测量的内部符合精度,计算公式为

$$\frac{|D_{往}-D_{返}|}{D_{平均}}=\frac{|\Delta D|}{D_{平均}}=\frac{1}{\dfrac{D_{平均}}{|\Delta D|}}$$

【例 5-2】 用 50m 的钢尺测量一段约 50m 的距离,测量 6 次的平均值为 49.982m,其测量中误差±5.02m。如果用另外一种测量工具测量一段约 100m 的距离,测量 8 次的平均值为 98.988m,其测量中误差仍然等于±5.02mm,计算两段距离的相对误差。

【解】 由于 $k=\dfrac{|m|}{D}=\dfrac{1}{\dfrac{D}{|m|}}$

即: $k_1=\dfrac{0.00502}{49.982}\approx\dfrac{1}{9957}$ $k_2=\dfrac{0.00502}{98.988}\approx\dfrac{1}{19719}$

由此得出结论,k_2 的精度比 k_1 的精度高。

第三节 误差传播定律

在测量工作中,有些未知量往往不能直接测得,须借助其他的观测量按一定的函数关系间接计算而得。函数关系的表现形式分为线性函数和非线性函数两种。

由于直接观测值含有误差,因而它的函数必然存在误差。阐述观测值中误差与函数中误差之间关系的定律,称为误差传播定律。

快学快用 3 倍数的函数关系

设函数
$$Z=kx$$

式中 k——常数;

x——独立观测值;

Z——x 的函数。

当观测值 x 含有真误差 Δx 时,使函数 Z 也将产生相应的真误差 ΔZ,设 x 值观测了 n 次,则

$$\Delta Z_n = k\Delta x_n$$

将上式两端平方,求其总和,并除以 n,得

$$\frac{[\Delta Z\Delta Z]}{n} = k^2 \frac{[\Delta x\Delta x]}{n}$$

按中误差的定义,则有:

$$m_z^2 = \frac{\Delta_z^2}{n}$$

$$m_x^2 = \frac{\Delta_x^2}{n}$$

即:

$$m_Z^2 = k^2 m_x^2$$

或

$$m_Z = k m_x$$

【例 5-3】 对一个三角形,已观测了 A、B 两角,其值分别为:$\angle A = 38°42'16'' \pm 7.0''$,$\angle B = 85°32'42'' \pm 8.0''$,求 $\angle C$ 及其中误差。

【解】 根据题意,可得 $\angle A + \angle B + \angle C = 180°$,即

$$\angle C = 180° - \angle A - \angle B = 55°45'02''$$

此处 $180°$ 为常数,$\angle A$、$\angle B$ 的中误差分别为 $m_A = \pm 7.0''$,$m_B = \pm 8.0''$,得

$$m_C^2 = m_A^2 + m_B^2$$

$$m_C = \sqrt{49 + 64} = \pm 10.6''$$

可得

$$\angle C = 55°45'02'' \pm 10.6''$$

快学快用 4 和或差的函数关系

设有函数

$$Z = x \pm y$$

式中,x 和 y 均为独立观测值;Z 是 x 和 y 的函数。当独立观测值 x、y 含有真误差 Δx、Δy 时,函数 Z 也将产生相应的真误差 ΔZ,如果对 x、y 观测了 n 次,则

$$\Delta Z_n = \Delta x_n + \Delta y_n$$

将上式两端平方,求其总和,并除以 n,得

$$\frac{[\Delta Z\Delta Z]}{n} = \frac{[\Delta x\Delta x]}{n} + \frac{[\Delta y\Delta y]}{n}$$

根据偶然误差的抵消性和中误差定义,得
$$m_Z^2 = m_x^2 + m_y^2$$
或
$$m_Z = \pm \sqrt{m_x^2 + m_y^2}$$

由此得出结论:和差函数的中误差,等于各个观测值中误差平方和的平方根。

【例5-4】 在1:1000的图上,量得某两点间的距离$d=158.6$mm,d的量测中误差$m_d = \pm 0.04$mm。试求实地两点间的距离D及其中误差m_D。

【解】 $D = 1000 \times 158.6 = 158600$mm $= 158.6$m

$m_D = 1000 \times (\pm 0.04) = \pm 0.04$m

所以 $D = 158.6\text{m} \pm 0.04\text{m}$

快学快用 5 非线性函数关系

设有函数
$$Z = f(x_1, x_2, \cdots, x_n)$$

式中,x_1、x_2、$\cdots$、x_n为独立观测值,其中误差为m_1、m_2、$\cdots$、m_n。当观测值x_i含有真误差Δ_{xi}时,函数Z也必然产生真误差ΔZ,但这些真误差都是很小值,故对上式全微分,并以真误差代替微分,即

$$\Delta Z = \frac{\partial f}{\partial x_1}\Delta x_1 + \frac{\partial f}{\partial x_2}\Delta x_2 + \cdots + \frac{\partial f}{\partial x_n}\Delta x_n$$

式中$\frac{\partial f}{\partial x_1}, \frac{\partial f}{\partial x_2}, \cdots, \frac{\partial f}{\partial x_n}$是函数$Z$对$x_1, x_2, \cdots, x_n$的偏导数。当函数值确定后,则偏导数值恒为常数,故上式可以认为是线性函数,于是有

$$m_Z = \pm \sqrt{\left(\frac{\partial f}{\partial x_1}\right)^2 m_{x_1}^2 + \left(\frac{\partial f}{\partial x_2}\right)^2 m_{x_2}^2 + \cdots + \left(\frac{\partial f}{\partial x_n}\right)^2 m_{x_n}^2}$$

快学快用 6 常见函数的中误差关系式

常用函数的中误差关系式均可由一般函数中误差关系式导出。现将各种常见函数的中误差关系式统一列于表5-3中。

表5-3　　　　　　　　观测函数中误差

函数名称	函数关系式	$\frac{\partial f}{\partial x_i}$	中误差关系式
倍数函数	$Z = kx$	k	$m_Z = km_x$

续表

函数名称	函数关系式	$\dfrac{\partial f}{\partial x_i}$	中误差关系式
和差函数	$Z=x_1\pm x_2$	1	$m_Z^2=m_1^2+m_2^2$ 或 $m_Z=\sqrt{m_1^2+m_2^2}$
			$m_Z=\sqrt{2}\,m$（当 $m_1=m_2=m$ 时）
	$Z=x_1\pm x_2\pm\cdots\pm x_n$	1	$m_Z^2=m_1^2+m_2^2+\cdots+m_n^2$
			$m_Z=\pm\sqrt{n}\,m$（当 $m_1=m_2=\cdots=m_n=m$ 时）
线性函数	$Z=k_1x_1+k_2x_2+\cdots+k_nx_n$	K_i	$m_Z^2=k_1^2m_1^2+k_2^2m_2^2+\cdots+k_n^2m_n^2$
非线性函数	$Z=f(x_1,x_2,\cdots,x_n)$	$\dfrac{\partial f}{\partial x_i}$	$m_Z^2=\left(\dfrac{\partial f}{\partial x_1}\right)^2 m_1^2+\left(\dfrac{\partial f}{\partial x_2}\right)^2 m_2^2+\cdots+\left(\dfrac{\partial f}{\partial x_n}\right)^2 m_n^2$

【例 5-5】 如图 5-2 所示,测量了斜边 $S=163.563$m,中误差为 $m_s=\pm 0.006$m; 测量角度 $\alpha=32°15'26''$,中误差为 $m_\alpha=\pm 6''$,设边长与角度观测误差独立,试求初算高差 h' 的中误差。

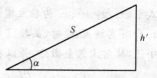

图 5-2 三角高程测量初算高差

【解】 由图 5-2 可以列出 h' 的函数关系式为

$$h'=S\sin\alpha$$

对上式全微分,并以真误差代替微分,得

$$\Delta h'=\dfrac{\partial h'}{\partial s}\Delta S+\dfrac{\partial h'}{\partial \alpha}\dfrac{\Delta\alpha''}{\rho''}$$

$$=\sin\alpha\Delta S+S\cos\alpha\dfrac{\Delta\alpha''}{\rho''}$$

$$=S\sin\alpha\dfrac{\Delta S}{S}+S\sin\alpha\dfrac{\cos\alpha}{\sin\alpha}\dfrac{\Delta\alpha''}{\rho''}$$

$$=\dfrac{h'}{S}\Delta S+\dfrac{h'\cot\alpha}{\rho''}\Delta\alpha''$$

其中 ρ'' 为常数,$\rho''=206265''$,应用误差传播定律

$$m_Z = \pm\sqrt{\left(\frac{h'}{S}\right)^2 m_s^2 + \left(\frac{h\cot\alpha}{\rho''}\right)^2 m_\alpha^2}$$

$$= \pm\sqrt{\left(\frac{S\sin\alpha}{S}\right)^2 m_s^2 + \left(\frac{S\sin\alpha\cot\alpha}{\rho''}\right)^2 m_\alpha^2}$$

$$= \pm\sqrt{\left(\frac{163.563 \times \sin32°15'26''}{163.563}\right)^2 \times 0.006^2 + \left(\frac{163.563 \times \sin32°15'26'' \times \cot32°15'26''}{206265''}\right)^2 \times 6^2}$$

$$= \pm 0.005142\text{m}$$

第四节 算术平均值及其中误差

一、算术平均值

设对某量作了 n 次等精度的独立观测,观测值为 l_1、l_2、$\cdots$、l_n,则算术平均值为:

$$x = \frac{l_1 + l_2 + \cdots + l_n}{n} = \frac{[l]}{n} = \frac{1}{n}l_1 + \frac{1}{n}l_2 + \cdots + \frac{1}{n}l_n$$

可以利用偶然误差的特性,证明算术平均值比组内的任一观测值更为接近于真值。证明如下:

设观测量的真值为 X,则观测值的真误差为:

$$\begin{cases} \Delta_1 = l_1 - X \\ \Delta_2 = l_2 - X \\ \vdots \\ \Delta_n = l_n - X \end{cases}$$

将各式两端相加,并除以 n,得

$$\frac{[\Delta]}{n} = \frac{[l]}{n} - X$$

代入上式并移项,得

$$x = X + \frac{[\Delta]}{n}$$

当观测数 n 无限增大时,根据偶然误差的特性,有

$$\lim_{n\to\infty} \frac{[\Delta]}{n} = 0$$

那么同时可得
$$\lim_{n\to\infty} x = X$$

也就是说,当观测次数无限增大时,算术平均值在理论值趋近于该量的真值。在实际工作中,观测次数是有限的,而算术平均值不是最接近于真值,但比每一个观测值更接近于真值。因此,通常总是把有限次观测值的算术平均值称为该量的最可靠值或最或然值。由于偶然误差的抵消性,可以在不同程度上向真值逼近,以此提高观测精度。

二、观测值的中误差

由于未知量的真值往往是未知的,真误差也就无法求得,通常采用算术平均值 x 与观测值 l_i 之差的改正数 v_i 来计算误差:

$$v_i = x - l_i \ (i = 1, 2, \cdots, n)$$

将对某一量进行 n 次观测所得的观测值代入上式,并对两端相加求和可得

$$[v] = 0$$

由此可知,在相同观测条件下,一组观测值的改正数之和恒等于零。这个结论常用于检核计算。

将两式相加,再将式的两端平方,求其总和,并顾及 $[v]=0$,得

$$[\Delta\Delta] = [vv] + n(x - X)^2$$

在上式中得

$$(x-X)^2 = \left(\frac{[l]}{n} - X\right)^2 = \frac{1}{n^2}([l] - nX)^2 = \frac{1}{n^2}(\Delta_1 + \Delta_2 + \cdots + \Delta_n)^2$$

$$= \frac{\Delta_1^2 + \Delta_2^2 + \cdots + \Delta_n^2}{n^2} + \frac{2(\Delta_1\Delta_2 + \Delta_2\Delta_3 + \cdots + \Delta_{n-1}\Delta_n)}{n^2}$$

上式右端第二项中 $\Delta_i\Delta_j (i \neq j)$ 为两个偶然误差的乘积。由偶然误差抵消性可知,当 $n \to \infty$ 时,该项趋近于零;当 n 为有限次时,该项为一微小量,可忽略不计,因此

$$(x - X)^2 = \frac{[\Delta\Delta]}{n^2}$$

将上式代入原式,得

$$[\Delta\Delta] = [v] + \frac{[\Delta\Delta]}{n}$$

第五章 测量误差基础知识

$$\frac{[\Delta\Delta]}{n} = \frac{[vv]}{n-1}$$

根据中误差定义,得

$$m = \pm\sqrt{\frac{[vv]}{n-1}}$$

三、算术平均值的中误差

根据算术平均值和线性函数,可得出算术平均值中误差计算公式如下:

$$M = \pm\sqrt{\frac{1}{n^2}m_1^2 + \frac{1}{n^2}m_2^2 + \cdots + \frac{1}{n^2}m_n^2}$$

$$= \pm\sqrt{\frac{m^2}{n}} = \pm\frac{m}{\sqrt{n}} = \pm\sqrt{\frac{[vv]}{n(n-1)}}$$

由上式中可看出,算术平均值的精度比观测值的精度提高了$\sqrt{n}$倍。

例如,等精度观测了某段距离五次,各次观测值列于 5-4 表中。试求该段距离的观测值的中误差及算术平均值的中误差。

表 5-4　　　　　　　　　观测值表

观测次数	观测值 l/m	改正数 v/mm	vv	计算
1	148.641	−14	196	
2	148.628	−1	1	
3	148.635	−8	64	$m = \pm\sqrt{\frac{[vv]}{n-1}} = \pm 12.1\text{mm}$
4	148.610	+17	289	$M = \pm\frac{m}{\sqrt{n}} = \pm 5.4\text{mm}$
5	148.621	+6	36	
Σ	743.135	0	586	

第五节　加权平均值及中误差

一、权

不等精度观测时,用以衡量观测值可靠程度的数值,称为观测值的权,通常以 P 来表示。观测值精度愈高权就愈大,它是衡量可靠程度的一个相对性数值。

如表5-5所示,第二组平均值的中误差较第一组平均值的中误差小,结果比较精确可靠,应有较大的权。因此,可以根据中误差来确定观测值的权。设不等精度观测值的中误差分别为 m_1、m_2、$\cdots$、m_n,则权的计算公式为

$$P_i = \frac{C}{m_i^2}$$

式中 C——任意常数;
$\quad\quad m_i$——中误差($i=1,2,\cdots,n$)。

表 5-5　　　　　　　　　　不等精度观测值的中误差

组别	观测值	观测值中误差	平均值	平均值中误差
第一组	l_1	m	$x = \dfrac{l_1 + l_2 + l_3}{3}$	$m_x = \dfrac{m}{\sqrt{3}}$
	l_2	m		
	l_3	m		
第二组	l_4	m	$x = \dfrac{1}{6}l_4 + \dfrac{1}{6}l_5 + \dfrac{1}{6}l_6 +$ $\dfrac{1}{6}l_7 + \dfrac{1}{6}l_8 + \dfrac{1}{6}l_9$	$m_x = \dfrac{m}{\sqrt{6}}$
	l_5	m		
	l_6	m		
	l_7	m		
	l_8	m		
	l_9	m		

快学快用 7　权与中误差的关系

权是表示观测值的相对可靠程度,因此,可取任一观测值的权作为标准,以求其他观测值的权。若令第一次观测值的权为标准,并令其为1,即取 $C = m_1^2$ 等于1的权称为单位权,权等于1的观测值中误差称为单位权中误差。设单位权中误差为 μ,则权与中误差的关系为

$$P_i = \frac{\mu^2}{m_i^2}$$

单位权中误差 μ 的计算公式可类似观测值中误差 $m = \pm\sqrt{\dfrac{[vv]}{n-1}}$,得

$$\mu = \pm\sqrt{\frac{[vv]}{n-1}}$$

式中　v——观测值的改正数。

二、加权平均值

不等精度观测时,各观测值的可靠程度不同,采用加权平均的办法,求解观测值的最或然值。设对某一量进行了多次不等精度观测,观测值、中误差及权分别为:

观测值　$l_1, l_2, \cdots, l_n$
中误差　$m_1, m_2, \cdots, m_n$
权　　　$P_1, P_2, \cdots, P_n$

其加权平均值为

$$x = \frac{P_1 l_1 + P_2 l_2 + \cdots + P_n l_n}{P_1 + P_2 + \cdots + P_n} = \frac{[Pl]}{[P]}$$

三、加权平均值的中误差

不同精度观测值 l_i 的加权平均值为

$$x = \frac{[Pl]}{[P]} = \frac{P_1 l_1 + P_2 l_2 + \cdots + P_n l_n}{[P]}$$

利用误差传播定律,则

$$m_x^2 = \left(\frac{P_1}{[P]}\right)^2 m_1^2 + \left(\frac{P_2}{[P]}\right)^2 m_2^2 + \cdots + \left(\frac{P_n}{[P]}\right)^2 m_n^2$$

又因为 $m_x^2 = \dfrac{C}{P_x}, m_i^2 = \dfrac{C}{P_i}$,代入上式,化简得

$$P_x = [P]$$

即加权平均值的权等于各观测值权之和。

根据 $P_i = \mu^2 / m_i^2$ 知加权平均值中误差为

$$m_x = \frac{\mu}{\sqrt{[P]}}$$

第六章 地形测量

第一节 地形图概述

地球表面形状复杂,地势形态各异,总的来说可分为地物和地貌两大类。地物是指地球表面上轮廓明显,具有固定性的物体,如道路、房屋、江河、湖泊等。地貌是指地球表面高低起伏的形态,如高山、丘陵、平原、洼地等。地物和地貌统称为地形。

地形图就是将地面上一系列地物和地貌特征点的位置,通过综合取舍,垂直投影到水平面上,按一定比例缩小,并使用统一规定的符号绘制成的图纸。地形图不但表示地物的平面位置,还用特定符号和高程注记表示地貌情况。地形图能客观的形象的反映地面的实际情况,可在图上量取数据,获取资料,方便设计和应用。

一、地形图的比例尺

1. 地形图比例尺的种类

地形图上某一线段的长度与实地相应线段的长度之比,称为地形图的比例尺。可分为数字比例尺和图式比例尺两种。

(1)数字比例尺。数字比例尺是指以分子为 1 分母为整数的分数式表示的比例尺,数字尺一般注记在地形图下方中间部位。通常用分子 1 的分数式 $1/M$ 来表示,其中"M"称为比例尺分母。设图上某一直线的长度为 d,地面上相应线段的水平长度为 D,则图的比例尺为

$$\frac{d}{D}=\frac{1}{D/d}=\frac{1}{M}$$

比例尺的大小是以比例尺的比值来衡量的,分数值越大(分母 M 越小),比例尺越大,图上所表示的地物、地貌越详尽;相反,分数值越小(分母 M 越大),比例尺越小,图上所表示的地物、地貌越粗略。

(2)图式比例尺。图式比例尺常绘制在地形图的下方,用以直接量度图内直线的水平距,根据量测精度又可分为直线比例尺和复式比例尺,如图 6-1 所示。

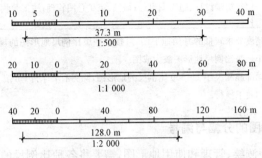

图 6-1　直线比例尺

2. 地形图比例尺的精度

一般认为,人们用肉眼能分辨的图上最小距离是 0.1mm。因此,地形图上 0.1mm 所代表的实地水平距离,称为比例尺精度。即:

比例尺精度＝0.1mm×比例尺分母

比例尺大小不同其比例尺精度也不同,见表 6-1。可以看出,比例尺越大,其比例尺精度越小,地形图的精度就越高。

表 6-1　　　　　　大比例尺地形图的比例尺精度

比例尺	1∶500	1∶1 000	1∶2 000	1∶5 000
比例尺精度/m	0.05	0.10	0.20	0.50

快学快用　1　**地形图比例尺的选用**

地形图测图的比例尺,可根据工程的设计阶段、规模大小和管理的需要,按表 6-2 选用。

表 6-2　　　　　　　　测图比例尺的选用

比例尺	用　　途
1∶5 000	可行性研究、总体规划、厂址选择、初步设计等
1∶2 000	可行性研究、初步设计、矿山总图管理、城镇详细规划等

续表

比例尺	用途
1:1 000	初步设计、施工图设计;城镇、工矿总图管理;竣工验收等
1:500	

注:1. 对于精度要求较低的专用地形图,可按小一级比例尺地形图的规定进行测绘或利用小一级比例尺地形图放大成图。

2. 对于局部施测大于1:500比例尺的地形图,除另有要求外,可按1:500地形图测量的要求执行。

二、地形图的分幅与编号

为了方便测绘、管理和使用地形图,需要将各种比例尺的地形图进行统一的分幅与编号,并注在地形图上方的中间部位。

1. 地形图分幅与编号要求

(1)地形图的分幅,可采用正方形或矩形方式。

(2)图幅的编号,宜采用图幅西南角坐标的千米数表示。

(3)带状地形图或小测区地形图可采用顺序编号。

(4)对于已施测过地形图的测区,也可沿用原有的分幅和编号。

2. 地形图分幅与编号方法

地形图分幅与编号方法可分为两类:一类是按经纬线分幅的梯形分幅法;另一类是按坐标格网分幅的矩形分幅法。

(1)地形图的梯形分幅与编号。地形图的梯形分幅与编号的方法称为国际分幅,不同比例的地形图的分幅与编号见表6-3。

表6-3 不同比例的地形图的分幅与编号

地形图比例尺	地形图的分幅与编号方法
1:100000	自赤道向北或向南分别按纬差4°分成横列,各列依次用A、B、…、V表示。自经度180°开始起算,自西向东按经差6°分成纵行,各行依次用1、2、…、60表示。每一幅图的编号由其所在的"横列 纵行"的代号组成
1:100000	将一幅1:1000000的图,按经差30′,纬差20′分为144幅1:100000的图

第六章 地形测量

续表

地形图比例尺	地形图的分幅与编号方法
1∶50000 1∶25000 1∶10000	以 1∶100000 比例尺图为基础,将每幅 1∶100000 的图划分成 4 幅 1∶50000 的图,分别在 1∶100000 图号后写上各自的代号 A、B、C、D。每幅 1∶50000 的图又可分为 4 幅 1∶25000 的图,分别以 1、2、3、4 编号。每幅 1∶100000 图分为 64 幅 1∶10000 的图,分别以 (1)、(2)、…、(64)表示
1∶5000 1∶2000	在 1∶10000 图的基础上,将每幅 1∶10000 的图分为 4 幅 1∶5000 的图,分别在 1∶10000 的图号后面写上各自的代 a、b、c、d。每幅 1∶5000 的图又分成 9 幅 1∶2000 的图,分别以 1、2、…、9 表示

(2)地形图的矩形分幅与编号。地形图的矩形分幅与编号方法适用于大比例地形图,图幅的大小见表 6-4。当测区面积较大时,矩形图幅的编号一般采用坐标编号法。即由图幅西南角的纵、横坐标(用阿拉伯数字,以千米为单位)作为它的图号,表示为"$x-y$"。1∶5000、1∶2000 地形图,坐标取至 1km,1∶1000 的地形图,坐标取至 0.1km;1∶500 的地形图,坐标取至 0.01km。

表 6-4　　　　　　　　　　矩形分幅及面积

比例尺	矩形分幅		正方形分幅		一幅 1∶5 000 图所含幅数
	图幅大小 /(cm×cm)	实地面积 /(km×km)	图幅大小 /(cm×cm)	实地面积 /(km×km)	
1∶5 000	50×40	5	40×40	4	1
1∶2 000	50×40	0.8	50×50	1	4
1∶1 000	50×40	0.2	50×50	0.25	16
1∶500	50×40	0.05	50×50	0.062 5	64

三、地形图符号与图例

1. 地物符号

地形图上用来表示地物的符号,称为地物符号。

(1)地物符号的分类。按照地物在地形图上的特征和大小不同,地物符号可分为以下几种：

1)比例符号。将地物按照地形图比例尺缩绘到图上的符号，称为比例符号。例如，房屋、农舍。

2)半比例符号。对于地面上的某些线状地物，如围墙、栅栏、小路、电力线、管线等，其长度符号的中心线就是实际地物中心线。

3)非比例符号。有些重要地物，因为其尺寸较小，无法按照地形图比例尺缩小并表示到地等。显然，非比例符号只能表示地物的实地位置，而不能反映出地物的形状与大小。

4)注记符号。地物注记就是用文字、数字或特定的符号对地形图上的地物作补充和说明，如图上注明的地名、控制点名称、高程、房屋层数、河流名称、深度、流向等。

(2)地物符号的图例。国家标准1∶500、1∶1000、1∶2000地形图图式所规定的部分地物的符号见表6-5。

表6-5　　　　　　　　　　地形图图式

符号名称	符号式样			符号细部图
	1∶500	1∶1000	1∶2000	
高程点及其注记 1 520.3、−15.3——高程	0.5 • 1520.3		• −15.3	
山洞、溶洞 a. 依比例尺的 b. 不依比例尺的	a		b 2.4 1.6	
地类界	1.6 · · · · · · · · · · 0.3			

独立树
a. 阔叶
b. 针叶
c. 棕榈、椰子、槟榔
	a 2.0 ⚬ 3.0
	       1.0
	b 2.0 ⚹ 3.0
	      1.0
	c 45° 1.0
	       1.0
				1.0
				0.6 72°
				    30°

续表

符号名称	符号式样			符号细部图
	1:500	1:1 000	1:2 000	
行树 a. 乔木行树 b. 灌木行树	a ○ ○ ○ ○ ○ ○ ○ b ·○· ·○·			
稻田 a. 田埂	0.2 ↓ a ↓ 2.5 ↓ 10.0 10.0			30° ↘ 1.0
旱地	1.3 2.5 ⊥ ⊥ ⊥ 10.0 10.0			
菜地	⊻ ⊻ ⊻ 10.0 10.0			2.0 0.1~0.3 1.0 ⊻ 2.0 1.0
埋石图根点 a. 土堆上的 12、16——点号 275.46、175.64——高程 2.5——比高	2.0 ⊡ 12/275.46 a 2.5 ⊡ 16/175.64			2.0 ⊡ 0.6 0.5 1.0
不埋石图根点 19——点号 84.47——高程	2.0 □ 19/84.47			

续表

符号名称	符号式样 1:500　　1:1 000　　1:2 000	符号细部图
三角点 a. 土堆上的 　张湾岭、黄土岗——点名 　156.718、203.623——高程 　5.0——比高	3.0 △ 张湾岭/156.718 a　5.0 △ 黄土岗/203.623	1.0 0.5 1.0
小三角点 a. 土堆上的 　摩天岭、张庄——点名 　294.91、156.71——高程 　4.0——比高	3.0 ▽ 摩天岭/294.91 a　4.0 ▽ 张庄/156.71	1.0 0.5 1.0
水准点 Ⅱ——等级 京石 5——点名点号 32.805——高程	2.0 ⊗ Ⅱ京石5/32.805	
烟囱及烟道 a. 烟囱 b. 烟道 c. 架空烟道	a　　b　　c 1.0 　　　　　　2.0 1.0　砖	1.0 0.2　0.6 2.6 1.3
温室、大棚 a. 依比例尺的 b. 不依比例尺的 　菜、花——植物种类说明	a　⊠菜　⊠菜 b　1.9 2.5 ⊠花	
纪念碑、北回归线标志塔 a. 依比例尺的 b. 不依比例尺的	a　　　　　　b	1.2 3.2 1.2 2.0

第六章 地形测量

续表

符号名称	符号式样 1:500　1:1 000　1:2 000	符号细部图
台阶		
高压输电线 架空的 　a. 电杆 　　35——电压(kV) 地面下的 　a. 电缆标 输电线入地口 　a. 依比例尺的 　b. 不依比例尺的		
配电线 架空的 　a. 电杆 地面下的 　a. 电缆标 配电线入地口		
导线点 　a. 土堆上的 Ⅰ16、Ⅰ23——等级、点号 84.46、94.40——高程 2.4——比高		
围墙 　a. 依比例尺的 　b. 不依比例尺的		

续表

符号名称	符号式样			符号细部图
	1:500	1:1 000	1:2 000	
栅栏、栏杆	10.0		1.0	
标准轨铁路 a. 一般的 b. 电气化的 　b1. 电杆 c. 建筑中的	a 0.2 10.0 　　0.4　0.6 b 8.0 　b1 1.0 c 2.0 　　8.0		a 0.16 　　　0.6 b 　b1 1.0 c 2.0 　　8.0	

2. 地貌符号

地形图上用来表示地面高低起伏形状的符号,称为地貌符号。在地形图上通常用等高线表示地貌。用等高线表示地貌不仅能表示地面的起伏状态,还能表示出地面的坡度和地面点的高程。

(1)等高线的概念。等高线是地面上高程相等的各相邻点连成的闭合曲线。如图6-2所示,有一高山被 P_1、P_2 和 P_3 所截,因此,各水平面与高地的相应的截线,就是等高线。

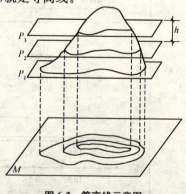

图6-2 等高线示意图

(2)等高线的分类。地形图上的等高线分首曲线、计曲线、间曲线和助曲线四种,见表6-6。

表6-6　　　　　　　　　　　等高线分类

类别	表 示 方 法
首曲线	按选定的基本等高距由零点起算描绘的等高线,用0.15mm细实线表示
计曲线	为了计算高程的方便而加粗的等高线,通常每隔4条首曲线描绘1条计曲线,用0.3mm粗实线表示
间曲线	为了表示首曲线不能反映而又重要的局部形态,以1/2基本等高距补充测绘的等高线,以长虚线表示,描绘时可不闭合
助曲线	为了表示别的等高线都不能表示的重要微小形态,以1/4基本等高距测绘的等高线,用短虚线表示

(3)等高距。相邻两条等高线之间的高差,称为等高距,用 h 表示。在同一幅图内,等高距一定是相同的。等高距的大小是根据地形图的比例尺,地面坡度及用图目的而选定的。等高线的高程必须是所采用的等高距的整数倍,如果某幅图采用的等高距为3m,则该幅图的高程必定是3m的整数倍,如30m、60m、…而不能是31m、61m或66.5m等。

(4)等高线平距。相邻等高线之间的水平距离,称为等高线平距,用 d 表示。在不同地方,等高线平距不同,它决定于地面坡度的大小,地面坡度感大,等高线平距感小,相反,坡度感小,等高线平距感大;若地面坡度均匀,则等高线平距相等。如图 6-3 所示。

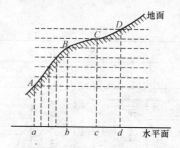

图 6-3　等高距与地面坡度的关系

(5)典型地貌的等高线。地面上地貌的形态是各种各样的,但主要是由山丘、盆地、山脊、山谷、鞍部等几种典型地貌组成。

1)山地和洼地。等高线上所注明的高程,内圈等高线比外圈等高线所注的高程大时,如图 6-4 所示。内圈等高线比外圈等高线所注高程小时,表示盆地,如图 6-5 所示。另外,还可使用示坡线表示,示坡线是指示地面斜坡下降方向的短线,一端与等高线连接并垂直于等高线,表示此端地形高,不与等高线连接端地形低。

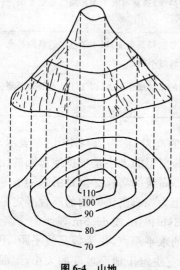

图 6-4　山地

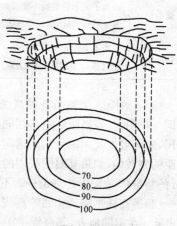

图 6-5　洼地

2)山脊和山谷。山脊是沿着一个方向延伸的高地。山脊的最高棱线称为山脊线。山脊等高线表现为一组凸向低处的曲线,如图 6-6 所示。山谷是沿着一个方向延伸的洼地,位于两山脊之间。贯穿山谷最低点的连线称为山谷线。山谷等高线表现为一组凸向高处的曲线,如图 6-7 所示。

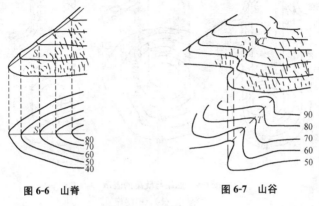

图 6-6　山脊　　　　　　　图 6-7　山谷

3)鞍部。相邻两个山头之间的低凹处形似马鞍状的部分,称为鞍部,如图 6-8 所示。

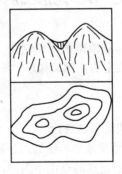

图 6-8　鞍部

4)悬崖与陡崖。悬崖是上部突出、下部凹进的陡崖。悬崖上部的等高线投影到水平面时,与下部的等高线相交,下部凹进的等高线部分用虚线表示,如图 6-9(a)所示。陡崖是坡度在 70°以上的陡峭崖壁,有石质和土质之分。如用等高线表示,则是非常密集或重合为一条线,因此,采用陡崖符号来表示,如图 6-9(b)、(c)所示。

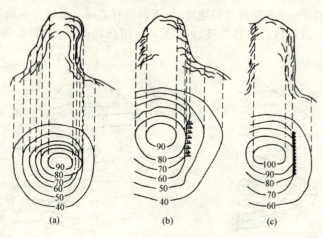

图 6-9 悬崖与陡崖的表示
(a)悬崖;(b)、(c)陡崖

第二节 地形图测绘

控制测量工作结束后,应根据图根控制点,测定地物和地貌的特征,点平面位置和高程,应按规定的比例尺和地物地貌符号缩绘成地形图。

一、地形图测绘要求

(1)地形图应真实反映地貌、地物形状。

(2)建基面 1∶200 比例尺地形测绘的内容和要求如下:

1)图根点相对于邻近控制点的点位中误差,不应大于图上±0.15mm。测站点与邻近图根点的点位中误差,不应大于图上±0.20mm。图根点和测站点的高程,可按五等高程精度要求测定。

2)测图方法一般应采用光电测距仪极坐标法或经纬仪加钢尺量距法,不得采用视距法。

3)地形碎部测绘,应符合下列规定:

①碎部地形测绘应在建基面开挖到设计高程,浮碴清理干净后及时进行。

②当量距的倾角大于3°时,应在距离中加入倾斜改正值。

③施测范围,一般应超出开挖边线2~3m。

④建基面上的重要地物,如钻孔、断层、深坑、挖槽等,均应测绘在图上。

⑤当开挖斜坡超过60°,可用示坡线表示。地形变化复杂地段,应加密测点。

⑥图上应绘出建筑物填筑分块线,并须注明工程部位名称及分块号。

(3)1:500~1:2000比例尺地形测绘的内容和要求如下:

1)施工区的测图控制,可直接利用施工控制网加密图根控制点。在远离施工区施测地形图时,应建立测图控制。一般分为二级:图根控制点和测站点。图根控制点的点位中误差,不应大于图上±0.1mm。测站点的点位中误差,不应大于图上±0.2mm。测图的高程控制点,可用五等高程施测。

2)测绘土地征购地形图,应着重地类界和行政管理分界线的测绘,如水田、旱地、荒地、山界线、森林界、坟界和区、乡界等,并在图上作相应的注记。计算倾斜地段征地面积时,应将平距换算为斜距。

3)新建或改建公路、铁路的带状地形图测绘,应符合下列要求:

①带状地形图,一般沿线路中线两侧各测出30m,或根据设计要求而定。

②线路上已有的桥涵,应分别测注其顶部底部高程。

③与其他线路平面或立体交叉时,应分别测注平面交叉点高程和立体交叉处的隧洞、桥涵的顶部、底部高程。

4)施工场地地形图测绘,应符合下列要求:

①各类建筑物及其主要附属设施,均应测绘。

②地面上所有风水管线,应按实际形状测绘。密集的动力线、通讯线可视需要选择测绘。

③水系及附属建筑物,宜按实际形状测绘。水面高程及施测日期,可视需要测绘。河渠宽度小于图上1mm时,可绘单线表示。

④道路及其附属建筑物。宜按实际形状测绘,人行小路可择要测绘。

⑤地貌应以等高线(计曲线、首曲线、间曲线)表示为主。计曲线间距小于图上 2.5mm 时,可不插绘首曲线。特征地貌(如崩崖、雨裂、冲沟等),应用相应符号表示。

⑥山顶、鞍部、凹地、山脊、谷地等必须测注高程点。独立石、土堆、坑穴、陡坎,应注记比高,斜坡、陡坎小于 1/2 等高距时可舍去。

⑦植被的测绘,视其面积大小和经济价值,可适当进行取舍。

⑧居民地、厂矿、学校、机关、山岭、河流、道路等,应按现名注记。

⑨具有定向作用和文物价值的独立树、纪念塔等应重点测绘。

二、测图前准备工作

测图前,除了做好仪器的准备工作外,还应做好测图板的准备工作,主要包括图纸的准备、绘制坐标格网和展绘控制点等。

1. 图纸准备

由于测绘地形图时是将地形情况按比例缩绘在图纸上,使用地形图时也是按比例在图上量出相应地物之间的关系。因此,测图用纸的质量要高,伸缩性要小。否则,图纸的变形就会使图上地物、地貌及其相互位置产生变形。现在,测图多用聚酯薄膜,其主要优点是透明度好、伸缩性小、不怕潮湿和牢固耐用,并可直接在底图上着墨复晒蓝图,加快出图速度。若没有聚酯薄膜,应选用优质绘图纸测图。

2. 绘制坐标网格

为了把控制点准确地展绘在图纸上,应先在图纸上精确地绘制 10cm×10cm 的直角坐标方格网,然后根据坐标方格网展绘控制点。坐标格网的绘制常用对角线法,如图 6-10 所示。

坐标方格网绘成后,应立即进行检查,各方格网实际长度与名义长度之差不应超过 0.2mm,图廓对角线长度与理论长度之差不应超过 0.3mm。如超过限差,应重新绘制。

3. 控制点展绘

控制点 A 点的坐标为 $x_A=647.44$m,$y_A=634.90$m,由其坐标值可知 A 点的位置在 pl、mn 方格内。然后用 1:1000 比例尺从 P 和 n 点各沿 pl、nm 线向上量取 47.44m,得 c、d 两点;从 p、l 两点沿 pn、lm 量取 34.90m,得 a、b 两点;连接 ab 和 cd,其交点即为 a 点在图上的位置。同

第六章 地形测量

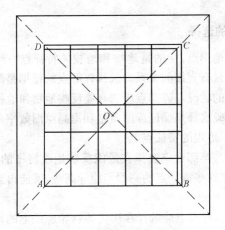

图 6-10　绘制坐标方格网示意图

法,将其余控制点展绘在图纸上,并按地形图图式的规定,在点的右侧画一横线,横线上方注点名,下方注高程,如图 6-11 中 2、3、…各点。

控制点展绘完成后,必须进行校核。其方法是用比例尺量出各相邻控制点之间的距离,与控制测量成果表中相应距离比较,其差值在图上不得超过 0.3mm,否则应重新展点。

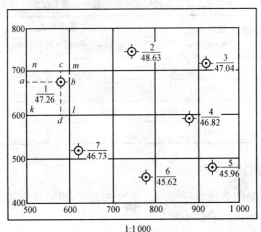

图 6-11　控制点展绘示意图

三、碎部点的选择

碎部点又称地形点,指的是地物和地貌的特征点。碎部点的选择和测图的速度和质量有直接的关系。选择碎部点的根据是测图比例尺及测区内地物和地貌的状况。碎部点应选在能反映地物和地貌特征的点上。

碎部点的正确选择是保证成图质量和提高测图效率的关键。碎部点应尽量选在地物、地貌的特征点上。

(1)对于地貌,碎部点应选择在最能反映地貌特征的山脊线、山谷线等地性线上,根据这些特征点的高程勾绘等高线,就能得到与地貌最为相似的图形。

(2)对于地物,碎部点应选择在决定地物轮廓线上的转折点、交叉点、弯曲点及独立地物的中心点等,如房的角点、道路的转折点、交叉点等。这些点测定之后,将它们连接起来,即可得到与地面物体相似的轮廓图形。由于地物的形状极不规则,故一般规定主要地物凹凸部分在图上大于0.4mm均应表示出来。在地形图上小于0.4mm,可用直线连接。

在平坦或坡度均匀地段,碎部点的间距和测碎部点的最大视距,应符合表6-7的规定。

表6-7 平坦地区碎部点的间距和测碎部点的最大视距

测图比例尺	地形点最大间距/m	最大视距/m	
		主要地物点	次要地物点和地形点
1:500	15	60	100
1:1000	30	100	150
1:2000	50	130	250
1:5000	100	300	350

四、地形图测绘方法

地形图测绘的方法包括经纬仪测绘法、光电测距仪测绘法、小平板仪与经纬仪联合测绘法和摄影测量方法等。

快学快用 2 运用经纬仪测绘法进行测绘

经纬仪测绘法的实质是按极坐标定点进行测图,此方法具有操作简单、灵活等优点，适用于各类地区的地形图测绘。经纬仪测绘法的操作步骤如下：

（1）安置仪器。如图6-12所示，在测站点A上安置经纬仪，经过对中、整平后，测定竖盘指标差x（一般应小于$1'$），量取仪器高i，记入手簿。

（2）定向。置水平度盘读数为$0°00'00''$，并后视另一控制点B，即起始方向AB的水平度盘读数为$0°00'00''$（水平度盘的零方向），此时复测器扳手在上或将度盘变换手轮盖扣紧。

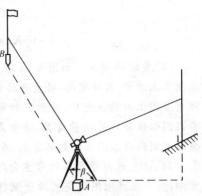

图6-12 经纬仪测绘法示意图

（3）立尺。立尺员将标尺依次立在地物或地貌特征点上（如图6-12中的1点），立尺前，应根据测区范围和实地情况，立尺员、观测员与测绘员共同商定跑尺路线，选定立尺点，做到不漏点、不废点，同时立尺员在现场应绘制地形点草图，对各种地物、地貌应分别指定代码，供绘图员参考。

（4）观测。观测员转动经纬仪的照准部，瞄准点1的标尺，读视距间隔l、中丝读数v、竖盘读数L及水平角β。

（5）记录。将测得的视距间隔l、中丝读数v、竖盘读数l及水平角β依次填入手簿，碎部测量手簿格式见表6-8。对于房角、山头、鞍部等具有特殊作用的碎部点，应在备注中加以说明。

表6-8　　　　　　　　　碎部测量手簿

测站：　　　后视点：　　　仪器高$i=$　　　指标差$x=$　　　测站高$H_A=$

点号	尺间隔 l/m	中丝读数 v/m	竖盘读数 L	竖直角 α	初算高差 h'/m	改正数 $(i-v)$/m	改正后高差 h/m	水平角 β	水平距离 /m	高程 /m	点号	备注
1												
2												
3												
4												

(6)计算。依据下列公式用计算器计算出碎部点的水平距离和高程。即:

$$D = KL\cos^2\alpha$$
$$h = \frac{1}{2}KL\sin2\alpha + i - v$$

(7)展绘碎部点。如图 6-13 所示,将图板安置在测立点近旁,目估定向,将量角器底边中央小孔精确对准图上测站 a 点处,并用小针穿过小孔固定量角器圆心位置。转动量角器,使量角器上等于 β 角值的刻划线对准图上的起始方向 ab(相当于实地的零方向 AB),此时量角器的零方向即为碎部点 1 的方向,然后根据测图比例尺按所测得的水平距离 D

图 6-13 碎部点展绘

在该方向上定出点 1 的位置,并在点的右侧注明其高程。地形图上高程点的注记,字头应朝北。同法,测出其余各碎部点的平面位置与高程,绘于图上,并随测随绘等高线和地物。

快学快用 3 运用光电测距仪测绘法进行测绘

光电测距仪测绘法测绘地形图与经纬仪测绘法基本相同,其不同之处在于光电测距仪测绘法是用光电测距来代替经纬仪视距法,其操作步骤如下:

(1)量仪高。在测站上安置测距仪,量出仪器高。

(2)定向。后视另一控制点进行定向,使水平度盘读数为 $0°00'00''$。

(3)立尺。立尺员将测距仪的单棱镜装在专用的测杆上,并读出棱镜标志中心在测杆上的高度 v,可使 $v=i$。立尺时将棱镜面向测距仪立于碎部点上。

(4)观测。观测时,瞄准棱镜的标志中心。测出斜距 L,竖直角 α,读出水平度盘读数 β,并作记录。

(5)计算。将 $\alpha、l$ 输入计算器,计算平距 d 和碎部点高程 h。然后,与经纬仪测绘法一样,将碎部点展绘于图上。

快学快用 4 运用小平板仪测绘法进行测绘

小平板仪主要由三脚架、平板、照准仪和对点器组成,如图 6-14 所

示。小平板仪一般是与经纬仪进行联合测图,其具体做法如下:

(1)如图 6-15 所示,先将经纬仪置于距测站点 A 附近 $1\sim 2m$ 处的 B 点,量取仪器高 i,测出 A、B 两点间的高差,根据 A 点高程,求出 B 点高程。

(2)将小平板仪安置在 A 点上,经对点、整平、定向后,用照准仪直尺紧贴图上 a 点瞄准经纬仪的垂球线,在图板上沿照准仪的直尺绘出方向线,用尺量出 AB 的水平距离,在图上按测图比例尺从 A 沿所绘方向线定出 B 点在图上的位置 b。

(3)测绘碎部点 M 时,用照准仪直尺紧贴 a 点瞄准点 M,在图上沿直尺边绘出方向线 am,用经纬仪按视距测量方法测出视距间隔和竖直角,以此求出 BM 的水平距离和高差。根据 B 点高程,即可计算出 M 点高程。

(4)用两脚规按测图比例尺自图上 b 点量 BM 长度与 am 方向线交于 m 点,m 点即是碎部点 M 在图上的相应位置。

(5)将尺移至下一个碎部点,以同样方法进行测绘,待测绘出一定数量的碎部点后,即可根据实地的地貌勾绘等高线,用地物符号表示地物。

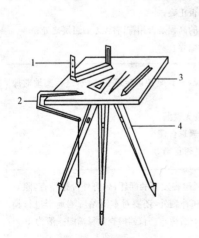 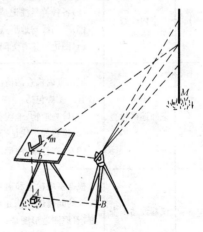

图 6-14 小平板仪　　　　图 6-15 小平板仪与经纬仪联合测图
1—照准仪;2—对点器;
　3—平板;4—三脚架

五、地形图拼接、检查与整饰

1. 地形图的拼接

由于分幅测量和绘图误差的存在,在相邻图幅的连接处,地物轮廓线和等高线都不完全吻合。图的统一,必须对相邻的地形图进行拼接。为了拼接方便,测图时每幅图的西南两边应测出图框以外 2cm 左右。

拼接时,若地物位置相差不到 2mm,等高线相差不大于相邻等高线的平距时,则可作合理的修正(一般取平均位置作修正),使图形和线条衔接。如发现漏测或有错误,应及时进行检查及修测。

2. 地形图的检查

地形图除了在测绘过程中作局部质量检查外,在拼接和整饰时还须作全面检查,其主要内容见表 6-9。

表 6-9　　　　　　　　　　地形图检查的内容

序号	项目	检查内容
1	室内检查	(1)图上地物、地貌是否清晰易读; (2)各种符号注记是否正确; (3)等高线与地形点的高程是否相符,有无矛盾可疑之处; (4)图边拼接有无问题等
2	室外巡视检查	根据室内检查的情况,有计划地确定巡视路线,进行实地对照查看。主要包括: (1)检查地物、地貌有无遗漏; (2)检查等高线是否逼真合理; (3)检查符号、注记是否正确等
3	仪器设站检查	根据室内检查和巡视检查发现的问题,到野外设站检查,除对发现的问题进行修正和补测外,还要对本测站所测地形进行检查,看原测地形图是否符合要求。仪器检查量每幅图一般为 10%左右

3. 地形图的整饰

地形图经过拼接后,擦去图上不需要的线条与注记,修饰地物轮廓线与等高线,使其清晰、明了。地形图整饰的次序是先图框内、后图框外,先注记后符号,先地物后地貌。最后整饰图框并注记图名、图号、比例尺、测图单位、测图时间、接图表等。

第三节 数字地形测量

一、数字地形图的概念

随着科学技术的发展,计算机及各种先进的数据采集和输出设备测量工作中得到了广泛的应用。这些先进的设备促进了测绘技术向自动化、数字化的方向发展,也促进了地形及其他测量从白纸测图向数字化测图变革,测量的成果不再是绘制在纸上的地图,而是以数字形式存储在计算机中,成为可以传输、处理、共享的数字地图。

数字化成图是以计算机为核心,在外联输入输出设备的支持下,对地形的相关数据进行采集、输入、编绘成图、输出打印及分类管理的测绘方法。

二、计算机辅助成图系统配置

(1)计算机辅助成图系统应包括数据采集、数据输入、处理和编辑系统和数据输出系统。各系统均需配置必要的经过有关主管部门鉴定或推荐的硬件和软件。

(2)野外数据采集系统可选用自动化采集系统、半自动化采集系统或常规采集系统进行作业。并宜配置便携式计算机、小型绘图机和打印机。

(3)摄影测量资料数据采集系统应包括数字化立体坐标量测仪或带有数字记录装置的模拟测图仪与计算机的通讯接口。

(4)现有地形图数据采集系统应包括有效面积不小于 $841mm \times 597mm$(A1 幅面)的数字化仪以及与计算机的通讯接口。

(5)应用软件应具有以下基本功能:

1)数据通讯软件能解决数据采集记录器或采集系统与计算机的联机通讯,实现数据的单向传输或双向传输。

2)数据处理软件能对导线点、图根点、测站点和碎部点的测量数据进行分类、近似平差计算和坐标、高程计算,形成点文件,并根据数据点的地形码和信息码,将各同类数据点按照一定格式进行分层排列和处理,形成图形文件。对这些文件有进行查询、修改和增删等的数据编辑功能。

3)等高线生成软件能利用离散高程点数据,并顾及地性线和断裂线的地貌特征,自动建立数字高程模型;自动进行等高线圆滑跟踪、等高线断开处理及建立等高线数据文件。

4)图形绘制软件能应用图形、等高线数据文件和已建的图式符号库、字符库和汉字库绘出相应的地形图要素、符号和注记。并可进行分层绘制。能生成图廓线和公里网,进行图幅分割、图廓整饰和接边处理。

5)图形编辑软件能对屏幕上显示的地形地物形状和字符注记进行增补、修改、删除、平移和旋转等;对显示的图形能开窗裁剪、缩放和恢复,亦能按层进行编辑和层的叠加,最后形成地形图的绘图数据文件。

6)其他专用软件能进行面积、体积计算,纵、横断面图绘制等。

三、数据采集

数据采集是指将图形模拟转换为数字信息的过程。数据采集必须应用地形码、信息码和字符尺寸码。地形码可采用《基础地理信息要素分类与代码》(GB/T 13923—2006)的个位数字编码及相应的代码。数据数据采集方法主要有野外数据采集和室内数据采集。

1. 野外数据采集

(1)野外数据采集宜采用极坐标法,设站要求和测站检查应符合以下规定:

1)仪器对中偏差不大于5mm。

2)检查相邻图根测站点的高程,其较差不应大于1/5基本等高距。

3)检查远处控制点、图根点的方向偏差不应大于图上0.2mm。

4)检查相邻图根测站点的平距,其较差不应大于平距的1/3000。

(2)视距(包括量距)的最大长度按相关规定执行,利用电磁波测距仪测距的允许长度以能保证草图绘制和标注正确为原则,不作规定。测距时照准1次读数2~3次,读数较差不大于20mm时取中数作为最后结果。

方向角和垂直角均观测半个测回,读至仪器度盘的最小分划;归零检查和垂直角指标差均不得大于$1'$。

(3)数据采集应遵循有顺序地对相关点进行连续采集的原则,应避免不相关点间的交叉采集。平面图应沿地物边、角、中心位置采集数据,对每一地物应连续进行采集。

(4)地貌数据应采集山顶、鞍部、沟底、沟口、山脚、陡壁顶、底和变坡点等地形特征点,并要控制地性线。地貌数据的采集密度应根据地貌完整程度和坡度大小而定,可为图上 1~2cm,最大不超过图上 3cm。对破碎、变化较大或坡度较大处的地貌要适当增加密度。

(5)断面图应沿确定的断面线采集数据,采集对象和数据点密度与上述(4)相同。对于河流断面,尚需采集水面点和水下地形点的位置和高程。

2. 室内数据采集

(1)室内数据采集可在航摄(地面摄影)像片或现有地形图上进行。室内数据采集时,所用仪器宜与计算机联机作业。在航摄或地面摄影像片上进行数据采集前,应有野外像控点和调绘片等成果资料。

(2)在像片上采集地形数据,均应采集地形特征点和地性线。数据采集的方式可采用:

1)采集正规图形网格交点的高程 Z。

2)采集任意三角形网格交点的平面坐标 X、Y 和高程 Z。

3)沿等高线采集 X、Y 和 Z。

4)沿断面采集 Y、Z 或 X、Z。

(3)用数字化仪在现有地形图上进行数据采集时,应对整幅图的变形进行平差纠正处理。鼠标器对准图廓点的误差不应大于 0.2mm。地形点、地物点的数据采集应分层次进行,按软件程序规定作业。数据采集方式宜沿等高线采集 X、Y 和 Z。

(4)用于绘制等高线的地形点数据,应用代码与其他数据点区分开。

四、数据处理与编辑

(1)像片上采集的数据点的数据处理软件的功能应符合以下要求:

1)根据地面像控点的平面坐标及高程的数据文件和量测的像片坐标数据以及量测的加密点、检查点的像片坐标数据文件,进行航带法或区域网平差,计算加密点、检查点的平面坐标和高程,并能按规定限差判定成果合格或重测。

2)根据加密点的数据文件和量测的碎部点像片坐标数据,计算碎部点的平面坐标和高程。

3)进行仪器的内外方位元素的计算,并能对像片坐标数据进行改正。

4)数据点可按预定尺寸的方格进行任意次序的排格。

(2)数据文件建立后应进行检查和挑错。数据点挑错可采用人工挑错或编制相应软件进行自动挑错,对查出的错误数据,应分析改正,必要时重新核实。

(3)控制和图根点数据文件、地物和高程注记点数据文件以及等高线数据文件综合形成的图形数据文件通过图形绘制软件,产生的分层原始地形图,必须根据草图和实地情况作详细检查,如有错误和遗漏,应进行修改和补充。

(4)地物、境界、道路、水系地貌、土质、植被和地理名称的编辑顺序和要求,可按相关规定执行。

(5)编辑等高线文件时应增加基本等高距和计曲线、首曲线及助曲线的墨线宽度等数据指令。

(6)字符编辑应进行汉字注记、高程注记和植被符号字符的编辑工作。各种汉字注记位置应排列美观,字体和大小应符合现行地形图图式的规定。

(7)高程注记点应密度恰当、位置合适,在重要地物和地貌变化处均应有高程注记点。

(8)植被符号应排列整齐,间距和大小应符合现行地形图图式的规定。图廓整饰的编辑内容按现行地形图图式的规定执行。

快学快用 5 计算机辅助成图后的资料提交

计算机辅助成图工作结束后,应提交以下资料:

(1)地形原图和索引图,以及磁盘或磁带记录的数字地图。

(2)数据采集打印记录。

(3)野外数据采集的草图或室内数据采集用的像片、调绘片、现有地形图。

(4)加密像控点、检查点成果表和精度评定资料。

(5)测站点、数据点的平面坐标和高程数据文件。
(6)仪器检验资料。
(7)检查、验收报告和测量报告。

第四节 地形图识读与应用

一、地形图识读

为了正确地应用地形图,首先要能看懂地形图。地形图是用各种规定的符号和注记表示地物、地貌及其他有关资料。进行地形图识读的目的是通过对这些符号和注记的识读,可使地形图成为展现在人们面前的实地立体模型,以判断其相互关系和自然形态。

地形图识读主要是对地物、地貌的识读和图外注记的识读。

快学快用 6 地物、地貌识读要点

地物、地貌是地形图阅读的重要事项,识读要点如下:

(1)应先了解和记住部分常用的地形图图式,熟悉各种符号的确切含义,掌握地物符号的分类,要能根据等高线的特性及表示方法判读各种地貌,将其形象化、立体化。

(2)应纵观全局,仔细阅读地形图上的地物,如控制点、居民点、交通路线、通讯设备、农业状况和文化设施等,了解这些地物的分布、方向、面积及性质。

快学快用 7 图外注记识读要点

地形图的图外注记识读,主要是根据图外的注记,了解图名、编号、图的比例尺、所采用的坐标和高程系统、图的施测时间等内容,确定图幅所在位置,图幅所包括的长、宽和面积等,根据施测时间可以确定该图幅是否能全面反映现实状况,是否需要修测与补测等。

二、地形图在工程建设中的应用

1. 按指定方向绘制断面图

断面图是显示沿指定方向地球表面变化的剖面图。在各种线路工程设计中,为了进行填挖方量的概算,以及合理地确定线路的纵坡,都需要了解沿线路方向的地面起伏情况,为此,常需利用地形图绘制沿指定方向的纵断面图。

如图 6-16(a)所示,在地形图上作 A、B 两点的连线,与各等高线相交,各交点的高程即为交点所在等高线的高程,而各交点的平距可在图上用比例尺量得。在毫米方格纸上画出两条相互垂直的轴线,以横轴 AB 表示平距,以垂直于横轴的纵轴表示高程,在地形图上量取 A 点至各交点及地形特征点的平距,并将其分别转绘在横轴上,以相应的高程作为纵坐标,得到各交点在断面上的位置。连接这些点,即得到 AB 方向的断面图,如图 6-16(b)所示。

绘制纵断面图时,为了更清晰反映地形起伏状况,高程比例尺一般比平距比例尺大 10~20 倍。

2. 在地形图上按限制的坡度选定最短线路

在道路、管线、渠道等工程设计时,都要求线路在不超过某一限制坡度的条件下,选择一条最短路线或等坡度线。

如图 6-17 所示,需要从 M 点到 N 点确定一条路线,该路线的坡度要求不超过 5%,图中等高距为 1m,比例尺为 1:2000,可以求得相邻等高线之间的最短水平距离为(式中 2000 为比例尺分母 M),即:

$$d = h/(i \times M) = 1/(5\% \times 2000)$$
$$= 0.01\text{m} = 1\text{cm}$$

于是,以 M 点为圆心,以 d 为半径画弧交 81m 等高线于点 1;再以点 1 为圆心,以 d 为半径画弧,交 82m 等高线于点 2;依此类推,直到 N 点附近为止。然后连接 M、1、2、$\cdots$、N,便在图上得到符合限制坡度的路线。这只是 M 点到 N 点的路线之一,为了便于选线比较,还需另选一条路线,如 M、$1'$、$2'$、$\cdots$、N。同时考虑其他因素,如少占或不占农田,建筑费用最少,避开不良地质等进行修改,以便确定线路的最佳方案。

3. 在地形图上确定汇水面积

汇集水流的面积称为汇水面积,在桥梁、涵洞、排水管、水库等工程设计中,都需要知道将来有多大面积的雨水往河流或谷地汇集,因此,需要在地形图上确定汇水面积。

山脊线又称为分水线,即落在山脊上的雨水必然要向山脊两旁流下。

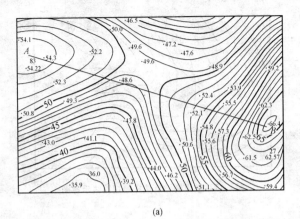

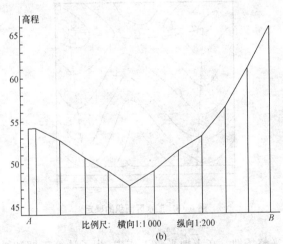

图 6-16　按指定方向绘制纵断面图
(a)AB方向地形图；(b)AB方向的断面图

根据这种原理，只要将某地区的一些相邻山脊线连接起来就构成汇水面积的界线，它所包围的面积就称为汇水面积。如图 6-18 所示，由山脊线AB、BC、CD、DE、EA 所围成的面积就是汇水面积。

4. 根据地形图平整场地

在工程建设中，为了使原有地形适合建设的需要，而对地形进行的改

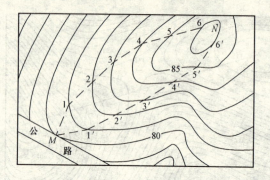

图 6-17　按限制坡度选择最短路线示意图

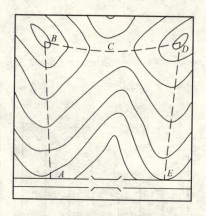

图 6-18　汇水区面积的确定

造工作称为平整场地。在土地平整工作中,为了计算工期和投入的劳动力以及场地内的土方填挖平衡合理,往往先用地形图进行土方的概算,以便对不同方案进行比较,从中选择最佳方案。平整场地中应用设计等高线法比较多,主要有设计成某一高程的水平角和设计成一定坡度的倾斜地面两种方法。

快学快用 8　设计成某一高程的水平角

如图 6-19 所示为一幅 1:1000 比例尺的地形图,假设要求将原地貌按挖填土方量平衡的原则改造成平面,其步骤如下:

(1)绘制方格网,并求出各方格点的地面高。

第六章 地形测量

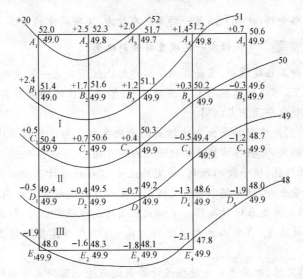

图 6-19 水平场地平整示意图

(2)计算设计高程。用内插法或目估法求出各方格顶点的高程,并注在相应顶点的右上方。将每一方格的顶点高程取平均值,最后将所有方格的平均高程相加,再除以方格总数,即得地面设计高程。

$$H_{设} = \frac{1}{n}(H_1 + H_2 + \cdots + H_i + \cdots + H_n)$$

式中　n——方格数;

H_i——第 i 方格的平均高程。

(3)计算挖、填数值。根据设计高程和各方格顶点的高程,可以计算出每一方格顶点的挖、填高度,即

挖、填高度＝地面高程－设计高程

将图中各方格顶点的挖、填高度写于相应方格顶点的左上方。正号为挖深,负号为填高。

(4)绘出挖、填边界线。在地形图上根据等高线,用目估法内插出高程为 49.9m 的高程点,即填挖边界点,叫零点。连接相邻零点的曲线,称为填挖边界线。在填挖边界线一边为填方区域,另一边为挖方区域。零点和填挖边界线是计算土方量和施工的依据。

(5)计算挖、填土(石)方量。计算填、挖土(石)方量有两种情况:一种

是整个方格全填(或挖)方；另一种是既有挖方，又有填方的方格。

快学快用 9 设计成一定坡度的倾斜地面

在各种工程建设中，常会碰到将拟建场地改造成某一坡度的倾斜面。一般情况下，可根据填挖基本平衡的原则，绘出设计倾斜面等高线，其他步骤与平整水平面基本相同。

(1)绘制方格网并求出各方格点的地面高程。与设计成水平场地同法绘制方格网，并将各方格点的地面高程注于图上。

(2)根据挖、填平衡的原则，确定场地重心点的设计高程。根据填挖土(石)方量平衡，计算整个场地几何图形重心点的高程为设计高程。

(3)确定方格点设计高程。重心点及设计高程确定以后，根据方格点间距和设计坡度，自重心点起沿方格方向，向四周推算各方格点的设计高程。

(4)确定填、挖分界线。连接设计等高线与原地形同名等高线的各交点，即为填、挖分界线。图中用锯齿线表示，锯齿朝向表示需填的方向。

(5)确定方格顶点的填、挖高度。根据原地形图等高线，用内插法求出各顶点的地面高程，并注在顶点右上方。同理根据设计等高线求出各顶点的设计高程，注在右下方。用地面高程减去设计高程，即得填、挖高度，并注在方格顶点左上方。

(6)计算挖、填方量。首先在图上绘方格网，并确定各方格顶点的挖深和填高量。然后根据设计等高线内插求得各方格顶点的设计高程，并注记在方格顶点的右下方。其填高和挖深量仍记在各顶点的左上方。挖方量和填方量的具体计算方法与前述的方法相同。

第七章 小区域控制测量

第一节 概 述

测量工作必须遵循"从整体到局部,从高级到低级,先控制后碎部"的原则。即在选定测量区域内,确定数量较少且分布大致均匀的一系列对整体有控制作用的点,即为控制点,并用合适的测量仪器精确的测定各控制点的平面坐标和高程。

在一定区域内为地图测绘或工程测量需要而建立控制网并按相关规范要求进行的测量工作称为控制测量。控制测量可分为平面控制测量和高程控制测量两种。

一、控制测量的分类

测量控制网按其控制的范围分为国家控制网、城市控制网、小地区控制网三类。

1. 国家平面控制网

国家平面控制网又称基本控制网,是在全国范围内建立的平面控制网。它提供全国统一的空间定位基准,是全国各种比例尺测图和工程建设的基本控制,同时也为空间科学、军事等提供点的坐标、距离及方位资料,也可用于地震预报和研究地球形状大小。如图 7-1 所示为国家平面控制网的布设和逐级加密情况示意图。

国家控制网按控制次序和精度可以分为一、二、三、四等,其中在全国范围内首先建立一等天文大地三角锁,在全国范围内大致沿经线和纬线方向布设成间距约 200km 的格网状,在格网中间再用二等连续网填充。三、四等则是在前者的基础上进行进一步加密。

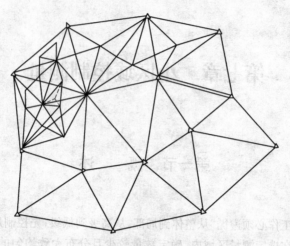

图 7-1 国家控制网的布设与逐级加密情况示意图

2. 城市控制网

城市控制网是在国家控制网的基础上在一个城市的范围内进行,作为工程建筑设计和施工放线测量的依据。

3. 小地区控制网

小地区控制网是指在面积小于 $15km^2$ 的范围内建立的控制网,其主要为小区域的大比例尺地形测量或工程测量提供了依据。

小区域平面控制网亦应由高级到低级分级建立。测区范围内建立最高一级的控制网,称为首级控制网;最低一级的即直接为测图而建立的控制网,称为图根控制网。首级控制与图根控制的关系见表 7-1。

表 7-1　　　　　　　　首级控制与图根控制的关系

测区面积/km^2	首级控制	图根控制
1～10	一级小三角或一级导线	两级图根
0.5～2	二级小三角或二级导线	两级图根
0.5 以下	图根控制	

二、平面控制测量

平面控制测量是确定控制点的平面坐标。平面控制网的建立,可采用卫星定位测量、导线测量、三角形网测量等方法。

平面控制网的布设,应遵循下列原则:

(1)首级控制网的布设。应因地制宜,且适当考虑发展;当与国家坐标系统联测时,应同时考虑联测方案。首级控制网的等级,应根据工程规模、控制网的用途和精度要求合理确定。

(2)加密控制网的布设。可越级布设或同等级扩展。

快学快用 1 平面控制网坐标系统的选择

平面控制网坐标系统,应在满足测区内投影长度变形不大于 2.5cm/km 的要求下,作下列选择:

(1)采用统一的高斯投影 3°带平面直角坐标系统。

(2)采用高斯投影 3°带,投影面为测区抵偿高程面或测区平均高程面的平面直角坐标系统;或任意带,投影面为 1985 国家高程基准面的平面直角坐标系统。

(3)小测区或有特殊精度要求的控制网,可采用独立坐标系统。

(4)在已有平面控制网的地区,可沿用原有的坐标系统。

(5)厂区内可采用建筑坐标系统。

三、高程控制测量

建立高程控制网的主要方法是水准测量,国家水准测量分为一、二、三、四等,逐级加密的方法进行测量。高程控制测量控制点的布设原则与平面控制网基本一致,由高级到低级,先整体后局部。

第二节 平面控制测量

一、导线测量

将测区内相邻的控制点连成直线,称为导线。将各个直线再连接起来而形成折线,这些折线的端点称为导线点。导线测量就是依次测定各导线边的长度和各转折角值;根据起算数据,推算各边的坐标分位角,从而求出各导线点的坐标。

导线测量是建立小地区平面控制网常用的一种方法,特别适合在地物分布较复杂的建筑区,视线障碍较多的较隐藏区和带状地区多采用导线测量的方法。

1. 导线测量技术要求

各级导线测量的技术要求见表7-2。

表7-2　　　　　　　　　导线测量主要技术要求

等级	导线长度/km	平均边长/km	测角中误差(″)	测距中误差/mm	测距相对中误差	测回数 1″级仪器	测回数 2″级仪器	测回数 6″级仪器	方位角闭合差(″)	导线全长相对闭合差
三等	14	3	1.8	20	1/150000	6	10	—	$3.6\sqrt{n}$	≤1/55000
四等	9	1.5	2.5	18	1/80000	4	6	—	$5\sqrt{n}$	≤1/35000
一级	4	0.5	5	15	1/30000	—	2	4	$10\sqrt{n}$	≤1/15000
二级	2.4	0.25	8	15	1/14000	—	1	3	$16\sqrt{n}$	≤1/10000
三级	1.2	0.1	12	15	1/7000	—	1	2	$24\sqrt{n}$	≤1/5000

注:1. 表中 n 为测站数。

2. 当测区测图的最大比例尺为1∶1000时,一、二、三级导线的导线长度、平均边长可适当放长,但最大长度不应大于表中规定相应长度的2倍。

2. 导线的布设形式

根据测区的情况与要求,导线布设可分为闭合导线、附合导线和支导线三种形式。

(1)闭合导线。如图7-2所示,从一个已知点 B 出发,经过若干个导线点1、2、3、4,又回到原已知点 B 上,形成一个闭合多边形,称为闭合导线。闭合导线多用在面状地区控制测量。

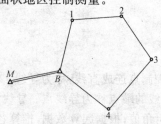

图7-2　闭合导线

第七章　小区域控制测量

(2)附合导线。如图7-3所示,从一个已知点B和已知方向BA出发,经过若干个导线点1、2、3,最后附合到另一个已知点C和已知方向CD上,称为附合导线。

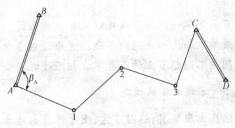

图7-3　附合导线

(3)支导线。如图7-4所示,导线从一个已知点出发,经过1~2个导线点既不回到原已知点上,又不附合到另一已知点上,称为支导线。由于支导线无检核条件,故导线点不宜超过两个。

(4)无定向附合导线。如图7-5所示,由一个已知点A出发,经过若干个导线点1、2、3,最后附合到另一个已知点B上,但起始边方位角不知道,且起、终两点A、B不通视,只能假设起始边方位角,这样的导线称为无定向附合导线。其适用于狭长地区。

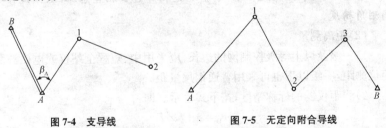

图7-4　支导线　　　　　　图7-5　无定向附合导线

3. 导线测量外业工作

导线测量的外业工作主要包括踏勘选点、距离测量、水平角观测和联测。

(1)踏勘选点。在去测区踏勘选点之前,先到有关部门收集原有地形图、高一级控制点的坐标和高程,以及这些已知点的位置详图。在原有地形图上拟定导线网布设的初步方案,然后到实地踏勘修改并确定导线点位。

快学快用 2 导线网的布设规定

(1) 导线网用作测区的首级控制时,应布设成环形网,且宜联测两个已知方向。

(2) 加密网可采用单一附合导线或结点导线网形式。

(3) 结点间或结点与已知点间的导线段宜布设成直伸形状,相邻边长不宜相差过大,网内不同环节上的点也不宜相距过近。

快学快用 3 导线点位的选定

(1) 点位应选在土质坚实、稳固可靠、便于保存的地方,视野应相对开阔,便于加密、扩展和寻找。

(2) 相邻点之间应通视良好,其视线距障碍物的距离,三、四等不宜小于 1.5m;四等以下宜保证便于观测,以不受旁折光的影响为原则。

(3) 当采用电磁波测距时,相邻点之间视线应避开烟囱、散热塔、散热池等发热体及强电磁场。

(4) 相邻两点之间的视线倾角不宜过大。

(5) 充分利用旧有控制点。

(6) 导线点应有足够的密度,分布要均匀,便于控制整个测区。

(7) 导线边长应大致相等,尽量避免相邻边长相差悬殊,以保证和提高测角精度。

(2) 距离测量。

1) 一级及以上等级控制网的边长,应采用中、短程全站仪或电磁波测距仪测距,一级以下也可采用普通钢尺量距。

2) 测距仪器的标称精度,按下式表示。即:

$$m_D = a + b \times D$$

式中 m_D——测距中误差(mm);
　　　a——标称精度中的固定误差(mm);
　　　b——标称精度中的比例误差系数(mm/km);
　　　D——测距长度(km)。

3) 测距仪器及相关的气象仪表,应及时校验。当在高海拔地区使用空盒气压表时,宜送当地气象台(站)校准。

4) 各等级控制网边长测距的主要技术要求,应符合表 7-3 的规定。

表 7-3　　各等级控制网边长测距的主要技术要求

平面控制网等级	仪器精度等级	每边测回数 往	每边测回数 返	一测回读数较差 /mm	单程各测回较差 /mm	往返测距较差 /mm
三等	5mm 级仪器	3	3	≤5	≤7	≤$2(a+b \times D)$
三等	10mm 级仪器	4	4	≤10	≤15	≤$2(a+b \times D)$
四等	5mm 级仪器	2	2	≤5	≤7	≤$2(a+b \times D)$
四等	10mm 级仪器	3	3	≤10	≤15	≤$2(a+b \times D)$
一级	10mm 级仪器	2	—	≤10	≤15	—
二、三级	10mm 级仪器	1	—	≤10	≤15	—

注:1. 测回是指照准目标一次,读数 2~4 次的过程。
　　2. 困难情况下,边长测距可采取不同时间段测量代替往返观测。

5)测距作业。测距作业应符合以下规定:
①测站对中误差和反光镜对中误差不应大于 2mm。
②当观测数据超限时,应重测整个测回,如观测数据出现分群时,应分析原因,采取相应措施重新观测。
③四等及以上等级控制网的边长测量,应分别量取两端点观测始末的气象数据,计算时应取平均值。
④测量气象元素的温度计宜采用通风干湿温度计,气压表宜选用高原型空盒气压表;读数前应将温度计悬挂在离开地面和人体 1.5m 以外阳光不能直射的地方,且读数精确至 0.2℃;气压表应置平,指针不应滞阻,且读数精确至 50Pa。
⑤当测距边用电磁波测距三角高程测量方法测定的高差进行修正时,垂直角的观测和对向观测高差较差要求,可按五等电磁波测距三角高程测量的有关规定放宽 1 倍执行。

(3)水平角观测。
1)水平角观测所使用的全站仪、电子经纬仪和光学经纬仪,应符合下列相关规定:
①照准部旋转轴正确性指标:管水准器气泡或电子水准器长气泡在各位置的读数较差,1″级仪器不应超过 2 格,2″级仪器不应超过 1 格,6″级仪器不应超过 1.5 格。
②光学经纬仪的测微器行差及隙动差指标:1″级仪器不应大于 1″,2″

级仪器不应大于 $2''$。

③水平轴不垂直于垂直轴之差指标：$1''$ 级仪器不应超过 $10''$，$2''$ 级仪器不应超过 $15''$，$6''$ 级仪器不应超过 $20''$。

④补偿器的补偿要求，在仪器补偿器的补偿区间，对观测成果应能进行有效补偿。

⑤垂直微动旋转使用时，视准轴在水平方向上不产生偏移。

⑥仪器的基座在照准部旋转时的位移指标：$1''$ 级仪器不应超过 $0.3''$，$2''$ 级仪器不应超过 $1''$，$6''$ 级仪器不应超过 $1.5''$。

⑦光学（或激光）对中器的视轴（或射线）与竖轴的重合度不应大于 1mm。

2）水平角观测宜采用方向观测法，并符合下列规定：

①水平角方向观测法的技术要求，不应超过表 7-4 的规定。

表 7-4　　　　　水平角方向观测法的技术要求

等级	仪器精度等级	光学测微器两次重合读数之差($''$)	半测回归零差($''$)	一测回内 2C 互差($''$)	同一方向值各测回较差($''$)
四等及以上	$1''$ 级仪器	1	6	9	6
	$2''$ 级仪器	3	8	13	9
一级及以下	$2''$ 级仪器	—	12	18	12
	$6''$ 级仪器	—	18	—	24

注：1. 全站仪、电子经纬仪水平角观测时不受光学测微器两次重合读数之差指标的限制。

2. 当观测方向的垂直角超过 ±3° 的范围时，该方向 2C 互差可按相邻测回同方向进行比较，其值应满足表中一测回内 2C 互差的限值。

②当观测方向不多于 3 个时，可不归零。

③当观测方向多于 6 个时，可进行分组观测。分组观测应包括两个共同方向（其中一个为共同零方向）。其两组观测角之差，不应大于同等级测角中误差的 2 倍。分组观测的最后结果，应按等权分组观测进行测站平差。

④各测回间应配置度盘。

⑤水平角的观测值应取各测回的平均数作为测站成果。

3)三、四等导线的水平角观测,当测站只有两个方向时,应在观测总测回中以奇数测回的度盘位置观测导线前进方向的左角,以偶数测回的度盘位置观测导线前进方向的右角。

左右角的测回数为总测回数的一半。但在观测右角时,应以左角起始方向为准变换度盘位置,也可用起始方向的度盘位置加上左角的概值在前进方向配置度盘。

左角平均值与右角平均值之和与 360°之差,不应大于表 7-4 中相应等级导线测角中误差的 2 倍。

4)水平角观测的测站作业,应符合下列规定:

①仪器或反光镜的对中误差不应大于 2mm。

②水平角观测过程中,气泡中心位置偏离整置中心不宜超过 1 格。四等及以上等级的水平角观测,当观测方向的垂直角超过 $\pm 3°$ 的范围时,宜在测回间重新整置气泡位置。有垂直轴补偿器的仪器,可以不受此款的限制。

③如受外界因素(如振动)的影响,仪器的补偿器无法正常工作或超出补偿器的补偿范围时,应停止观测。

④当测站或照准目标偏心时,应在水平角观测前或观测后测定归心元素。测定时,投影示误三角形的最长边,对于标石、仪器中心的投影不应大于 5mm,对于照准标志中心的投影不应大于 10mm。投影完毕后,除标志中心外,其他各投影中心均应描绘两个观测方向。角度元素应量至 $15'$,长度元素应量至 1mm。

5)水平角观测误差超限时,应在原来度盘位置上重测,并应符合下列规定:

①一测回内 $2C$ 互差或同一方向值各测回较差超限时,应重测超限方向,并联测零方向。

②下半测回归零差或零方向的 $2C$ 互差超限时,应重测该测回。

③若一测回中重测方向数超过总方向数的 1/3 时,应重测该测回。当重测的测回数超过总测回数的 1/3 时,应重测该站。

6)首级控制网所联测的已知方向的水平角观测,应按首级网相应等级的规定执行。

(4)联测。如图 7-6 所示,导线与高级控制网连接时,需观测连接角 β_A、β_1 和连接边 D_{A1},用于传递坐标方位角和坐标。若测区及附近无高级控制点,在经过主管部门同意后,可用罗盘仪观测导线起始边的方位角,并假定起始点的坐标为起算数据。

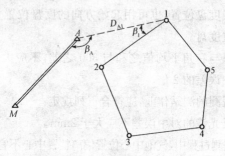

图 7-6 联测示意图

4. 导线测量内业工作与计算

(1)导线测量数据处理。

1)当观测数据中含有偏心测量成果时,应首先进行归心改正计算。

2)水平距离计算,应符合下列规定:

①测量的斜距,须经气象改正和仪器的加、乘常数改正后才能进行水平距离计算。

②两点间的高差测量,宜采用水准测量。当采用电磁波测距三角高程测量时,其高差应进行大气折光改正和地球曲率改正。

③水平距离可按下式计算:

$$D_p = \sqrt{S^2 - h^2}$$

式中 D_p——测线的水平距离(m);

S——经气象及加、乘常数等改正后的斜距(m);

h——仪器的发射中心与反光镜的反射中心之间的高差(m)。

3)导线网水平角观测的测角中误差,应按下式计算:

$$m_\beta = \sqrt{\frac{1}{N}\left[\frac{f_\beta f_\beta}{n}\right]}$$

式中　f_β——导线环的角度闭合差或附合导线的方位角闭合差($''$)；
　　　n——计算 f_β 时的相应测站数；
　　　N——闭合环及附合导线的总数。

4）测距边的精度评定：

①单位权中误差，可按下式计算：

$$\mu = \sqrt{\frac{[Pdd]}{2n}}$$

式中　d——各边往、返测的距离较差(mm)；
　　　n——测距边数。
　　　P——各边距离的先验权，其值为 $1/\sigma_D^2$，σ_D 为测距的先验中误差，可按测距仪器的标称精度计算。

②任一边的实际测距中误差，可按下式计算：

$$m_{Di} = \mu\sqrt{\frac{1}{P_i}}$$

式中　m_{Di}——第 i 边的实际测距中误差(mm)；
　　　P_i——第 i 边距离测量的先验权。

③网的平均测距中误差，可按下式计算：

$$m_{Di} = \sqrt{\frac{[dd]}{2n}}$$

式中　m_{Di}——平均测距中误差(mm)。

5）测距边长度的归化投影计算，应符合下列规定：

①归算到测区平均高程面上的测距边长度，应按下式计算：

$$D_H = D_p\left(1 + \frac{H_p - H_m}{R_A}\right)$$

式中　D_H——归算到测区平均高程面上的测距边长度(m)；
　　　D_p——测线的水平距离(m)；
　　　H_p——测区的平均高程(m)；
　　　H_m——测距边两端点的平均高程(m)；
　　　R_A——参考椭球体在测距边方向法截弧的曲率半径(m)。

②归算到参考椭球面上的测距边长度,应按下式计算:

$$D_0 = D_p \left(1 - \frac{H_m + h_m}{R_A + H_m + h_m}\right)$$

式中　D_0——归算到参考椭球面上的测距边长度(m);
　　　h_m——测区大地水准面高出参考椭球面的高差(m)。

③测距边在高斯投影面上的长度,应按下式计算:

$$D_g = D_0 \left(1 + \frac{y_m^2}{2R_m^2} + \frac{\Delta y^2}{24R_m^2}\right)$$

式中　D_g——测距边在高斯投影面上的长度(m);
　　　y_m——测距边两端点横坐标的平均值(m);
　　　R_m——测距边中点处在参考椭球面上的平均曲率半径(m);
　　　Δy——测距边两端点横坐标的增量(m)。

6)一级及以上等级的导线网计算,应采用严密平差法;二、三级导线网,可根据需要采用严密或简化方法平差。当采用简化方法平差时,成果表中的方位角和边长应采用坐标反算值。

7)平差后的精度评定,应包含有单位权中误差、点位误差椭圆参数或相对点位误差椭圆参数、边长相对中误差或点位中误差等。当采用简化平差时,平差后的精度评定,可作相应简化。

8)内业计算中数字取位要求,应符合表 7-5 的规定。

表 7-5　　　　内业计算中数字取位要求

等级	观测方向值及各项修正数(″)	边长观测值及各项修正数/m	边长与坐标/m	方位角(″)
三、四等	0.1	0.001	0.001	0.1
一级及以下	1	0.001	0.001	1

(2)闭合导线的计算。闭合导线的计算步骤如下:

1)角度闭合差的计算与调整。闭合导线在几何上是一个 n 边形,其内角和的理论值为:

$$\sum \beta_{理} = (n - 2) \times 180°$$

第七章 小区域控制测量

但在实际观测过程中,由于存在着误差,使实测的多边形的内角和不等于上述的理论值,二者的差值称为闭合导线的角度闭合差,习惯以 f_β 表示。即有:

$$f_\beta = \sum \beta_{测} - \sum \beta_{理} = \sum \beta_{测} - (n-2) \times 180°$$

式中 $\sum \beta_{理}$——转折角的理论值;

$\sum \beta_{测}$——转折角的外业观测值。

如果 $f_\beta > f_{容许}$,则说明角度闭合差超限,不满足精度要求,应返工重测直到满足精度要求;如果 $f_\beta \leqslant f_{容许}$,则说明所测角度满足精度要求,在此情况下,可将角度闭合差进行调整。因为各角观测均在相同的观测条件下进行,所以可认为各角产生的误差相等。因此,角度闭合差调整的原则是:将 f_β 以相反的符号平均分配到各观测角中,若不能均分,一般情况下,将余数分配给短边的夹角,即各角度的改正数为:

$$v_\beta = -f_\beta/n$$

则各转折角调整以后的值(又称为改正值)为:

$$\beta = \beta_{测} + v_\beta$$

调整后的内角和必须等于理论值,即:

$$\sum \beta = (n-2) \times 180°$$

2)导线坐标方位角的推算。根据起始边的已知坐标方位角及调整后的各内角值,可以推导出,前一边的坐标方位角 $\alpha_{前}$ 与后一边的坐标方位角 $\alpha_{后}$ 的关系式:

$$\alpha_{前} = \alpha_{后} \pm \beta \mp 180°$$

3)坐标增量的计算。一导线边两端点的纵坐标(或横坐标)之差,称为该导线边的纵坐标(或横坐标)增量,常以 Δx(或 Δy)表示。

设 $i、j$ 为两相邻的导线点,量两点之间的边长为 D_{ij},已根据观测角调整后的值推出了坐标方位角为 α_{ij},应当由三角几何关系可计算出 $i、j$ 两点之间的坐标增量(在此称为观测值) Δx_{ij} 和 Δy_{ij},分别为:

$$\begin{cases} \Delta x_{ij测} = D_{ij} \cdot \cos\alpha_{ij} \\ \Delta y_{ij测} = D_{ij} \cdot \sin\alpha_{ij} \end{cases}$$

4)坐标增量闭合差的计算与调整。因闭合导线从起始点出发经过若干个导线点以后,最后又回到了起始点,其坐标增量之和的理论值为零,如图 7-7(a)所示。

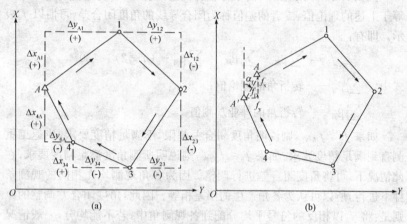

图 7-7 闭合导线坐标增量及闭合差

从前面内容看出,坐标增量由边长 D_{ij} 和坐标方位角 α_{ij} 计算而得,但是边长同样存在误差,从而导致坐标增量带有误差,即坐标增量的实测值之和 $\sum \Delta x_{ij测}$ 和 $\sum \Delta y_{ij测}$ 一般情况下不等于零,这就是坐标增量闭合差,通常以 f_x 和 f_y 表示,如图 7-7(b)所示,即:

$$\begin{cases} f_x = \sum \Delta x_{ij测} \\ f_y = \sum \Delta y_{ij测} \end{cases}$$

由于坐标增量闭合差存在,根据计算结果绘制出来的闭合导线图形不能闭合,如图 7-7(b)所示,不闭合的缺口距离,称为导线全长闭合差,通常以 f_D 表示。按几何关系,用坐标增量闭合差可求得导线全长闭合差 f_D。

$$f_D = \sqrt{f_x^2 + f_y^2}$$

导线全长闭合差 f_D 是随着导线的长度增大而增大,导线测量的精度是用导线全长相对闭合差 K(即导线全长闭合差 f_D 与导线全长 $\sum D$ 之比值)来衡量的,即:

$$K = \frac{f_D}{\sum D} = \frac{1}{\sum D / f_D}$$

若 $K \leqslant K_容$ 表明测量结果满足精度要求,可将坐标增量闭合差反符号后,按与边长成正比的方法分配到各坐标增量上去,从而得到各纵、横坐标增量的改正值,以 ΔX_{ij} 和 ΔY_{ij} 表示,即:

$$\begin{cases} \Delta X_{ij} = \Delta x_{ij测} + v_{\Delta x_{ij}} \\ \Delta Y_{ij} = \Delta y_{ij测} + v_{\Delta y_{ij}} \end{cases}$$

式中,$v_{\Delta x_{ij}}$、$v_{\Delta y_{ij}}$ 分别称为纵、横坐标增量的改正数,即:

$$\begin{cases} v_{\Delta x_{ij}} = -\dfrac{f_x}{\sum D} D_{ij} \\ v_{\Delta y_{ij}} = -\dfrac{f_y}{\sum D} D_{ij} \end{cases}$$

5)计算各点坐标。根据起始点的已知坐标和改正后的坐标增量 ΔX_{ij} 和 ΔY_{ij},可按下列公式依次计算各导线点的坐标:

$$\begin{cases} x_j = x_i + \Delta X_{ij} \\ y_j = y_i + \Delta Y_{ij} \end{cases}$$

快学快用 4 闭合导线坐标计算实例

图 7-8 为闭合导线草图,其具体操作步骤及计算结果见表 7-6。

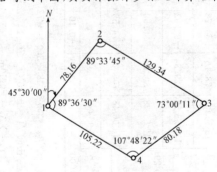

图 7-8 闭合导线草图

(3)附合导线的计算。附合导线的计算方法与闭合导线计算基本相同,但由于二者布设形式的不同,因此,在角度闭合差和坐标增量闭合差的计算上稍有不同。

1)角度闭合差的计算。附合导线首尾有两条已知坐标方位角的边,如图 7-3 中的 BA 边和 CD 边,称之为始边和终边,由于已测得导线各个

表 7-6 闭合导线坐标计算表

点号	观测角 β(° ′ ″)	改正数 (″)	改正后角值 (° ′ ″)	坐标方位角 α(° ′ ″)	距离 D /m	纵坐标增量 Δx 计算值 /m	纵坐标增量 Δx 改正数 /cm	纵坐标增量 Δx 改正后 /m	横坐标增量 Δy 计算值 /m	横坐标增量 Δy 改正数 /cm	横坐标增量 Δy 改正后 /m	坐标值 x/m	坐标值 y/m	点号
1	2	3	4	5	6	7	8	9	10	11	12	13	14	15
1				45 30 00								320.00	280.00	1
					78.16	+54.78	+2	+54.80	+55.75	−1	55.74			
2	89 33 45	+18	89 34 03	135 55 57								374.80	335.74	2
					129.34	−92.93	+3	−92.90	+89.96	−3	+89.93			
3	73 00 11	+18	73 00 29	242 55 28								281.90	425.67	3
					80.18	−36.50	+2	−36.48	−71.39	−1	−71.40			
4	107 48 22	+18	107 48 40	315 06 48								245.42	354.27	4
					105.22	+74.55	+3	+74.58	−74.25	−2	−74.27			
1	89 36 30	+18	89 36 48	45 30 00								320.00	280.00	1
∑	359 58 48	+72	360 00 00		392.90	−0.10	+0.10	0.00	+0.07	−0.07	0.00			

辅助计算

$f_\beta = \sum \beta_{测} - \sum \beta_{理} = 359°58'48'' - 360° = -72''$

$f_{\beta容} = \pm 60''\sqrt{4} = \pm 120''(f_\beta < f_{\beta容})$

$f_x = \sum \Delta_x = -0.10\text{m}$

$f_y = \sum \Delta_y = +0.07\text{m}$

$f_D = \sqrt{f_x^2 + f_y^2} = 0.12\text{m}$

$K = \dfrac{|f_D|}{\sum D} = \dfrac{0.12}{392.90} \approx \dfrac{1}{3\,270}(K < K_容)$

转折角的大小,所以,可以根据起始边的坐标方位角及测得的导线各转折角,推算出终边的坐标方位角。这样导线终边的坐标方位角有一个原已知值 $\alpha_{终}$,还有一个由始边坐标方位角和测得的各转折角推算值 $\alpha'_{终}$。由于测角存在误差,导致两个数值的不相等,两值之差即为附合导线的角度闭合差 f_β。即:

$$f_\beta = \alpha'_{终} - \alpha_{终} = \alpha_{始} - \alpha_{终} \pm \Sigma\beta_n \times 180°$$

2)坐标增量闭合差的计算。附合导线的首尾各有一个已知坐标值的点,如图 7-9 所示的 A 点和 C 点,称之为始点和终点。附合导线的纵、横坐标增量的代数和,在理论上应等于终点与始点的纵、横坐标差值,即:

$$\begin{cases} \sum \Delta x_{ij 理} = x_{终} - x_{始} \\ \sum \Delta y_{ij 理} = y_{终} - y_{始} \end{cases}$$

但由于量边和测角有误差,根据观测值推算出来的纵、横坐标增量之代数和:$\sum \Delta x_{ij 测}$ 和 $\sum \Delta y_{ij 测}$ 与理论值通常是不相等的,二者之差即为纵、横坐标增量闭合差:

$$\begin{cases} f_x = \sum \Delta x_{ij 测} - (x_{终} - x_{始}) \\ f_y = \sum \Delta y_{ij 测} - (y_{终} - y_{始}) \end{cases}$$

二、卫星定位测量

1. 卫星定位测量技术要求

(1)各等级卫星定位测量控制网的主要技术指标,应符合表 7-7 的规定。

表 7-7　　　　　卫星定位测量控制网的主要技术要求

等级	平均边长 /km	固定误差 A /mm	比例误差系数 B /(mm/km)	约束点间的边长相对中误差	约束平差后最弱边相对中误差
二等	9	≤10	≤2	≤1/250000	≤1/120000
三等	4.5	≤10	≤5	≤1/150000	≤1/70000
四等	2	≤10	≤10	≤1/100000	≤1/40000
一级	1	≤10	≤20	≤1/40000	≤1/20000
二级	0.5	≤10	≤40	≤1/20000	1/10000

(2)各等级控制网的基线精度,按下式计算:

$$\sigma = \sqrt{A^2 + (B \cdot d)^2}$$

式中　σ——基线长度中误差(mm);
　　　A——固定误差(mm);
　　　B——比例误差系数(mm/km);
　　　d——平均边长(km)。

(3)卫星定位测量控制网观测精度的评定,应满足下列要求:

1)控制网的测量中误差,按下式计算:

$$m = \sqrt{\frac{1}{3N}\left[\frac{WW}{n}\right]}$$

式中　m——控制网的测量中误差(mm);
　　　N——控制网中异步环的个数;
　　　n——异步环的边数;
　　　W——异步环环线全长闭合差(mm)。

2)控制网的测量中误差,应满足相应等级控制网的基线精度要求,按下式计算:

$$m \leqslant \sigma$$

快学快用 5 卫星定位测量控制网布设要求

(1)应根据测区的实际情况、精度要求、卫星状况、接收机的类型和数量以及测区已有的测量资料进行综合设计。

(2)首级网布设时,宜联测两个以上高等级国家控制点或地方坐标系的高等级控制点;对控制网内的长边,宜构成大地四边形或中点多边形。

(3)控制网应由独立观测边构成一个或若干个闭合环或附合路线,各等级控制网中构成闭合环或附合路线的边数不宜多于6条。

(4)各等级控制网中独立基线的观测总数,不宜少于必要观测基线数的1.5倍。

(5)加密网应根据工程需要,在满足精度要求的前提下,可采用比较灵活的布网方式。

(6)对于采用GPS-RTK测图的测区,在控制网的布设中应顾及参考站点的分布及位置。

第七章 小区域控制测量

快学快用 6 卫星定位测量控制点的选定要求

(1)点位应选在土质坚实、稳固可靠的地方,同时要有利于加密和扩展,每个控制点至少应有一个通视方向。

(2)点位应选在视野开阔,高度角在15°以上的范围内,应无障碍物;点位附近不应有强烈干扰接收卫星信号的干扰源或强烈反射卫星信号的物体。

(3)充分利用符合要求的旧的控制点。

2. GPS 观测

(1)GPS 的主要技术要求。

1)GPS 控制测量作业的基本技术要求,应符合表7-8 的规定。

表7-8　　　　　GPS 控制测量作业的基本技术要求

等 级		二等	三等	四等	一级	二级
接收机类型		双频	双频或单频	双频或单频	双频或单频	双频或单频
仪器标称精度		10mm+2ppm	10mm+5ppm	10mm+5ppm	10mm+5ppm	10mm+5ppm
观测量		载波相位	载波相位	载波相位	载波相位	载波相位
卫星高度角(°)	静态	≥15	≥15	≥15	≥15	≥15
	快速静态	—	—	—	≥15	≥15
有效观测卫星数	静态	≥5	≥5	≥4	≥4	≥4
	快速静态	—	—	—	≥5	≥5
观测时段长度/min	静态	30~90	20~60	15~45	10~30	10~30
	快速静态	—	—	—	10~15	10~15
数据采样间隔/s	静态	10~30	10~30	10~30	10~30	10~30
	快速静态	—	—	—	5~15	5~15
点位几何图形强度因子 PDOP		≤6	≤6	≤6	≤8	≤8

2)对于规模较大的测区,应编制作业计划。

(2)GPS测量数据处理。

1)基线解算,应满足下列要求:

①起算点的单点定位观测时间,不宜少于30min。

②解算模式可采用单基线解算模式,也可采用多基线解算模式。

③解算成果,应采用双差固定解。

2)GPS控制测量外业观测的全部数据应经同步环、异步环和复测基线检核,并应满足下列要求:

①同步环各坐标分量闭合差及环线全长闭合差,应按下式计算:

$$W_x \leqslant \frac{\sqrt{n}}{5}\sigma$$

$$W_y \leqslant \frac{\sqrt{n}}{5}\sigma$$

$$W_z \leqslant \frac{\sqrt{n}}{5}\sigma$$

$$W = \sqrt{W_x^2 + W_y^2 + W_z^2}$$

$$W \leqslant \frac{\sqrt{3n}}{5}\sigma$$

式中 n——同步环中基线边的个数;

W——同步环环线全长闭合差(mm)。

②异步环各坐标分量闭合差及环线全长闭合差,应按下式计算:

$$W_x \leqslant 2\sqrt{n}\sigma$$

$$W_y \leqslant 2\sqrt{n}\sigma$$

式中 n——异步环中基线边的个数;

W——异步环环线全长闭合差(mm)。

③复测基线的长度较差,应按下式计算:

$$\Delta d \leqslant 2\sqrt{2}\sigma$$

3)当观测数据不能满足检核要求时,应对成果进行全面分析,并舍弃不合格基线,但应保证舍弃基线后,所构成异步环的边数不应超过卫星定位测量技术相关的规定。否则,应重测该基线或有关的同步图形。

4)外业观测数据检验合格后,应按规定对GPS网的观测精度进行评定。

第三节 高程控制测量

小地区高程控制测量的主要方法有图根水准测量、三等四等水准测量与三角高程测量。

一、图根水准测量

图根水准测量主要用于测定测区首级平面控制点和图根点的高程,其精度低于四等水准测量,故又称等外水准测量。其主要用于加密高程控制网与测定图根点的高程。

图根水准路线可根据图根点的分布情况,布设成闭合路线、附合路线或结点网形式。当水准路线布设成支线时,应进行往返观测,其路线总长要小于 2.5km。图根水准点一般可埋设临时标志。

图根水准测量的主要技术要求,见表 7-9。

表 7-9 图根水准测量的主要技术要求

仪器类型	每千米高差全中误差/mm	附合路线长度/km	视线长度/m	观测次数		往返较差、附合或环线闭合差/mm	
				附合或闭合路线	支水准路线	平地	山地
DS_{10}	20	≤5	≤100	往一次	往返各一次	$40\sqrt{L}$	$12\sqrt{n}$

注:1. L 为往返测段、附合或环线的水准路线的长度(km)。n 为测站数。

  2. 当水准路线布设成支线时,其路线长度不应大于 2.5km。

二、三、四等水准测量

三、四等水准测量,能够应用于建立小区域首级高程控制网。三、四等水准测量的起算点高程应尽量从附近的一、二等水准点引测,如果测区附近没有国家一、二等水准点,则在小区域范围内可采用闭合水准路线建立独立的首级高程控制网,假定起算点的高程。

三、四等水准测量观测应在通视良好、望远镜成像清晰与稳定的情况下进行,应避免在日出前后、日正午及其他气象不稳定状况下进行观测,观测时应避免在测区附近有持续振动干扰源而对水准测量带来影响。

三、四等水准测量主要技术要求,见表 7-10。

表 7-10 水准测量主要技术要求

等级	路线长度/km	水准仪	水准尺	观测次数		往返较差、闭合差	
				与已知点联测	附合或环线	平地/mm	山地/mm
三等	≤45	DS$_1$	铟瓦	往返各一次	往一次	±12$\sqrt{L}$	±4$\sqrt{L}$
		DS$_2$	双面		往返各一次		
四等	≤16	DS$_3$	双面	往返各一次	往一次	±20$\sqrt{L}$	±6$\sqrt{n}$
等外	≤5	DS$_3$	单面	往返各一次	往一次	±40$\sqrt{L}$	±12$\sqrt{n}$

注:L 为路线长度(km);n 为测站数。

三、四等水准测量一般采用双面尺法观测,其在一个测站上的技术要求,见表 7-11。

表 7-11 水准观测的主要技术要求

等级	水准仪的型号	视线长度/m	前后视较差/m	前后视累积差/m	视线离地面最低高度/m	黑红面读数较差/mm	黑红面高差较差/mm
三等	DS$_1$	100	3	6	0.3	1.0	1.5
	DS$_2$	75				2.0	3.0
四等	DS$_3$	100	5	10	0.2	3.0	5.0
等外	DS$_3$	100	大致相等	—	—	—	—

三、三角高程测量

1. 基本原理

三角高程测量是根据两点间的水平距离和竖直角计算两点的高差,然后求出所求点的高程。其适用于山区或采用水准测量方法有困难的情况下。

如图 7-9 所示,在 M 点安置仪器,用望远镜中丝瞄准 N 点觇标的顶点,测得竖直角 α,并量取仪器高 i 和觇标高 v,若测出 M、N 两点间的水平距离 D,则可求得 M、N 两点间的高差,即:

$$h_{MN} = D \cdot \tan\alpha + i - v$$

N 点高程为:

第七章 小区域控制测量

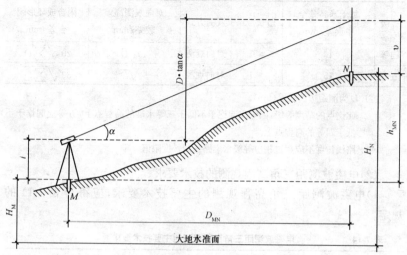

$$H_N = H_M + D \cdot \tan\alpha + i - v$$

图 7-9 三角高程测量原理

2. 主要技术要求

三角高程测量主要技术要求见表 7-12。

表 7-12　　三角高程测量主要技术要求

等级	仪器	测距边测回数	竖直角测回数 三丝法	竖直角测回数 中丝法	指标差较差(″)	竖直角测回差(″)	对向观测高差较差/mm	附合路径或环线闭合差/mm
四等	DJ_2	往返各一次	—	3	≤7	≤7	$40\sqrt{D}$	$20\sqrt{\sum D}$
五等	DJ_2	1	1	2	≤10	≤10	$60\sqrt{D}$	$30\sqrt{\sum D}$

3. 电磁波测距三角高程

电磁波测距三角高程测量，宜在平面控制点的基础上布设成三角高程网或高程导线。

(1) 电磁波测距三角高程测量的主要技术要求，应符合表 7-13 的规定。

表 7-13　电磁波测距三角高程测量的主要技术要求

等级	每千米高差全中误差/mm	边长/km	观测方式	对向观测高差较差/mm	附合或环形闭合差/mm
四等	10	≤1	对向观测	$40\sqrt{D}$	$20\sqrt{\sum D}$
五等	15	≤1	对向观测	$60\sqrt{D}$	$30\sqrt{\sum D}$

注：1. D 为测距边的长度(km)。
　　2. 起讫点的精度等级，四等应起讫于不低于三等水准的高程点上，五等应起讫于不低于四等的高程点上。
　　3. 路线长度不应超过相应等级水准路线的长度限值。

(2) 电磁波测距三角高程观测的技术要求。

1) 电磁波测距三角高程观测的主要技术要求，应符合表 7-14 的规定。

表 7-14　电磁波测距三角高程观测的主要技术要求

等级	垂直角观测				边长测量	
	仪器精度等级	测回数	指标差较差(″)	测回较差(″)	仪器精度等级	观测次数
四等	2″级仪器	3	≤7″	≤7″	10mm 级仪器	往返各一次
五等	2″级仪器	2	≤10″	≤10″	10mm 级仪器	往一次

注：当采用 2″级光学经纬仪进行垂直角观测时，应根据仪器的垂直角检测精度，适当增加测回数。

2) 垂直角的对向观测，当直觇完成后应即刻迁站进行返觇测量。

3) 仪器、反光镜或觇牌的高度，应在观测前后各量测一次并精确至 1mm，取其平均值作为最终高度。

(3) 电磁波测距三角高程测量的数据处理。电磁波测距三角高程测量的数据处理，应符合下列规定：

① 直返觇的高差，应进行地球曲率和折光差的改正。
② 平差前，应按规定计算每千米高差全中误差。
③ 各等级高程网，应按最小二乘法进行平差并计算每千米高差全中误差。
④ 高程成果的取值，应精确至 1mm。

快学快用 7　三角高程测量的方法与步骤

三角高程测量一般应采用对向观测法，如图 7-9 所示，即由 M 向 N

观测称为直觇,再由 N 向 M 观测称为反觇,直觇和反觇称为对向观测。采用对向观测的方法可以减弱地球曲率和大气折光的影响。对向观测所求得的高差较差不应大于 $0.1D$ (D 为水平距离,以 km 为单位,其结果以 m 为单位)。取对向观测的高差中数为最后结果,即:

$$h_{中}=\frac{1}{2}(h_{MN}-h_{NM})$$

三角高程测量的观测与计算应按以下步骤如下:

(1)安置仪器于测站上,量出仪器高 i;觇标立于测点上,量出觇标高 v。

(2)用经纬仪或测距仪采用测回法观测竖直角 α,取其平均值为最后观测成果。

(3)采用对向观测,其方法同前两步。

(4)计算高差和高程。

第八章 建筑施工测量放线

第一节 概 述

一、建筑施工测量放线的概念与任务

在进行建筑工程建设时,一般都需要经过勘测、设计、施工三个阶段。而前面所讲的地形测量,都是为各种工程进行规划设计提供必要的依据。在勘测、设计工作完成后,便进入到了施工阶段。在施工建造阶段所进行的测量工作称为施工测量放线。

施工测量放线的任务是为施工需要将设计图纸上的建(构)筑物的平面和高程位置,按一定的精度和设计要求,用测量仪器测设在地面上,作为施工的依据,并在施工过程中进行一系列的测量工作。

二、建筑施工测量放线的原则与内容

建筑施工测量与地形测量一样,应遵循"从整体到局部,先控制后碎部"的原则,此外,还应遵循"步步检核"的原则,以防止出现测量错误。

一般来说,建筑施工测量包括施工前的测量工作内容、施工中的测量工作内容和竣工后的测量工作内容。

(1)施工前的测量工作内容主要包括从施工前的场地平整,施工控制网的建立,到建(构)筑物的定位和基础放线。

(2)施工中的测量工作内容主要包括工程施工中各道工序的细部测设,构件与设备安装的测设工作。

(3)在工程竣工后,为了便于管理、维修和扩建,还需进行全面的竣工测量,绘制竣工总平面图,以全面反应出竣工后的现状;有些高大和特殊的建(构)筑物在施工期间和建成后还要定期进行变形观测,以便积累资

料,掌握变形规律,为工程设计、维护和使用提供资料。

三、建筑施工测量放线一般程序

建筑施工测量放线的程序一般有以下三个阶段:
(1)根据施工控制网(点)和总平面图,放出建筑物的主轴线(点)。
(2)根据已放好的主轴线(点)和施工图,再放出建筑物的纵、横向轴线以及其他施工线。
(3)根据已完工的基础等来放出工艺设备或构件的轴线和位置。

四、建筑施工测量放线的特点

1. 测量精度要求较高

为了满足较高的施工测量精度要求,应使用经过检校的测量仪器和工具进行测量作业,测量方法和精度应符合相关的测量规范和施工规范的要求。

对同类建筑物和构筑物来说,测设整个建筑物和构筑物的主轴线,以便确定其相对其他地物的位置关系时,其测量精度要求可相对低一些;而测设建筑物和构筑物内部有关联的轴线,以及在进行构件安装放线时,精度要求则相对高一些;如要对建筑物和构筑物进行变形观测,为了发现位置和高程的微小变化量,测量精度要求更高。

2. 对放线测量的密切配合要求较高

施工测量直接为工程的施工服务,一般每道工序施工前都要进行放线测量,为了不影响施工的正常进行,应按照施工进度及时完成相应的测量工作。特别是现代工程项目,规模大,机械化程度高,施工进度快,对放线测量的密切配合提出了更高的要求。

在施工现场,各工序经常交叉作业,运输频繁,并有大量土方填挖和材料堆放工作,使测量作业的场地条件受到影响,视线被遮挡,测量桩点被破坏等。因此,各种测量标志必须埋设稳固,并设在不易破坏和碰动的位置,除此之外还应经常检查,如有损坏,应及时恢复,以满足施工现场测量的需要。

五、建筑物施工放线精度

建筑物施工放线精度是一个重要的、基本的问题,常要进行深入、细致的研究。

在建筑物的设计过程中,其尺寸的精度主要分为以下两种。

1. 建筑物主轴线与周围物体相对位置的精度

建筑物的位置在技术上与经济上的合理性,与其所在地区的地面情况有密切的关系。因此,在选择建筑物的地点前,要进行一系列综合性的技术经济调查。

当建筑物布置在现有建筑物中间时,可能会遇到各种情况:如建筑物轴线的方向应平行于现有建筑物,并且离开最近建筑物要有规定的距离;也可能要求在实地上定出建筑物的主轴线,这样会给测量工作者的实际工作带来很多困难。为了进行此项工作,必须预先拟定放线方案和进行计算。在这种情况下,轴线放线的精度取决于控制点相互位置的精度。

2. 建筑物各部分与其主轴线相对位置的精度

建筑物各部分与其主轴线相对位置的精度决定于表 8-1 中各类因素的影响。

表 8-1　建筑物各部分与其主轴线相对位置的精度的决定因素

序号	决定因素	分 析 内 容
1	建筑物各元素尺寸的精度	在设计过程中,建筑物各个元素的尺寸和建筑物各部分相互间的位置,可以用不同的方法求得,如进行专门的计算、根据标准图设计或者用图解法进行设计等,其中: (1)专门计算所求得的尺寸精度最高; (2)根据标准图设计时,建筑物各部分的尺寸精度达到 0.5~1.0cm; (3)用图解法设计时,所求得的尺寸精度较低。
2	建造建筑物的材料	建造建筑物所用的材料对于放线工作的精度具有很大的影响。例如,对于土工建筑物的尺寸精度是难以做到很精确的。因此,确定这些建筑物的轴线位置和外廓尺寸的精度要求是不高的。对于木料和金属材料建造的建筑物,其放线精度较高。对于砖石和混凝土建造的建筑物,其放线的精度居中
3	建筑物所处的位置	对于空旷地面上的建筑物,往往较建筑物处在其他建筑物中间的精度要求较低。对于城市里的建筑物通常要求较高的放线精度

续表

序号	决定因素	分析内容
4	建筑物之间有无传动设备	工业建筑物中往往有连续生产用的传动设备,这些设备是在工厂中预先造好而运到施工现场进行安装。显然,要在现场安装这种设备的建筑物,其相对位置及大小必须精确地进行放线,否则将会给传动设备的安装带来困难
5	建筑物的大小	建筑物的尺寸决定放线的相对精度,通常是随着建筑物的尺寸的增加而提高,并且总是成正比例的增加,这是为了保证点位的绝对精度
6	施工程序和方法	新的施工方法大部分的工作都是平行进行,而通常是将预制的建筑物构件在工地上进行安装。显然,旧有的逐步施工方法,其放线的精度是不高的,因为后面建造的建筑物各部分的尺寸,可以根据前面已采用的尺寸来确定。而同时施工时,建筑物各部分的尺寸同时相互影响,这就要求较高的放线精度
7	建筑物的用途	永久性建筑物比临时性建筑物在建造和表面修饰上要仔细,因此,这些建筑物放线的精度也要提高
8	美学上的理由	美学上的考虑也常影响放线的精度。有些建筑物,在施工过程中,它对放线的精度并不要求很高,可是为了某种美学上的理由往往要求提高放线精度

第二节 已知距离、角度与高程的测设

一、已知距离的测设

已知距离测设一般是指已知水平距离的测设。它是根据地面上给定的直线起点,沿所给定方向定出直线上的另外一点,使得两点间的水平距离为给定的已知值。

已知距离的测设常用的方法有钢尺测设法与电磁波测距仪测设法两种。

快学快用 1 运用钢尺测设法进行距离测设

当已知方向在现场已用直线标定,且测设的已知水平距离小于钢卷尺的长度时,测设的一般方法很简单,其测设具体做法如下:

(1)将钢尺的零端与已知始点对齐,沿已知方向水平拉紧直钢尺。

(2)在钢尺上读数等于已知水平距离的位置定点即可。

此外,为了校核和提高测设精度,可将钢尺移动 10~20cm,用钢尺始端的另一个读数对准已知始点,再测设一次,定出另一个端点,若两次点位的相对误差在限差以内,则取两次端点的平均位置作为端点的最后位置。

如图 8-1 所示,M 为已知始点,M 至 N 为已知方向,D 为已知水平距离,P' 为第一次测设所定的端点,P'' 为第二次测设所定的端点,则 P' 和 P'' 的中点 P 即为最后所定的点。MP 即为所要测设的水平距离 D。

图 8-1 钢尺测设水平距离

若已知方向在现场已用直线标定,而已知水平距离大于钢卷尺的长度,则沿已知方向依次水平丈量若干个尺段,在尺段读数之和等于已知水平距离处定点即可。为了校核和提高测设精度,同样应进行两次测设,然后取中定点,方法同上。

快学快用 2 运用电磁波测距仪测设法进行距离测设

目前水平距离的测设,尤其是长距离的测设多采用电磁波测距仪或全站仪。如图 8-2 所示,其测设具体做法如下:

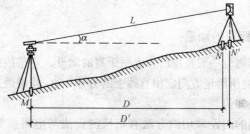

图 8-2 测距仪测设水平距离

(1) 安置测距仪于 M 点,瞄准 MN 方向,指挥装在对中杆上的棱镜前后移动,使仪器显示值略大于测设的距离,定出 N' 点。

(2) 在 N' 点安置反光棱镜,测出竖直角 α 及斜距 L(必要时加测气象改正),计算水平距离 $D' = L \cdot \cos\alpha$,求出 D' 与应测设的水平距离 D 之差:$\Delta D = D - D'$。

(3) 根据 ΔD 的符号在实地用钢尺沿测设方向将 N' 改正至 N 点,并用木桩标定其点位。

此外,为了检核,应将反光镜安置于 N 点,再实测 MN 距离,其不符值应在限差之内,否则应再次进行改正,直至符合限差为止。若用全站仪测设,则更为简便,仪器可直接显示水平距离。

【例8-1】 假设测设 AB 的水平距离 $D = 66.000 \text{m}$,在大概量测后打下了两个桩,均为整尺段桩。后经水准测量得到相邻桩之间的高差 $h_1 = 0.250 \text{m}, h_2 = -0.212 \text{m}, h_3 = 0.115 \text{m}$,精密丈量时所用钢尺名义长度 $l_0 = 30 \text{m}$,实际长度 $l' = 29.997 \text{m}$,膨胀系数 $\alpha = 1.2 \times 10^{-5}$,检定钢尺的标准温度为 $t_0 = 20℃$。试求测设时在地面上应量出的长度 D'。

【解】 设量得第一尺段长度 l_1 为 29.925m,温度 $t_1 = 4℃$,则

$$D_1 = l_1 + \frac{l' - l_0}{l_0} l_1 + \alpha(t_1 - t_0) \cdot l_1 + \left(\frac{-h_1^2}{2l_1}\right)$$
$$= 29.925 - 3.0 \times 10^{-3} - 6.0 \times 10^{-3} - 1.0 \times 10^{-3}$$
$$= 29.915 \text{m}$$

第二尺段的丈量长度 l_2 为 29.973m,温度 $t_2 = 5℃$

$$D_2 = l_2 + \frac{l' - l_0}{l_0} l_2 + \alpha(t_2 - t_0) \cdot l_2 + \left(\frac{-h_2^2}{2l_2}\right)$$
$$= 29.973 - 3.0 \times 10^{-3} - 5.6 \times 10^{-3} - 0.7 \times 10^{-3}$$
$$= 29.9637 \text{m}$$

由此,测设的长度 $D' = D_1 + D_2 = 59.8787 \text{m}$

二、已知角度的测设

已知角度的测设一般是指已知水平角的测设。它是根据地面点和信息方向,定出另外的方向,使得两方向间的水平角为绘定的已知值。

已知角度的测设常用的方法有直接测设法、精确测设法、勾股定理法与中垂线法四种。

快学快用 3 运用直接测设法进行角度测设

如图 8-3 所示,设 O 为地面上的已知点,OA 为已知方向,要顺时针方向测设已知水平角 β,其测设的具体方法如下:

(1)在 O 点安置经纬仪,对中整平。

(2)在望远镜盘左状态下瞄准 A 点,调水平度盘配置手轮,使水平度盘读数为 $0°0'00''$。

(3)旋转照准部,当水平度盘读数为 β 时,固定照准部,在此方向上合适的位置定出 B' 点。

(4)倒转望远镜成盘右状态,用同上的方法测设 β 角,定出 B'' 点。

(5)取 B' 和 B'' 的中点 B,则 $\angle AOB$ 就是要测设的水平角。

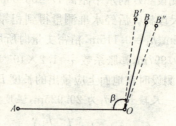

图 8-3 直接测设法示意图

快学快用 4 运用精确测设法进行角度测设

当测设水平角的精度要求较高时,应采用作垂线改正的方法,也就是归化法,图 8-4 为归化法测设示意图,其测设的具体方法如下:

(1)在 O 点安置经纬仪,先用一般方法测设 β 角值,在地面上定出 C' 点。

(2)再用测回法观测 $\angle AOC'$ 几个测回(测回数由精度要求决定),取各测回平均值为 β_1,即 $\angle AOC'=\beta_1$。

(3)当 β 和 β_1 的差值 $\Delta\beta$ 超过限差($\pm 10''$)时,需进行改正。根据 $\Delta\beta$ 和 OC' 的长度计算出改正值 CC',即:

$$CC'=OC'\times\tan\Delta\beta=OC'\times\frac{\Delta\beta}{\rho}$$

式中,$\rho=206265''$;$\Delta\beta$ 以秒($''$)为单位。

过 C' 点作 OC' 的垂线,再以 C' 点沿垂线方向量取 CC',定出 C 点,则

第八章 建筑施工测量放线

$\angle AOC$ 就是要测设的 β 角。当 $\Delta\beta=\beta-\beta_1>0$ 时,说明 $\angle AOC'$ 偏小,应从 OC' 的垂线方向向外改正;反之,应向内改正。

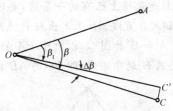

图 8-4 精确测设水平角

【例 8-2】 已知地面上 A、O 两点,试测设 $60°$ 角 $\angle AOC$。

【解】 在 O 点安置经纬仪,盘左盘右测设直角取中数得 C' 点,量得 $OC'=60.500m$,用测回法观测三个测回,测得 $\angle AOC'=59°59'30''$。

$$\Delta\beta=60°00'00''-59°59'30''=0°0'30''$$

$$CC'=OC'\times\frac{\Delta\beta}{\rho}=60.500\times\frac{30''}{206265''}=0.009m$$

过 C' 点作 OC' 的垂线 $C'C$,向外量 $C'C=0.009m$ 定得 C 点,则 $\angle AOC$ 为 $60°$ 角。

快学快用 5 运用勾股定理法进行角度的测设

如图 8-5 所示,勾股定理指直角三角形斜边(弦)的平方等于对边(股)与底边(勾)的平方和,即:

$$c^2=a^2+b^2$$

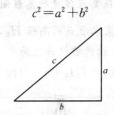

图 8-5 勾股定理法测设直角

据此原理,只要使现场上一个三角形的三条边长满足上式,该三角形即为直角三角形,从而得到我们想要测设的直角。

快学快用 6　运用中垂线法进行角度测设

如图 8-6 所示，AB 是现场上已有的一条边，要过 P 点测设与 AB 成 $90°$的另一条边，可用钢尺在直线 AB 上定出与 P 点距离相等的两个临时点 A' 和 B'，再分别以 A' 和 B' 为圆心，以大于 PA' 的长度为半径，画圆弧相交于 C 点，则 PC 为 $A'B'$ 的中垂线，即 PC 与 AB 成 $90°$。

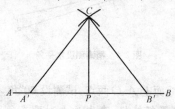

图 8-6　中垂线法测设直角

三、已知高程的测设

高程测设是根据已知绘定的点位，利用附近已知水准点，在点位上标定出绘定高程的高程位置。在建筑工程中，为了计算方便，一般是把建筑物的室内地坪用 $+0.000$ 标高表示，基础、门窗的标高都是以 $+0.000$ 为依据，相对于 $+0.000$ 进行测设的。

常用的已知高程的测设方法有视线高程法、高程传递法和简易高程测设法三种。

快学快用 7　运用视线高程法进行高程测设

如图 8-7 所示，欲根据某水准点的高程 H_R，测设 A 点，使其高程为设计高程 H_A。则 A 点尺上应读的前视读数为

$$b_{应}=(H_R+a)-H_A$$

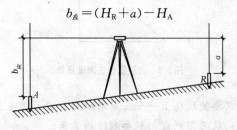

图 8-7　视线高程法

视线高程法测设简单,其具体做法如下:

(1)安置水准仪于点 R、A 中间,整平仪器。

(2)后视水准点 R 上的立尺,读得后视读数为 a,则仪器的视线高 $H_i = h_R + a$。

(3)将水准尺紧贴 A 点木桩侧面上下移动,直至前视读数为 $b_{应}$ 时,在桩侧面沿尺底画一横线,此线即为 A 点的设计高程的位置。

如果地面坡度较大,无法将设计高程在木桩顶部或一侧标出时,可立尺于桩顶,读取桩顶前视,根据下式计算出桩顶改正数:

$$桩顶改正数 = 桩顶前视 - 应读前视$$

【例 8-3】 R 为水准点,$H_R = 14.650 \text{m}$,A 为建筑物室内地坪 ± 0.000 待测点,设计高程 $H_A = 14.810 \text{m}$,若后视读数 $a = 1.040 \text{m}$,试求 A 点尺读数为多少时尺底就是设计高程 H_A。

【解】 $b_{应} = H_R + a - H_A = 14.650 + 1.040 - 14.810 = 0.880 \text{m}$

快学快用 8 运用高程传递法进行高程测设

高程传递法是指用钢尺和水准仪将地面水准点的高程传递到低处或高处上所设置的临时水准点,然后再根据临时水准点测设所需的各点高程。

高程传递法适用于当开挖较深的基槽,将高程引测到建筑物的上部或安装起重机轨道时,由于测设点与水准点的高差很大,只用水准尺无法测定点位的高程的情况。

如图 8-8 所示为深基坑的高程传递,将钢尺悬挂在坑边的木杆上,下端挂 10kg 重锤,在地面上和坑内各安置一台水准仪,分别读取地面水准点 A 和坑内水准点 P 的水准尺读数 a_1 和 a_2,并读取钢尺读数 b_1 和 b_2,则可根据已知地面水准点 A 的高程 H_A,按下式求得临时水准点 P 的高程 H_P:

$$H_P = H_A + a_1 - (b_1 - b_2) - a_2$$

为了进行检核,可将钢尺位置变动 10~20cm,同法再次读取这四个数,两次求得的高程相差不得大于 3mm。

从低处向高处测设高程的方法与此类似。如图 8-9 所示,已知低处水准点 A 的高程 H_A,需测设高处 P 的设计高程 H_P,先在低处安置水准仪,读取读数 a_1 和 b_1,再在高处安置水准仪,读取读数 a_2,则高处水准尺的

应读取读数 b_2 可按下列公式计算：
$$b_2 = H_A + a_1 + (a_2 - b_1) - H_P$$

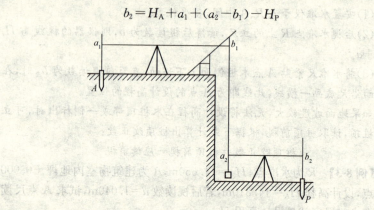

图 8-8　深基坑的高程传递

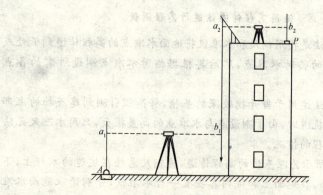

图 8-9　高程传递法测设高程示意图

快学快用 9　**运用简易高程测设法进行高程测设**

在施工现场，当距离较短，精度要求不太高时，施工人员常利用连通管原理，用一条装了水的透明胶管，代替水准仪进行高程测设。

如图 8-10 所示，设墙上有一个高程标志 M，其高程为 H_M，想在附近的另一面墙上测设另一个高程标志 P，其设计高程为 H_P，其具体测设方法如下：

(1)将装了水的透明胶管的一端放在 M 点处,另一端放在 P 点处,两端同时抬高或者降低水管,使 M 端水管水面与高程标志对齐。

(2)在 P 处与水管水面对齐的高度作一临时标志 P',则 P' 高程等于 H_M 垂直往上($h>0$ 时)或往下($h<0$ 时)量取 h,作标志 p,则此标志的高程为设计高程。

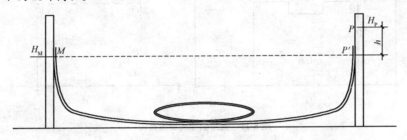

图 8-10　简易高程测设法示意图

第三节　点的平面位置与坡度线测设

一、点的平面位置测设

要测设一点的坐标,即点的平面位置,就是根据已知控制点,在地面上标定出一些点的平面位置,使这些点的坐标为给定的设计坐标。例如,在工程建设中,要将建筑物的平面位置标定在实地上,其实质就是将建筑物的一些轴线交叉点、拐角点在实地标定出来。

测设点的平面位置方法,通常可根据控制点的分布情形、地形情形、现场条件及建筑物的测设精度的要求进行选择,主要有直角坐标法、极坐标法、角度交会法和距离交会法四种。

快学快用 10 运用直角坐标法测设点位

当施工场地有彼此垂直的主轴线时,常采用直角坐标法测设点位。

直角坐标法具有计算简单,主要用于建筑物与建筑基线或建筑方格网平行的情况,但由于其测设时设站较多,由此只适用于施工控制为建筑基线或建筑方格网,并且便于量边的情况。

如图 8-11(a)所示，A、B、C、D 点是建筑方格网顶点，其坐标值已知，P、S、R、Q 为拟测设的建筑物的四个角点，在设计图纸上已给定四角的坐标，现用直角坐标法测设建筑物的四个角桩，其主要测设做法如下：

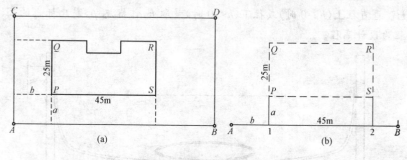

图 8-11　直角坐标法测设点位

（1）根据 A 点和 P 点的坐标计算测设数据 a 和 b，其中 a 是 p 到 AB 的垂直距离，b 是 P 到 AC 的垂直距离，算式为：

$$a = x_P - x_A$$
$$b = y_P - y_A$$

若 A 点坐标为 (568.255, 256.468)，P 点的坐标为 (602.300, 298.400)，则代入上式得：

$a = 602.300 - 568.255 = 34.045$m

$b = 298.400 - 256.468 = 41.932$m

（2）安置经纬仪于 A 点，照准 B 点，沿视线方向测设距离 $b = 34.045$m，定出点 1。

（3）安置经纬仪于点 1，照准 B 点，逆时针方向测设 90°角，沿视线方向测设距离 $a = 41.932$m，可定出 P 点。

同理，也可根据现场情况，选择从 A 往 C 方向测设距离 a 定点，然后在该点测设 90°角，最后再测设距离 b，在现场定出 P 点。如要同时测设多个坐标点，只需综合应用上述测设距离和测设直角的操作步骤，即可完成。

快学快用 11　运用极坐标法测设点位

极坐标法是通过测设一个角度和一段距离定出点的平面位置的方

法。如图 8-12 所示，A、B 点是现场已有的测量控制点，其坐标为已知，P 点为待测设的点，其坐标为已知的设计坐标，其主要测设方法如下：

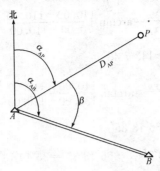

图 8-12 极坐标法测设点位

(1)根据 A、B 点和 P 点来计算测设数据 D_{AP} 和 β，测站为 A 点，其中 D_{AP} 是 A、P 之间的水平距离，β 是 A 点的水平角 $\angle PAB$。

根据坐标反算公式，水平距离 D_{AP} 为：

$$D_{AP} = \sqrt{\Delta x_{AP}^2 + \Delta y_{AP}^2}$$

式中，$\Delta x_{AP} = x_P - x_A$，$\Delta y_{AP} = y_P - y_A$。

水平角 $\angle PAB$ 为：

$$\beta = \alpha_{AP} - \alpha_{AB}$$

式中，α_{AB} 为 AB 的坐标方位角；α_{AP} 为 AP 的坐标方位角，

其计算公式为：

$$\alpha_{AB} = \arctan \frac{\Delta y_{AB}}{\Delta x_{AB}}$$

$$\alpha_{AP} = \arctan \frac{\Delta y_{AP}}{\Delta x_{AP}}$$

(2)安置经纬仪于 A 点，瞄准 B 点。
(3)顺时针方向测设 β 角定出 AP 方向。
(4)由 A 点沿 AP 方向用钢尺测设水平距离 D 即得 P 点。

【例 8-4】 如图 8-12 所示。已知 $x_A = 110.00$m，$y_A = 110.00$m，$x_B = 70.00$m，$y_B = 140.00$m，$x_P = 130.00$m，$y_P = 140.00$m。求测设数据 β、D_{AP}。

【解】 将已知数据代入下式可计算得：

$$D_{AP} = \sqrt{\Delta x_{AP}^2 + \Delta y_{AP}^2}$$

$$\beta = \alpha_{AP} - \alpha_{AB}$$

$$\alpha_{AB} = \arctan \frac{y_B - y_A}{x_B - x_A} = \arctan \frac{140.00 - 110.00}{70.00 - 110.00}$$

$$= \arctan \frac{3}{-4} = 143°7'48''$$

$$\alpha_{AP} = \arctan \frac{y_P - y_A}{x_P - x_A} = \arctan \frac{140.00 - 110.00}{130.00 - 110.00}$$

$$= \arctan \frac{3}{2} = 56°18'35''$$

$$\beta = \alpha_{AB} - \alpha_{AP} = 143°7'48'' - 56°18'35'' = 86°49'13''$$

$$D_{AP} = \sqrt{(x_P - x_A)^2 + (y_P - y_A)^2}$$

$$= \sqrt{(130.00 - 110.00)^2 + (140.00 - 110.00)^2}$$

$$= 36.06 \text{m}$$

快学快用 12 运用角度交会法测设点位

角度交会法又称方向线交会法,是由两个控制点上用两台经纬仪测设出两个已知数值的水平角,交会出点的平面位置。为提高放线精度,通常用三个控制点上放置三台经纬仪进行交会。

这种方法适用于待测设点离控制点较远或量距较困难的地区。方向线的杜里可以用经纬仪,也可以用细线绳。

如图8-13所示,A、B、C为控制点,P为待测设点,其坐标均为已知,其具体测设方法如下:

(1)根据A、B两点和P点的坐标计算测设数据β_A和β_B,即水平角$\angle PAB$和水平角$\angle PBA$。

其中

$$\beta_A = \alpha_{AB} - \alpha_{AP}$$
$$\beta_B = \alpha_{BP} - \alpha_{BA}$$

(2)在A点安置经纬仪,照准B点,逆时针测设水平角β_A,定出一条方向线。

(3)在B点安置另一台经纬仪,照准A点,顺时针测设水平角β_B,定出另一条方向线。

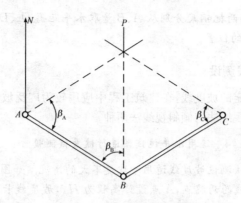

图8-13 角度交会法

(4)两条方向线的交点位置就是 P 点。

(5)在现场立一根测钎,由两台仪器指挥,前后左右移动,直到两台仪器的纵丝能同时照准测钎,在该点设置标志得到 P 点。

快学快用 13 运用距离交会法测设点位

距离交会法又称长度交会法,是在两个控制点上各测设已知长度交会出点的平面位置。距离交会法适用于场地平坦,量距方便,且控制点离待测设点的距离不远的地区。

距离交会法计算简单,不需经纬仪,现场操作简便。

如图8-14所示,P 是待测设点,其设计坐标已知,附近有 A、B 两个控制点,其坐标也已知,其主要测设方法如下:

(1)根据 A、B 两点和 P 点的坐标计算测设数据 D_1、D_2,即 P 点至 A、B 的水平距离,其中

$$\begin{cases} D_{D_1} = \sqrt{\Delta x_{D_1}^2 + \Delta y_{D_2}^2} \\ D_{D_2} = \sqrt{\Delta x_{D_2}^2 + \Delta y_{D_2}^2} \end{cases}$$

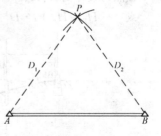

图8-14 距离交会法测设点位

(2)在现场用一把钢尺分别从控制点 A、B 以水平距离 D_1、D_2 为半径画圆弧,其交点即为 P 点的位置。

(3)也可用两把钢尺分别从 A、B 量取水平距离 D_1、D_2 摆动钢尺,其交点即为 P 点的位置。

二、坡度线测设

测设是指定的坡度线,在建筑工程中应用较为广泛坡度线测设常用的方法有水平视线法与倾斜视线法两种。

快学快用 14 运用水平视线法进行坡度线测设

水平视线法测设坡度线适用于坡度不大的情况。如图 8-15 所示,A、B 为设计坡度线的两端点,A 点设计高程为 H_A,坡度线长度(水平距离)为 D,设计坡度为 i。要求在 AB 方向上,每隔距离 d 打一个木桩,并在木桩上标定出一个高程标志,使各相邻标志的连线符合设计坡度。设附近有一水准点 M,其高程为 H_M,其主要测设方法如下:

(1)在地面上沿 AB 方向,依次标定出间距为 d 的中间点 1、2、3、4、5、6、7 的位置,在点上打好木桩。

(2)计算各桩点的设计高程:

1)第 1 点的设计高程:$H_1 = H_A + i \cdot d$

2)第 2 点的设计高程:$H_2 = H_1 + i \cdot d$

3)第 3 点的设计高程:$H_3 = H_2 + i \cdot d$

......

B 点的设计高程:$H_B = H_3 + i \cdot d$

或　　$H_B = H_A + i \cdot D$　(检核)

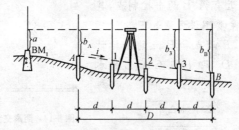

图 8-15　水平视线法测设坡度线

注意:坡度 i 有正有负,计算设计高程时,坡度应连同其符号一并运算。

(3)安置水准仪于水准点BM附近,后视读数为a,得仪器视线高$H_i = H_1 + a$,再根据各点设计高程计算测设各点的应读前视尺数$b_应 = H_i - H_设$。

(4)将水准尺依次贴靠在各木桩的侧面,上、下移动尺子,直至尺读数为$b_应$时,便可利用水准尺底面在木桩上面画一横线,该线即在AB的坡度线上。或立水准尺于桩顶上,读得前视读数b,再根据$b_应$与b之差,用小钢尺自桩顶向下画线。

快学快用 15　运用倾斜视线法进行坡度线测设

倾斜视线法适用于当坡度较大时,坡度线两端高差太大,不便按水平视线法测设的情况。

如图8-16所示,A、B为设计坡度线的两个端点,A点设计高程为H_A,坡度线长度(水平距离)为D,设计坡度为i,附近有一水准点M,其高程为H_M,其主要测设方法如下:

(1)根据A点设计高程、坡度i及坡度线长度D,计算B点设计高程H_B。

(2)按测设已知高程的一般方法,将A、B两点的设计高程测设在地面的木桩上。

(3)在A点(或B点)上安置水准仪,使基座上的一个脚螺旋在AB方向上,其余两个脚螺旋的连线与AB方向垂直,如图8-17所示,粗略对中并调节与AB方向垂直的两个脚螺旋基本水平,量取仪器高l。通过转动AB方向上的脚螺旋和微倾螺旋,使望远镜十字丝横丝对准B点(或A点)水准尺上等于仪器高处,此时仪器的视线与设计坡度线平行。

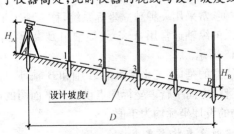

图8-16　倾斜视线法测设坡度线

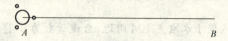

图 8-17 安置水准仪

【例 8-5】 如图 8-16 所示，A、B 为设计坡度线的两个端点，A 点设计高程为 $H_A=131.600\text{m}$，坡度线长度（水平距离）为 $D=70\text{m}$，设计坡度为 $i=-10\%$，试计算 B 点的设计高程。

【解】 根据 A 点设计高程、坡度 i 及坡度线长度 D，计算 B 点设计高程，即：

$$H_B = H_A + i \cdot D$$
$$= 131.600 - 10\% \times 70$$
$$= 124.600\text{m}$$

第四节 建筑方格网与建筑基线

在工程勘测阶段就已经建立控制网，但由于这个阶段的控制网密度和精度低，没有考虑到施工方面的因素，因此在施工之前，建筑场地上要建立针对的、专门的施工控制网。

一、建筑方格网

由正方形或矩形的格网组成的建筑场地的施工控制网，称为建筑方格网，又称为矩形网，其主要适用于大型的建筑场地。

1. 建筑方格网的坐标系统

为了工作方便，常采用一种独立坐标系统，称为施工坐标系或建筑坐标系，施工坐标系的纵轴通常用 A 表示，横轴用 B 表示，施工坐标也叫 A、B 坐标，如图 8-18 所示。

此外，需要注意的是，施工坐标系的 A 轴和 B 轴，应与厂区主要建筑物或主要道路、管线方向平行。坐标原点设在总平面图的西南角，使所有建筑物和构筑物的设计坐标均为正值。

2. 建筑方格网主要技术要求

建筑方格网主要技术要求，应符合表 8-2 的规定。

第八章 建筑施工测量放线

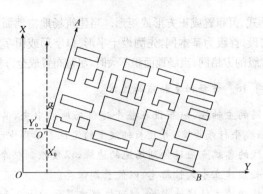

图 8-18 建筑方格网坐标系统

表 8-2　　　　　　　　建筑方格网主要技术要求

等级	边长/m	测角中误差(″)	边长相对中误差
一级	100～300	5	≤1/30000
二级	100～300	8	≤1/20000

3. 建筑方格网的布置

建筑方格网的布置，应根据建筑设计总平面图上各种建筑物、道路和管线的分布情况，并结合现场地形情况而拟定。布置建筑方格网时，先要选定两条互相垂直的主轴线，如图 8-19 所示为建筑方格网示意图，图中的 AOB 和 COD，再全面布设格网。

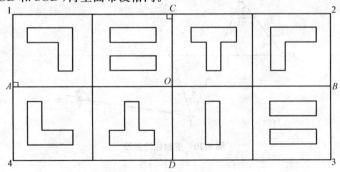

图 8-19 建筑方格网示意图

格网的形式,可布置成正方形或矩形。当建筑场地占地面积较大时,通常是分两级布设,首级为基本网,先测设十字形、口字形或田字形的主轴线,然后再加密次级的方格网;当场地面积不大时,尽量布置成全方格网。

快学快用 16　方格网主轴线的选择

(1)方格网的主轴线,应布设在整个建筑场地的中央,其方向应与主要建筑物的轴线平行或垂直,并且长轴线上的定位点不得少于3个。

(2)主轴线的各端点应延伸到场地的边缘,以便控制整个场地。主轴线上的点位,必须建立永久性标志,以便长期保存。

(3)当方格网的主轴线选定后,就可根据建筑物的大小和分布情况而加密格网。在选定格网点时,应以简单、实用为原则,在满足测角、量距的前提下,格网点的点数应尽量减少。方格网的转折角应严格为90°,相邻格网点要保持通视,点位要能长期保存。

快学快用 17　建筑方格网的测设

由于建筑方格网是根据场地主轴线布置的,因此在测设时,应首先根据场地原有的测图控制点,测设出主轴线的三个主点。

如图 8-20 所示,Ⅰ、Ⅱ、Ⅲ三点为附近已有的测图控制点,其坐标已知;M、O、N 三点为选定的主轴线上的主点,其坐标可算出,则根据三个测图控制点 1、2、3,采用极坐标法就可测设出 M、O、N 三个主点。其主要测设过程如下:

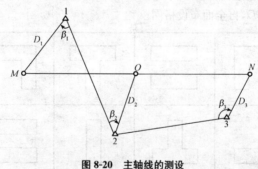

图 8-20　主轴线的测设

(1)先将 M、O、N 三点的施工坐标换算成测图坐标;再根据它们的坐标与测图控制点 1、2、3 的坐标关系,计算出放线数据 β_1、β_2、β_3 和 D_1、D_2、

D_3,如图 8-20 所示。

(2)用极坐标法测设出三个主点 M、O、N 的概略位置为 M'、O'、N'。

此外,需要注意的事,当三个主点的概略位置在地面上标定出来后,要检查三个主点是否在一条直线上。由于测量误差的存在,使测设的三个主点 M'、O'、N' 不在一条直线上。

如图 8-21 所示,安置经纬仪于 O' 点上,精确检测 $\angle M'O'N'$ 的角值 β,如果检测角 β 的值与 $180°$ 之差,超过了表 8-2 规定的容许值,需要对点位进行调整。

调整三个主点的位置时,应先根据三个主点间的距离 a 和 b 按下列公式计算调整值,即:

$$\delta = \frac{ab}{a+b}\left(90° - \frac{\beta}{2}\right)\frac{1}{\rho}$$

将 M'、O'、N' 三点沿与轴线垂直方向移动一个改正值 δ,但 O' 点与 M'、N' 两点移动的方向相反,移动后得 M、O、N 三点。为了保证测设精度,应再重复检测 $\angle MON$,如果检测结果与 $180°$ 之差仍旧超过限差时,需再进行调整,直到误差在容许值以内为止。

除了调整角度之外,还要调整三个主点间的距离。先丈量检查 MO 及 ON 间的距离,若检查结果与设计长度之差的相对误差大于表 8-2 的规定,则以 O 点为准,按设计长度调整 M、N 两点。调整需反复进行,直到误差在容许值以内为止。

当主轴线的三个主点 M、O、N 定位好后,就可测设与 MON 主轴线相垂直的另一条主轴线 COD。

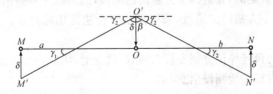

图 8-21 调整三个主点的位置

如图 8-22 所示,将经纬仪安置在 O 点上,照准 A 点,分别向左、向右测设 $90°$;并根据 CO 和 OD 间的距离,在地面上标定出 C、D 两点的概略位置

为 C'、D';然后分别精确测出$\angle MOC'$及$\angle MOD'$的角值,其角值与90°之差为 ε_1 和 ε_2,若 ε_1 和 ε_2 大于表8-2的规定,则按下列公式求改正数 l,即:

$$l = L \cdot \varepsilon_1/\varepsilon_2$$

式中 l——为 OC' 或 OD' 的距离;

ε_1、ε_2——单位为秒($''$)。

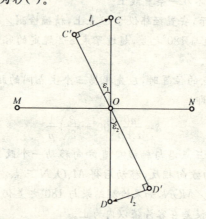

图8-22 测设主轴线 COD

根据改正数,将 C'、D' 两点分别沿 OC'、OD' 的垂直方向移动 l_1、l_2,得 C、D 两点。然后检测$\angle COD$,其值与180°之差应在规定的限差之内,否则需要再次进行调整。

4. 方格网点的测设

主轴线确定后,先进行主方格网的测设,然后在主方格网内进行方格网的加密。主方格网的测设,采用角度交会法定出格网点。其主要测设过程如下:

(1)用两台经纬仪分别安置在 M、C 两点上,均以 O 点为起始方向,分别向左、向右精确地测设出90°角。

(2)在测设方向上交会1点,交点1的位置确定后,进行交角的检测和调整,同法测设出主方格网点2、3、4,这样就构成了田字形的主方格网。

(3)当主方格网测定后,以主方格网点为基础,进行加密其余各格网点。方格网水平角的观测可采用方向观测法,其主要技术要求应符合表8-3的规定。

第八章 建筑施工测量放线

表 8-3　　　　　　　水平角观测主要技术要求

等级	仪器精度等级	测角中误差(″)	测回数	半测回归零差(″)	一测回内2C互差(″)	各测回方向较差(″)
一级	1″级仪器	5	2	≤6	≤9	≤6
	2″级仪器	5	3	≤8	≤13	≤9
二级	2″级仪器	8	2	≤12	≤18	≤12
	6″级仪器	8	4	≤18	—	≤24

5. 建筑方格网的加密与检查

(1)建筑方格网的加密。在建立方格网时,应先建立边长较长的方格网,然后再加密中间的方格网点,方格网的加密,常采用直线内分点法与方向线交会法两种。

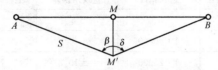

图 8-23　直线内分点法

1)直线内分点法。在一条方格边上的中间点加密方格点时,如图 8-23 所示,从已知点 A 沿 AB 方向线按设计要求精密丈量定出 M 点,由于定线偏差得 M'。置经纬仪于 M',测定 AMB 的角值 B,按下式求得偏差值:

$$\delta = \frac{S \cdot \Delta\beta}{2\rho}$$

式中　S——AM' 的距离;

　　　ΔB——$\Delta B = 180 - B$。

最后对 M' 进行纠正,得 M。

2)方向线交会法。如图 8-24 所示为方向线交会法加密方格点示意图,在方格点 N_1 和 N_2 上设置经纬仪瞄准 N_4 和 N_3,此两方向线相交,得 a 点,即方格网加密点。

(2)建筑方格网的检查。在进行方格网检查时,间隔点设站测量角度并实量几条边的长度,检查的结果应满足表 8-4 的要求,如个别超出规定,应合理地进行调整。

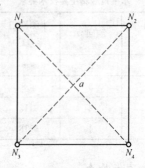

图 8-24 方向线交会法加密方格点示意图

表 8-4 方格网的精度要求

等级	主轴线或方格网	边长精度	直线角误差	主轴线交角或直角误差
Ⅰ	主轴线	1∶50000	±5″	±3″
	方格网	1∶40000		±5″
Ⅱ	主轴线	1∶25000	±10″	±6″
	方格网	1∶20000		±10″
Ⅲ	主轴线	1∶10000	±15″	±10″
	方格网	1∶8000		±15″

二、建筑基线

建筑基线是建筑场地的施工控制基准线,即在建筑场地布置一条或几条轴线。它适用于建筑设计总平面图布置比较简单的小型建筑场地。

1. 建筑基线的布设

(1)建筑基线的布设形式。建筑基线的布设主要根据建筑物的分布、场地的地形和原有测图控制点的情况而定。常用的建筑基线的布设形式有三点直线形、三点直角形、四点丁字形、五点十字形,如图 8-25 所示。

(2)建筑基线的布设要求。

1)建筑基线应尽可能靠近拟建的主要建筑物,并与其主要轴线平行,以便进行建筑物的定位。

2)建筑基线应尽可能与施工场地的建筑红线相连。

第八章 建筑施工测量放线

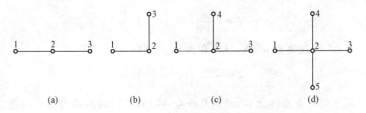

图 8-25 建筑基线的布设形式
(a)三点直线形；(b)三点直角形；(c)四点丁字形；(d)五点十字形

3)建筑基线上的基线点应不少于三个,以便相互检核。
4)基线点位应选在通视良好和不易被破坏的地方。

2. 建筑基线的测设

根据施工场地的条件不同,建筑基线的测设方法主要有根据控制点测设、根据边界桩测设与根据建筑物测设三种方法。

快学快用 18 根据控制点测设建筑基线

如图 8-26 所示,欲测设一条由 M、O、N 三个点组成的一字形建筑基线,其主要测设过程如下：

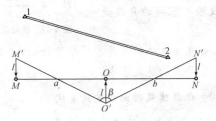

图 8-26 "一"字形建筑基线

(1)根据邻近的测图控制点 1、2,采用极坐标法将三个基线点测设到地面上,得 M'、O'、N' 三点。

(2)在 O' 点安置经纬仪,观测 $\angle M'O'N'$,检查其值是否为 $180°$,如果角度误差大于 $\pm10''$,说明不在同一直线上,应进行调整。调整时将 M'、O'、N' 沿与基线垂直的方向移动相等的距离 l,得到位于同一直线上的 M、O、N 三点,l 的计算如下：

$$l = \frac{mn}{m+n}\left(90° - \frac{\beta}{2}\right)'' \frac{1}{\rho''}$$

设 $M、O$ 距离为 m，$N、O$ 距离为 n，$\angle M'O'N' = \beta$，则有

$$l = \frac{mn}{m+n}\left(90° - \frac{\beta}{2}\right)'' \frac{1}{\rho''}$$

调整到一条直线上后，用钢尺检查 MO 和 NO 的距离与设计值是否一致，若偏差大于 $1/10000$，则以 O 点为基准，按设计距离调整 $M、N$ 两点。

快学快用 19 根据边界桩测设建筑基线

在城市中，建筑用地的边界线，是由城市测绘部门根据经审准的规划图测设的，又称为"建筑红线"，其界桩可作为测设建筑基线的依据。

如图 8-27 中的 1、2、3 点为建筑边界桩，1—2 线与 2—3 线互相垂直，根据边界线设计 L 形建筑基线 MON，其主要测设过程如下：

(1) 测设时采用平行线法，以距离 d_1 和 d_2，将 $M、O、N$ 三点在实地标定出来。

(2) 用经纬仪检查基线的角度是否为 $90°$。

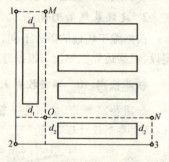

图 8-27 根据边界桩测设建筑基线

(3) 用钢尺检查基线点的间距是否等于设计值，必要时对 $M、N$ 进行改正，即可得到符合要求的建筑基线。

快学快用 20 根据建筑物测设建筑基线

在建筑基线附近有永久性的建筑物，并且建筑物的主轴线平行于基线时，可以根据建筑物测设建筑基线。

如图 8-28 所示，采用拉直线法，沿建筑物的四面外墙延长一定的距离，得到直线 ab 和 cd，延长这两条直线得其交点 O，然后安置经纬仪于 O 点，分别延长 ba 和 cd，使之符合设计长度，得到 M 和 N 点，再用上面所述方法对 M 和 N 进行调整便得到两条互相垂直的基线。

【例 8-6】 如图 8-29 所示，AB 与 CD 构成一"十"字形建筑基线，矩形建筑 $EFQH$ 与建筑基线关系在图中标示，试测设 $J、K、E、F、H、M$ 点。

【解】 (1) 测定 J 和 K 点。在建筑基线 CD 上，根据测设已知水平距

离的方法,通过钢尺精密测设出 J、K 两点,使 JO、OK 的长度分别为 40m、10m;要求进行两次测设,两次测设时,其尺子的起始刻划值变动 10cm 点对准同一起始点 O,两次误差不超过 2mm;复查要求往返测量,复查平均值与测设值互差,并计算相对误差,相对误差不得低于 1/5000 的精度要求,且应检校 JK 的距离(50m)。

(2)测设 E 和 F 点位。在 J 点安置经纬仪,后视 C 点,按照测设已知水平角度方向边的方法测设一方向边,使其与 JC 的夹角等于 90°。

(3)在测设出的方向线上依次测设出 N 和 M,使其间距分别等于 JF=49m,FE=35m。其测设精度必须满足要求,即其精度不得低于角度偏差不超过 ±20″,距离偏差的相对误差不超过 1/5000 的标准。

(4)测设 H 和 M 点。按照相同的测设步骤在 K 点安置经纬仪,以测设出 M 和 H 点,其角度偏差不得超过 ±20″,距离偏差的相对误差不得超过 1/5000。

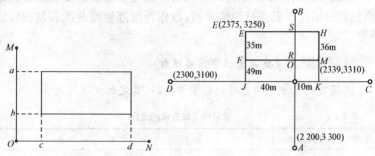

图 8-28 根据建筑物测设建筑基线   图 8-29 "十"字形建筑基线

第九章 民用建筑施工测量放线

第一节 建筑物定位与放线

民用建筑是指住宅、办公楼、食堂、俱乐部、医院和学校等建筑物。

一、建筑物的定位

建筑物的定位就是把建筑物四周外廓主要轴线的交点测设到地面上,然后根据这些点进行细部放线,以作为细部轴线放线和基础放线的依据。

快学快用 1 建筑定位方法的选择

建筑物定位方法的选择是非常重要的,其定位方法见表9-1。

表9-1　　　　　　　建筑物定位方法的选择

序号	定位方法	说　明
1	根据控制点定位	如果待定位建筑物的定位点设计坐标是已知的,且附近有高级控制点可供利用,则可根据实际情况选用极坐标法、角度交会法或距离交会法三种方法来测设定位点。这三种方法中,极坐标法适用性最强,是用得最多的一种定位方法
2	根据建筑方格网和建筑基线定位	如果待定位建筑物的定位点设计坐标是已知的,并且建筑场地已设有建筑方格网或建筑基线,可利用直角坐标法测设定位点。当然也可用极坐标法等其他方法进行测设,但直角坐标法所需要的测设数据的计算较为方便
3	根据新建筑物与原有建筑物和道路关系定位	如果设计图上只给出新建筑物与附近原有建筑物或道路的相互关系,而没有提供建筑物定位点的坐标,周围又没有测量控制点、建筑方格网和建筑基线可供利用,可根据原有建筑物的边线或道路中心线,将新建筑物的定位点测设出来

第九章 民用建筑施工测量放线

快学快用 2 根据与原有建筑物的关系进行定位

如图 9-1(a)所示,拟建建筑物的外墙边线与原有建筑的外墙边线在同一条直线上,两栋建筑物的间距为 15m,拟建建筑物四周长轴为 45m,短轴为 20m,轴线与外墙边线间距为 0.15m,试测设出建筑物四个轴线交点 D_1、D_2、D_3、D_4。

(1) 沿原有建筑物的两侧外墙拉线,用钢尺顺线从墙角往外量一段较短的距离(这里设为 3m),在地面上定出 C_1 和 C_2 两个点,C_1 和 C_2 的连线即为原有建筑物的平行线。

(2) 在 C_1 点安置经纬仪,照准 C_2 点,用钢尺从 C_2 点沿视线方向量 15m+0.15m,在地面上定出 C_3,再从 C_3 点沿视线方向量 45m,在地面上定出 C_4 点,C_3 和 C_4 的连线即为拟建建筑物的平行线,其长度等于长轴尺寸。

(3) 在 C_3 点安置经纬仪,照准 C_4 点,逆时针测设 90°,在视线方向上量 3m+0.15m,在地面上定出 D_1 点,再从 D_1 点沿视线方向量 20m,在地面上定出 D_4 点。同理,在 C_4 点安置经纬仪,照准 C_3 点,顺时针测设 90°,在视线方向上量 3m+0.15m,在地面上定出 D_2 点,再从 D_2 点沿视线方向量 20m,在地面上定出 D_3 点。则 D_1、D_2、D_3 和 D_4 点即为拟建建筑物的四个定位轴线点。

(4) 在 D_1、D_2、D_3 和 D_4 点上安置经纬仪,检核四个大角是否为 90°,用钢尺丈量四条轴线的长度,检核长轴是否为 45m,短轴是否为 20m。

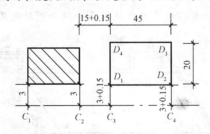

图 9-1 根据新建筑物与原有建筑物的关系定位

快学快用 3 根据与原有道路的关系进行定位

如图 9-1 所示,拟建建筑物的轴线与道路中心线平行,轴线与道路中心线的距离测设方法如下:

(1)在每条道路上选两个合适的位置,分别用钢尺测量该处道路宽度,其宽度的1/2处即为道路中心点,如此得到路一中心线的两个点 D_1 和 D_2,同理得到路二中心线的两个点 D_3 和 D_4。

(2)分别在路一的两个中心点上安置经纬仪,测设90°,用钢尺测设水平距离20m,在地面上得到路一的平行线 A_1A_2,同理作出路二的平行线 A_3A_4。

(3)用经纬仪内延或外延这两条线,其交点即为拟建建筑物的第一个定位点 C_1,再从 C_1 沿长轴方向量60m,得到第二个定位点 C_2。

(4)分别在 C_1 和 C_2 点安置经纬仪,测设直角和水平距离25m,在地面上定出 C_3 和 C_4 点。在 C_1、C_2、C_3 和 C_4 点上安置经纬仪,检核角度是否为90°,用钢尺丈量四条轴线的长度,检核长轴是否为60m,短轴是否为25m。

二、建筑物放线

建筑物放线是指根据现场已测好的建筑物标注点,详细测设其他各轴线交点的位置,将其延长到安全处做好标志。

建筑物放线方法有测设细部轴线交点和引测轴线两种。

快学快用 4 建筑物引测轴线的方法

(1)龙门板法。龙门板法是在建筑物四角和中间隔墙的两端,距基槽边线约2m以外,牢固的埋设大木桩,称为龙门桩,并使桩的一侧平行于基槽,如图9-2所示。龙门板法主要适用于一般小型的民用建筑物。

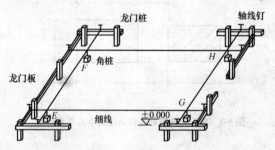

图9-2 龙门桩示意图

(2)轴线控制桩法。在建筑物施工时,沿房屋四周在建筑物轴线方向上设置的桩叫做轴线控制桩。轴线控制法是在测设建筑物角桩和中心桩时,把各轴线延长到基槽开挖边线以外,不受施工的干扰并便于引测和保存桩位的地方,如图9-3所示。

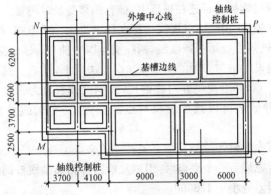

图9-3 轴线控制桩法

快学快用 5 建筑物测设细部轴线交点

建筑物的细部轴线测设就是根据建筑物定位的角点桩,也就是外墙轴线交点,详细测设建筑物各轴线的交点桩。

如图9-4所示,①轴、⑤轴、Ⓐ轴和Ⓖ轴是建筑物的四条外墙主轴线,其交点A_1、G_1、A_5和G_5是建筑物的定位点,这些定位点已在地面上测设完毕并打好桩点,各主、次轴线间隔为4.0m。试测设次要轴线与主轴线的交点。

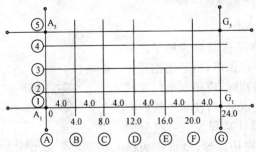

图9-4 测设细部轴线交点

(1) 在 A_1 点安置经纬仪,照准 G_1 点,把钢尺的零端对准 A_1 点,沿视线方向拉钢尺,在钢尺上读数等于Ⓐ轴和Ⓑ轴间距 4.0m 的地方打下木桩。

(2) 打桩过程中要经常用仪器检查桩顶是否偏离视线方向,并不时拉一下钢尺,钢尺读数是否还在桩顶上,如有偏移要及时调整。

(3) 打好桩后,用经纬仪视线指挥在桩顶上画一条纵线,再拉好钢尺,在读数等于轴间距处画一条横线,两线交点即Ⓐ轴与Ⓑ轴的交点。

(4) 在测设Ⓐ轴与Ⓒ轴的交点 C_1 时,方法同上,注意仍然要将钢尺的零端对准 A_1 点,并沿视线方向拉钢尺,而钢尺读数应为Ⓐ轴和Ⓒ轴间距(8.0m),这种做法可以减小钢尺对点的误差,避免轴线总长度增长或缩短。

如此,依次测设Ⓐ轴与其他有关轴线的交点。

(5) 测设完最后一个交点后,用钢尺检查各相邻轴线桩的间距是否等于设计值,误差应小于 1/3000。

(6) 测设完Ⓐ轴上的轴线点后,用同样的方法测设⑤轴、Ⓐ轴和Ⓒ轴上的轴线交点。

第二节 民用建筑基础施工测量

基础分为墙基础与柱基础两类。基础施工测量的主要内容有基槽抄平、垫层标高控制、垫层中线投测和基础皮数杆的设置。

一、基槽抄平与垫层标高控制

1. 基槽抄平

施工中称高程测设为抄平。为了控制基槽开挖深度,当基槽挖到接近槽底设计高程时,应用水准仪在槽壁上测设一些水平桩,使水平桩的上表面离槽底设计高程为某一整分米数,用以控制挖槽深度,也可作为槽底清理和打基础垫层时掌握标高的依据,如图 9-5 所示。

图 9-5 基槽抄平示意图

第九章 民用建筑施工测量放线

快学快用 6 基槽水平桩测设

水平桩为木桩或竹桩。测设时,以画在龙门板或周围固定地物的±0.000标高线为已知高程点,用水准仪进行测设,小型建筑物也可用连通水管法进行测设。水平桩上的高程误差应在±10mm以内。

如图9-6所示,设龙门板顶面标高为±0.000,槽底设计标高为−2.50m,水平桩高于槽底0.60m,即水平桩高程为

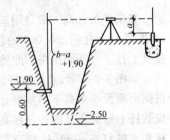

图9-6 基槽水平桩测设

−1.90m,用水准仪后视龙门板顶面上的水准尺,读数$a=1.280$m,则水平桩上标尺的应有读数为:

$$0+1.280-(-1.90)=3.180\text{m}$$

测设时沿槽壁上下移动水准尺,当读数为3.180m时沿尺底水平地将桩打进槽壁,然后检核该桩的标高。如超限便进行调整,直至误差在规定范围以内。

2. 垫层标高控制

垫层面标高的测设可以水平桩为依据在槽壁上弹线,也可在槽底打入垂直桩,使桩顶标高等于垫层面的标高。如果垫层需安装模板,可以直接在模板上弹出垫层面的标高线。

如果是机械开挖,一般一次性挖到设计槽底或坑底的标高,因此要在施工现场安置水准仪,边挖边测,随时指挥挖土机调整挖土深度,使槽底或坑底的标高略高于设计标高(一般为10cm,留给人工清底)。

挖完后,为了给人工清底和打垫层提供标高依据,还应在槽壁或坑壁上打水平桩,水平桩的标高一般为垫层面的标高。当基坑底面积较大时,为便于控制整个底面的标高,应在坑底均匀地打一些垂直桩,使桩顶标高等于垫层面的标高。

二、垫层中线投测

垫层打好后,根据龙门板上的轴线钉或轴线控制桩,用经纬仪或用拉线挂吊锤的方法,把轴线投测到垫层上去,然后在垫层上用墨线弹出墙中心线和基础边线,以便砌筑基础或安装基础模板。

三、基础皮数杆设置

基础墙的标高一般是用基础"皮数杆"来控制的,皮数杆用一根木杆做成,在杆上注明±0.000 的位置,按照设计尺寸将砖和灰缝的厚度,分皮从上往下一一画出来。此外,还应注明防潮层和预留洞口的标高位置。

如图 9-7 所示,立皮数杆时,可先在立杆处打一木桩,用水准仪在木桩侧面测设一条高于垫层设计标高某一数值(如 10cm)的水平线,然后将皮数杆上标高相同的一条标高线对齐木桩上的水平线,并用铁钉把皮数杆和木桩钉在一起,这样立好皮数杆后,即可作为砌筑基础墙的标高依据。

此外,对于采用钢筋混凝土的基础,可用水准仪将设计标高测设于模板上。

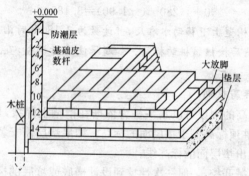

图 9-7 基础皮数杆设置

第四节 民用建筑墙体施工测量

一、一层楼房墙体施工测量放线

1. 墙体轴线测设

基础施工结束以后,检查龙门板或轴线控制桩无误后,一般可根据轴线控制桩或龙门板上的轴线钉,用经纬仪法或拉线法,把首层楼房的墙体轴线测设到防潮层上,并弹出墨线,然后用钢尺检查墙体轴线的间距和总长是否等于设计值,用经纬仪检查外墙轴线四个主要交角是否等于90°。检查符合要求后,把墙轴线延长到基础外墙侧面上并弹线和做出标志,以此确定上部砌体的轴线位置。同时,还应把门、窗和其他洞口的边线,也在基础外墙侧面上做出标志,如图9-8所示。

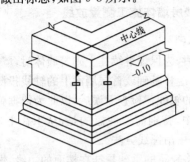

图9-8 墙体轴线与标高线

墙体砌筑前,根据墙体轴线和墙体厚度,弹出墙体边线,照此进行墙体砌筑。砌筑到一定高度后,用吊锤线将基础外墙侧面上的轴线引测到地面以上的墙体上,以免基础覆土后看不见轴线标志。如果轴线处是钢筋混凝土柱,可在拆柱模后将轴线引测到桩身上。

此外,需要注意的是,同时需要把门窗和其他洞口的边线也在基础外侧面墙面上做出标志。

2. 墙体标高测设

在墙体砌筑过程中,墙身上各部位的标高是用"皮数杆"来控制和传递的。在皮数杆上根据设计尺寸,按砖和灰缝厚度画线,并标明门、窗、过梁、楼板等的标高位置。杆上标高注记从±0.000向上增加。

墙身皮数杆一般都建立在建筑物的拐角和内墙处,固定在木桩或基础墙上。为了便于施工,采用里脚手架时,皮数杆立在墙的外边;采用外脚手架时,皮数杆应立在墙里边。

立皮数杆时,要先用水准仪在立杆处的木桩或基础墙上测设出±0.000标高线,测量误差在±3mm以内;然后,把皮数杆上的±0.000线与该线对齐,用吊锤校正并用钉钉牢。必要时可在皮数杆上加钉两根斜撑,以保证皮数杆的稳定。皮数杆钉好后,要用水准仪进行检测,并用垂直球检测其高度。

当墙体砌筑到一定的高度后,应在内外墙面上测设出+0.50m标高的水平墨线,称作"+50"线。

二、二层以上楼房墙体施工测量放线

1. 墙体轴线投测

每层楼面建好后,为保证继续往上砌筑墙体时,墙体轴线均与基础轴线在同一铅垂面上,应将基础或首层墙面上的轴线投测到楼面上,并在楼面上重新弹出墙体的轴线。检查无误后,以此为依据弹出墙体边线,再往上砌筑。在此工作中,特别需要注意的是,从下往上进行轴线投测是关键,一般多层建筑常用吊锤线方法。

吊垂线方法是将较重的垂球悬挂在楼面的边缘,慢慢移动,使垂球尖对准地面上的轴线标志,或者使吊锤线下部沿垂直墙面方向与底层墙面上的轴线标志对齐,吊锤线上部在楼面边缘的位置就是墙体轴线位置,在此画一条短线作为标志,便在楼面上得到轴线的一个端点,同法投测另一端点,两端点的连线即为墙体轴线。一般应将建筑物的主轴线都投测到楼面上来,并弹出墨线,用钢尺检查轴线间的距离,其相对误差不得大于1/3000。检查符合要求后,再以这些主轴线为依据,用钢尺内分法测设其他细部轴线。在条件有困难的情况下,至少要测设两条垂直相交的主轴线,检查交角合格后,用经纬仪和钢尺测设其他主轴线,再根据主轴线测设细部轴线。

2. 墙体标高传递

多层建筑物施工中,要由下往上将标高传递到新的施工楼层,以便控制新楼层的墙体施工。墙体标高传递的方法主要有利用皮数杆传递标高和利用钢尺传递标高两种方法。

快学快用 7 运用皮数杆传递标高

一层楼房墙体砌完并建好楼面后,把皮数杆移到二层继续使用。为了使皮数杆立在同一水平面上,用水准仪测定楼面四角的标高,取平均值作为二楼的地面标高,并在立杆处绘出标高线。立杆时将皮数杆的±0.000线与该线对齐,然后以皮数杆为标高的依据进行墙体砌筑。如此逐层往上传递标高。

第九章 民用建筑施工测量放线

快学快用 8 运用钢尺传递标高

在标高精度要求较高时,可用钢尺从底层的+50cm 标高线起往上直接丈量,把标高传递到第二层,然后根据传递上来的高程测设第二层的地面标高线,以此为依据立皮数杆。在墙体砌到一定高度后,用水准仪测设该层的+50cm 标高线,再往上一层的标高可以此为准用钢尺传递,如此逐层传递标高。

第四节 高层建筑施工测量放线

一、高层建筑施工测量放线的特点

(1)由于建筑层数多、高度高,结构竖向偏差直接影响工程受力情况,故施工测量中要求竖向投点精度高,所选用的仪器和测量方法要适应结构类型、施工方法和场地情况。

(2)由于建筑结构复杂,设备和装修标准较高,特别是高速电梯的安装等,对施工测量精度要求也高。一般情况下,在设计图纸中说明总的允许偏差值。由于施工时亦有误差产生,为此测量误差只能控制在总偏差值之内。

(3)由于建筑平面、立面造型既新颖又复杂多变,故要求开工前先制订施测方案、仪器配备和测量人员的分工,并经工程指挥部组织有关专家论证方可实施。

二、建立施工控制网

高层建筑施工测量,必须建立施工控制网。一般建立施工控制网较为方便、精度较高也较为实用。建立施工方格控制网,必须从整个施工过程考虑,打桩、挖土、浇筑基础垫层和建筑物施工过程中的定位轴线均能应用所建立的施工控制网。

1. 建立局部直角坐标系统

为了在现场准确地进行高层建筑物的放线,一般要建立局部的直角坐标系统,且使该局部直角坐标系统的坐标轴方向平行于建筑物的主轴线或街道中心线,以简化设计点位的坐标计算和在现场便于建筑物放线。

施工方格网布设应与总平面图相配合,以便在施工过程中能够保存最多数量的控制点标志。

2. 施工方格网点的精测和检核测量

建立施工方格控制网点,一般要经过初定、精测和检测三步。

(1)初定。初定是把施工网点的设计坐标放制地面上,在这个阶段可以通过利用打入的 5cm×5cm×30cm 小木桩做埋设标志用。在初定时必须定出前后方向桩,方向桩离标桩约 2~3m。根据标志桩和方向桩定出与方向线大致垂直的左右两个,这样当埋设标志时,只要前后和左右用麻线一拉,此交点即为原来初定的施工方格网点,如图 9-9 中的 O 点。

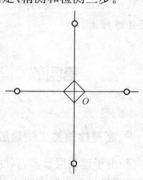

图 9-9 初定点位及方向桩示意图

此外,为了掌握其顶面标高,另配一架水准仪,在前或后的方向桩上测一标高。因前后方向桩在埋设标志时不会挖掉,可以在埋设时随时引测。为了满足施工方格网的设计要求,标桩顶部现浇混凝土,并在顶面放置 200mm×20mm 不锈钢板。

(2)精测。方格网控制点初定后,必须将设计的坐标值精密测定到标板上。为了减少计算工作量,一般可以采用现场改正。改正方法见表9-2。

表 9-2 方格网控制点精测改正方法

项目	示意图	说 明
长轴线改正		180°时的改正方法: $d = \dfrac{a \cdot b}{a+b}\left(90° - \dfrac{\beta}{2}\right) \cdot \dfrac{1}{\rho''}$ 改正后用同样方法进行检查,其180°之差应≤±10″

续表

项目	示意图	说　明
短轴线改正		90°时的改正方法： $$d = l \cdot \frac{\delta}{\rho''}$$ 式中　l——轴线点至轴线端点的距离； 　　　δ——设计角为直角时，$\delta = \frac{\beta - x'}{2}$。 改正后检查其结果90°之差应$\leqslant \pm 6''$

(3)检测。方格网控制点精测时点位的现场虽作了改正，但为了检查有无错误以及计算方格控制网的测量精度，必须进行检测，测角用 DJ_2 型经纬仪两个测回，距离往返观测，最后根据所测得的数据进行平差计算坐标值和测量精度。

三、高层建筑基础施工测量放线

1. 主要内容

高层建筑基础施工测量放线的主要内容，见表9-3。

表9-3　　　　　高层建筑基础施工测量放线的主要内容

序号	项　目	说　明
1	测设基坑开挖边线	高层建筑一般都有地下室，因此要进行基坑开挖。开挖前，应先根据建筑物的轴线控制桩确定角桩，以及建筑物的外围边线，再考虑边坡的坡度和基础施工所需工作面的宽度，测出基坑的开挖边线并撒出灰线
2	基坑开挖时的测量工作	高层建筑的基坑一般都很深，需要放坡并进行边坡支护加固。开挖过程中，除了用水准仪控制开挖深度外，还应经常用经纬仪或拉线检查边坡的位置，防止出现坑底边线内收，致使基础位置不够的情况出现

续表

序号	项 目	说 明
3	基础放线	基坑开挖完成后,有直接做垫层,然后做箱形基础或筏形基础、在基坑底部打桩或挖孔,做桩基础、先做桩,然后在桩上做箱基或筏基,做好复合基础三种情况
4	标高测设	基坑完成后,应及时用水准仪根据地面上的±0.000水平线,将高程引测到坑底,并在基坑护坡的钢板或混凝土桩上做好标高为负的整米数的标高线。由于基坑较深,引测时可多转几站观测,也可用悬吊钢尺代替水准尺进行观测。在施工过程中,如果是桩基,则要控制好各桩的顶面高程;如果是箱基和筏基,则直接将高程标志测设到竖向钢筋和模板上,作为安装模板、绑扎钢筋和浇筑混凝土的标高依据

2. 平面控制点

由于高层建筑的基础尺寸较大,因而不得不在高层建筑基础表面上作出许多要求精确测定的轴线,而所有这一切都要求在基础上直接标定起算轴线标志。使定线工作转向基础平面,以便在其表面上测出平面控制点。建立平面控制点时,可将建筑物对称轴线作为起算轴线,如果基础面上有了平面控制点,那就能完全保证在规定的精度范围内进行精密定线工作。

高层建筑物平面控制点的建立方法多采用串线法。串线法是根据三点成一直线的原理进行平面控制点的确定。如图9-10所示,根据施工控制轴线Ⓜ、Ⓝ、Ⓓ主要轴线,仪器架设在 M,后视 M 投点,架在Ⓓ后视Ⓓ投点,此交点为 O。以同样方法交出 O'。O、O' 两个主要轴线点定出后,必须检查测出之交角是否满足精度要求(180°±10″和90°±6″),再用精密丈量的方法求得实际定出的距离,再与设计距离比较是否满足精度要求。如果超限则必须重测。

当高层建筑施工到一定高度后,地面控制点无法直接投线时,则可利用事先在做施工控制网时投至远方高处的红三角标志进行控制。

第九章 民用建筑施工测量放线

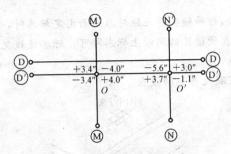

图 9-10 轴线放线图

3. 高程控制水准点

高程控制水准点必须满足基础整个面积之用,而且还要有高精度的绝对标高。

水准测量必须做好野外记录,观测结束后及时计算高差闭合差,看是否超限。结果满足精度要求后,即可将水准线路的不符值按测站数进行平差,计算各水准点的高程,编写水准测量成果表。

四、高层建筑轴线投测

高层建筑轴线投测是将建筑物基础轴线向高层引测,保证各层相应的轴线位于同一竖直面内。

高层建筑物轴线的投测,一般分为吊垂线法、经纬仪引桩投测法和激光垂准仪投测法三种。

快学快用 9 运用吊垂线法进行轴线投测

当周围建筑物密集,施工场地窄小,无法在建筑物以外的轴线上安置经纬仪时,可采用此法进行竖向投测。该法与一般的吊锤线法的原理是一样的,只是线坠的重量更大,吊线(细钢丝)的强度更高。此外,为了减少风力的影响,应将吊锤线的位置放在建筑物内部。

如图 9-11 所示为吊垂球法轴线投测示意图,其具体投测步骤如下:

(1)事先在首层地面上埋设轴线点的固定标志,轴线点之间应构成矩形或十字形等,作为整个高层建筑的轴线控制网。

(2)各标志上方每层楼板都预留孔洞,供吊锤线通过。

(3)投测时,在施工层楼面上的预留孔上安置挂有吊锤球的十字架,慢慢移动十字架,当吊锤尖静止地对准地面固定标志时,十字架的中心就是应投测的点,在预留孔四周做上标志即可。标志连线交点,即为从首层投上来的轴线点。

(4)同理,可测设其他轴线点。

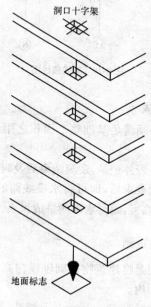

图9-11　吊锤球法投测

快学快用 10　运用经纬仪引桩投测法进行轴线投测

随着建筑物不断升高,要逐层将轴线向上传递,将经纬仪安置于轴线控制桩上,严格对中整平,盘左照准建筑物底部的轴线标志,往上转动望远镜,用其竖丝指挥在施工层楼面边缘上画一点,然后盘右再次照准建筑物底部的轴线标志,同法在该处楼面边缘上画出另一点,取两点的中间点作为轴线的端点。其他轴线端点的投测与此法相同。

当楼层逐渐增高,而轴线控制桩距建筑物又较近时,经纬仪投测时的仰角较大,操作不方便,误差也较大,此时应将轴线控制桩用经纬仪引测到远处(大于建筑物高度)稳固的地方,然后继续往上投测。如果周围场地有限,也可引测到附近建筑物的屋面上。

第九章 民用建筑施工测量放线

如图 9-12 所示为高层建筑轴线投测中的经纬仪引桩投测法示意图,其具体投测步骤如下:

(1)先在轴线控制桩 M_1 上安置经纬仪,照准建筑物底部的轴线标志,将轴线投测到楼面上 M_2 点处。

(2)然后在 M_2 上安置经纬仪,照准 M_1 点,将轴线投测到附近建筑物屋面上 M_3 点处。

(3)在 M_3 点安置经纬仪,以此投测更高楼层的轴线。

此外,需要注意的是,上述投测工作均应采用盘左盘右取中法进行,以减少投测误差。所有主轴线投测上后,应进行角度和距离的检核,合格后再以此为依据测设其他轴线。

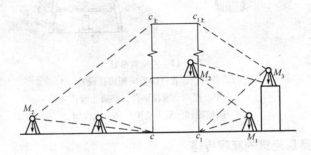

图 9-12　经纬仪引桩投测法示意图

快学快用 11　运用激光垂准仪投测法进行轴线投测

激光垂准仪是一种铅垂定位专用仪器,适用于高层建筑的铅垂定位测量。该仪器可以从两个方向(向上或向下)发射铅垂激光束,用它作为铅垂基准线,精度比较高,仪器操作也比较简单。

如图 9-13 所示为高层建筑轴线投测中的激光垂准仪投测步骤图,其主要投测步骤如下:

(1)在首层面层上作好平面控制,并选择四个较合适的位置作控制点。

(2)或者可以用中心"十"字控制,在浇筑上升的各层楼面,必须在相应的位置预留 200mm×200mm 与首层层面控制点相对应的小方孔,保证能使激光光束垂直向上穿过预留孔。

(3)在首层控制点上架设激光垂准仪,调置仪器对中整平后启动电源,使激光垂准仪发射出可见的红色光束,投射到上层预留孔的接收靶上,查看红色光斑点离靶心最小之点,即得到第二层上的一个控制点。

(4)同理,其余的控制点用同样方法向上传递。

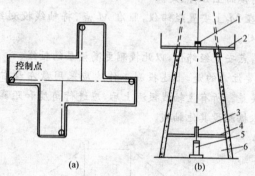

图 9-13　内控制布置
(a)控制点设置;(b)垂向预留孔设置
1—中心靶;2—滑模平台;3—通光管;
4—防护棚;5—激光垂准仪;6—操作间

五、高层建筑的高程传递

高层建筑各施工层的标高,是由底层±0.000标高向上层传递高程。楼层标高误差不得超过±10mm。

高层建筑施工中,高程传递的方法除采用多层民用建筑高程传递的方法外,还应采用利用皮数杆传递高程、利用钢尺直接测量、悬吊钢尺法、仰视法和俯视法五种。

1. 运用皮数杆法进行高程传递

利用皮数杆传递高程的方法是在皮数杆上自±0.000m标高线起,门窗口、楼板、过梁等构件的标高都已标明。一层楼砌好后,则从一层皮数杆起一层一层往上接,就可以把标高传递到各楼层。

2. 利用钢尺法进行高程传递

在标高精度要求较高时,一般用钢尺沿某一墙角、边柱或楼梯间由底层±0.000m标高处起向上直接丈量,把高程传递上去。然后根据下面传递上来的高程立皮数杆,作为该层墙身砌筑和安装门、窗、过梁及室内装修、地坪抹灰时控制标高的依据。运用此种方法传递高程时,应至少由三处底层标高线向上传递,以便相互校核。

3. 运用悬吊钢尺法进行高程传递

在高层建筑物外墙或楼梯间悬吊一根钢尺,根据高层建筑物的具体情况分别在地面上和楼面上安置水准仪,用水准仪读数,从下向上传递高程。而用于高层建筑传递高程的钢尺,应经过检定,量取高差时尺身应潜质和用规定的拉力,并应进行温度改正。

如图 9-14 所示为悬吊钢尺法示意图。由地面上已知高程点 A,向建筑物楼面上 B 点传递高程,其主要投测步骤如下:

(1)先从楼面上(或楼梯间)悬挂一支钢尺,钢尺下端悬一重锤。

(2)在观测时,为了使钢尺比较稳定,可将重锤浸于一盛满油的容器中。(3)在地面及楼面上各安置一台水准仪,按水准测量方法同时读得 a_1、b_1、a_2、b_2。楼面上 B 点的高程 H_B 为:

$$H_B = H_A + a_1 - b_1 + a_2 - b_2$$

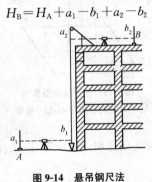

图 9-14 悬吊钢尺法

4. 运用俯视法进行高程传递

俯视法即天底垂准测量,其测量原理是:如图 9-15 所示,利用 DJ_6-C_6 光学垂准经纬仪上的望远镜,旋转进行光学对中取其平均值而定出瞬时垂准线。也就是使仪器能将一个点向另一个高度面上作垂直投影,再利用地面上的测微分划板测量垂准线和测点之间的偏移量,从而完成垂准测量。

俯视法在进行观测时,其主要投测步骤如下:

(1)依据工作的外形特点及现场情况,拟定出测量方案。做好观测前

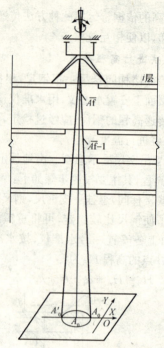

图 9-15 俯视法测量原理
A_0—确定的仪器中心;O—基准点

的准备工作,定出建筑物底层控制点的位置,以及在相应各楼层留设孔径为 $\phi 150$ 的俯视孔。

(2)把目标分划板旋转在底层控制点上,使目标分划板中心与控制点标志的中心重合。

(3)开启目标分划板附属照明设备。

(4)在俯视孔位置上安置仪器。

(5)基准点对中。

(6)当垂准点标定在所测楼层面十字丝目标上后,用墨斗线弹在俯视孔边上。

(7)利用标出来的楼层上十字丝作为测站即可测角放线,测设高层建筑物的轴线。数据处理和精度评定与天顶垂准测量相同。

5. 仰视法进行高程传递

仰视法即天顶垂准测量,其测量原理是应用经纬仪望远镜进行天顶观测时,经纬仪轴系间必须满足下列条件:

(1)水准管轴应垂直于竖轴。
(2)视准轴应垂直于横轴。
(3)横轴应垂直于竖轴。

仰视法在进行观测时的主要投测步骤如下:

(1)标定好标志和中心坐标点位,在地面设置测站,将仪器置中、调平、装上弯管棱镜,在测站天顶上方设置目标分划板,位置大致与仪器铅垂或设置在已标出的位置上。

(2)将望远镜指向天顶,并固定之后调焦,使目标分划板呈现清晰,置望远镜十字丝与目标分划板上的参考坐标 X、Y 轴相互平行,分别置横丝和纵丝读取 x 和 y 的格值 GJ 和 CJ 或置横丝与目标分划 Y 轴重合,读取 x 格值 GJ。

(3)转动仪器照准架 180°,重复上述程序,分别读取 x 格值 $G'J$ 和 y 格值 $C'J$。

(4)调动望远镜微动手轮,将横丝 $GJ+GJ'/2$ 格值重合,将仪器照准架旋转 90°,置横丝与目标分划板 X 轴平行,读取 y 格值 $C'J$,略调微动手轮,使横丝与 $GJ+GJ'/2$ 格值相重合。所测得 $X_i=GJ+GJ'/2$;$Y_i=GJ+GJ'/2$ 的读数为一个测回,记入手簿作为原始依据。

第五节 特殊工程施工测量放线

一、三角形建筑施工测量放线

三角形建筑也可称为点式建筑。三角形的平面形式在高层建筑中最为多见,有的建筑平面直接为正三角形,有的在正三角形的基础上又有变化,从而使平面形式多种多样。正三角形建筑物的施工放线其实并不复杂,首先应确定建筑物的中心轴线或某一边的轴线位置,然后放出建筑物的全部尺寸线。

二、圆弧形建筑施工测量放线

圆弧形的建筑物应用较为广泛，住宅建筑、办公楼建筑、旅馆饭店建筑、医院建筑、交通性建筑等常有采用，形式也极为丰富多彩，有的是整个建筑物为圆弧平面图形，有的是建筑物平面为一组圆弧曲线形，有的是圆弧形平面与其他平面的组合平面图形，有的是建筑物局部采用圆弧形，如乐池、座位排列、楼层挑台、顶棚天花等。

圆弧形平面曲线图形的现场施工放线，方法较多，有直接拉线法、几何作图法、坐标计算法及经纬仪测角法等。

快学快用 12　运用直接拉线法进行放线

直接拉线法适用于圆弧半径较小的情况。根据设计总平面图，先定出建筑物的中心位置和主轴线；再根据设计数据，即可进行施工放线操作。

直线拉线法应用直接拉线法进行圆弧形平面曲线图形施工放线时，应注意以下问题：

（1）直接拉线法主要根据设计总平面图，实地测设出圆的中心位置，并设置较为稳定的中心桩。由于中心桩在整个施工过程中要经常使用，所以桩要设置牢固并应妥善保护。中心处应钉一圆钉（中心桩为木桩时）或埋设一短头钢筋（中心桩为水泥管、砖砌或混凝土桩时），如图 9-16 所示。

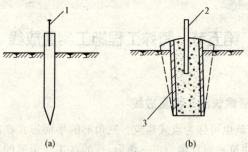

图 9-16　中心桩
(a) 木桩；(b) 水泥管或混凝土桩
1—圆钉；2—短钢筋头；3—瓦角管（混凝土柱）

(2)为防止中心桩发生碰撞移位或因挖土被挖出,四周应设置辅助桩,如图 9-17 所示。为了确保中心桩位置正确,应对中心桩加以复核或重新设置。使用木桩时,木桩中心处钉一小钉;使用水泥桩时,在水泥桩中心处应埋设钢筋。将钢尺的零点对准圆心处中心桩上的小钉或钢筋,依据设计半径,画圆弧即可测设出圆曲线。

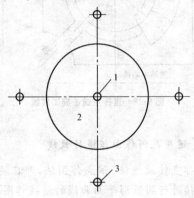

图 9-17 辅助桩
1—中心桩;2—挖土区;3—辅助桩

如图 9-18 所示为直接拉线法施工放线示意图。试用直接拉线法进行现场施工放线,其主要放线步骤如下:

(1)根据厂区道路中心线确定圆弧形建筑中心圆点(O 点),并设置中心桩。

(2)在建筑中心圆点(O 点)处安置经纬仪,后视 A 点(或 B 点),然后转角 $45°$,确定圆弧形建筑物的中轴线。

(3)在中轴线上从 O 点量取不同的距离 R_1、R_2 和 R_3,定出建筑物柱廊、前沿墙和后沿墙的轴线尺寸。

(4)将中心桩上的圆钉或钢筋头用钢尺套住,分别以 R_1、R_2、R_3 画圆,所画出之三道圆弧即为柱廊、前沿墙和后沿墙的轴线位置。

(5)根据半圆中桩廊六等分的设计要求,继续定出各开间的放射形中心轴线。

(6)在各放射中心轴线的内、外侧钉好龙门板(桩),然后再定出挖土、基础、墙身等结构尺寸和局部尺寸。

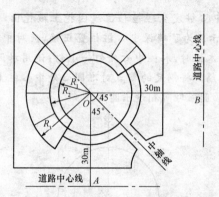

图 9-18 直接拉线法施工放线

快学快用 13 运用几何作图法进行放线

几何作图法又称直接放线法、弦点作图法,即在施工现场采用直尺、角尺等作图工具直接进行圆弧形平面曲线的放线作图。该方法不需要进行任何计算就能在施工现场直接放出具有一定精度的圆弧形平面曲线的大样。一般放线人员容易掌握。

如图 9-19 所示,设圆弧曲线 $\overset{\frown}{AB}$ 的弦长为 $2L_0$,拱高为 h_0,用几何作图法进行现场施工放线,图 9-20 为放线步骤图,其主要步骤如下:

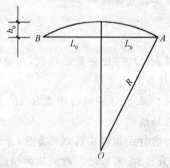

图 9-19 圆弧曲线

(1)作 $\overset{\frown}{AB}=2L_0$,$OC=h_0$,并作 AB 的垂直平分线 OC。

(2)确定 $\overset{\frown}{AB}$ 的 1/4 分点 G、F。

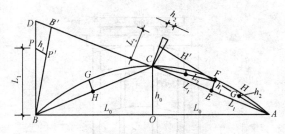

图 9-20 放线步骤图

(3)过 B 点作 AB 的垂直线,并与 AC 的延长线相交,设交点为 B'。
(4)在 AD 上截取 $AB'=AB$,并联结 BB'。
(5)在 BD 上截取 $BP=L_1=1/2AC$(或 $1/2BC$)。
(6)过 P 点作 DA 的平行线交 BB' 于 P' 点。
(7)量取 PP' 的长度为 h_1,则 h_1 即是 $\overset{\frown}{AC}$ 或 $\overset{\frown}{BC}$ 弧的拱高。
(8)作 AC 弦及 BC 弦的垂直平分线 EF 和 HG,并使 $EF=HG=h_1$,则 F、G 点即为 $\overset{\frown}{AB}$ 圆弧曲线的 1/4 分点。
(9)重复上述步骤(3)~(8)得 $\overset{\frown}{AB}$ 的 1/8 分点、1/16 分点、1/32 分点、…。
(10)将所得各分点以平滑曲线相连,即得所要求作的圆弧曲线的大样图。

快学快用 14 运用坐标计算法进行放线

坐标计算法一般是先根据设计平面图所给条件建立直角坐标系,进行一系列计算,并将计算结果列成表格后,根据表格再进行现场施工放线。因此,该法的实际现场的施工放线工作比较简单,而且能获得较高的施工精度。坐标计算法,一般将计算结果最终列成表格,供放线人员使用,因此,实际现场施工放线工作比较简单。

坐标计算法适用于当圆弧形建筑平面的半径尺寸很大,圆心已远远超出建筑物平面以外,无法进行直接拉线法时所采用的一种施工放线方法。

图 9-21 为某影剧院观众厅座位排列图。观众厅净宽 20m,座位平面第一排宽为 10m,中间和后面排宽为 18m,前后排距为 0.8m,第一排圆弧半径为 25m,试用坐标计算法求作圆弧形坐标排列曲线。

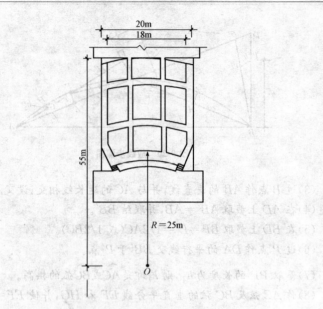

图 9-21 某影剧院观众厅座位排列图

(1)圆弧曲线计算步骤。

1)沿观众厅纵向画出中心线,作为直角坐标的 y 轴线,经圆弧的圆心 O 作直角坐标的 x 轴线,如图 9-22 所示。

2)在观众厅纵向沿 y 轴线向两侧分,每隔 1m 画若干平行线。

3)以第一排为例进行计算。第一排座位的圆弧曲线弦长为 10m,圆弧半径为 25m,每米一道的纵向线将弦长作了十等分,每一纵向线与弦的交点为 1、2、3、4、5,与圆弧曲线的交点为 $1'、2'、3'、4'$。

4)分别从 $1'、2'、3'、4'$ 各点向 y 轴线作垂线,与 y 轴相交于 $a、b、c、d$ 点,并都可以形成一个直角三角形 $a1'O、a2'O、a3'O$ 和 $a4'O$。

$$Oa = \sqrt{R^2 - x^2} = \sqrt{25^2 - 1^2} = 24.98 \text{m}$$

同理求得:

$$Ob = \sqrt{25^2 - 2^2} = 24.92 \text{m}$$

$$Oc = \sqrt{25^2 - 3^2} = 24.82 \text{m}$$

$$Od = \sqrt{25^2 - 4^2} = 24.68 \text{m}$$

$$OO_1 = \sqrt{25^2 - 5^2} = 24.49 \text{m}$$

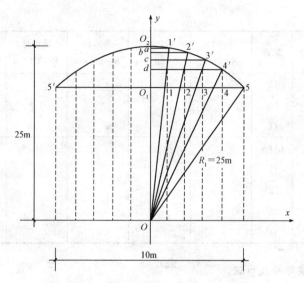

图9-22 沿第一排座席圆弧作直角坐标系统

由于 y 轴线是纵向中心线,所以只需计算一半就可以了。

5)计算1、2、3、4各点的矢高值:

$O_1O_2 = R - OO_1 = 25 - 24.49 = 0.51\text{m}$

$11' = Oa - OO_1 = 24.98 - 24.49 = 0.49\text{m}$

$22' = Ob - OO_1 = 24.92 - 24.49 = 0.43\text{m}$

$33' = Oc - OO_1 = 24.82 - 24.49 = 0.33\text{m}$

$44' = Od - OO_1 = 24.68 - 24.49 = 0.19\text{m}$

其他各排座位圆板曲线的计算方法依次类推,直至最后一排(计算时,只需将半径依次加上0.8m)。最后将全部计算结果列成表格,供现场放线人员使用,表格形式见表9-4。

表9-4　　　　　　1~5排座位圆弧线计算表

纵向线编号	距离	第一排 $R=25\text{m}$	第二排 $R=25.8\text{m}$	第三排 $R=26.4\text{m}$	第四排 $R=27.4\text{m}$	第五排 $R=28.2\text{m}$
1	O_a					
2	O_b					

续表

纵向线编号	距离	第一排 $R=25\text{m}$	第二排 $R=25.8\text{m}$	第三排 $R=26.4\text{m}$	第四排 $R=27.4\text{m}$	第五排 $R=28.2\text{m}$
3	O_c					
4	O_d					
5	O_e					
中心线	O_1O_2					
1	$11'$					
2	$22'$					
3	$33'$					
4	$44'$					

(2)实际放线步骤。

1)根据设计图纸所给定的尺寸,先弹出第一排圆弧形座位曲线的弦——整个放线中的矢高基准线。

2)弹出纵向中心线,并向两侧每隔1m弹出5道纵向平行线。

3)根据圆弧线计算表中的数值,由矢高基准线开始向前逐一量取各点,然后将各点顺滑连接起来,即可简单、迅速而又精确地得到各排座位的圆弧曲线。

4)根据设计图纸要求,弹出纵向走道线,确定坐椅脚位置。

三、抛物线形建筑施工测量放线

如图9-23所示为抛物线建筑物施工放线。因为采用坐标系不同,曲线的方程式也不同。在建筑工程测量中的坐标系和数学中的坐标系有所不同,即 x 轴和 y 轴正好相反。建筑工程中用于拱形屋顶大多采用抛物线形式。

快学快用 15 运用拉线法放抛物线

如图9-23所示,用拉线法放抛物线的方法如下:

(1)用墨斗弹出 x、y 轴,在 x 轴上定出已知交点 O 和顶点 M、准点 d 的位置,并在 M 点钉铁钉作为标志。

(2)作准线：用曲尺经过准线点作 x 轴的垂线 L，将一根光滑的细铁丝拉紧与准线重合，两端钉上钉子固定。

(3)将等长的两条线绳松松地搓成一股，一端固定在 M 点的钉子上，另一端用活套环套在准线铁丝上，使线绳能沿准线滑动。

(4)将铅笔夹在两线绳交叉处，从顶点开始往后拖，使搓的线绳逐渐展开，在移动铅笔的同时，应将套在准线上的线头徐徐地向 y 轴方向移动，并用曲尺掌握方向，使这股绳一直保持与 x 轴平行，便可画出抛物线。

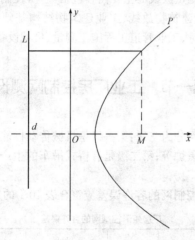

图 9-23　抛物线建筑物施工放线

第十章　工业建筑施工测量放线

工业建筑是指各类工厂为工业生产需要而建造的各种不同用途的建（构）筑物的总称。工业厂房按照层数可分为单层厂房和多层厂房。

工业厂房施工测量放线的主要内容包括：厂房控制网的测设、厂房柱列轴线的测设、工业建筑物放线、工业建筑物结构基础施工测量放线、工业建筑构件安装测量、工业管道工程施工测量、机械设备安装测量等。

第一节　工业厂房控制网测设

工业厂房控制网分为三级：第一级是机械传动性能较高、有连续生产设备的大型厂房和焦炉等；第二级是有桥式吊车的生产厂房；第三级是没有桥式吊车的一般厂房。

工业厂房矩形控制网的容许误差应符合表 10-1 的规定。

表 10-1　　　　　厂房矩形控制网的容许误差

矩形网等级	矩形网类别	厂房类别	主轴线、矩形边长精度	主轴线交角容许差	矩形角容许差
Ⅰ	根据主轴线测设的控制网	大型	1∶50000，1∶30000	$\pm 3''\sim\pm 5''$	$\pm 5''$
Ⅱ	单-矩形控制网	中型	1∶20000	—	$\pm 7''$
Ⅲ	单-矩形控制网	小型	1∶10000	—	$\pm 10''$

一、控制网测设前准备工作

工业厂房控制网测设前的准备工作主要包括：制定测设方案、计算测设数据和绘制测略图。

1. 制定测设方案

厂房矩形控制网的测设方案，通常是根据厂区的总平面图、厂区控制网、厂房施工图和现场地形情况等资料来制定的。其主要内容为：确定主轴线位置、矩形控制网位置、距离指标桩的点位、测设方法和精度要求。

在确定主轴线点及矩形控制网位置时，通常要考虑到控制点能长期保存，应避开地上和地下管线。主轴线点及矩形控制网位置应距厂房基础开挖边线以外 1.5～4m。距离指标桩即沿厂房控制网各边每隔若干柱间距埋设一个控制桩，故其间距一般为厂房柱距的倍数，但不要超过所用钢尺的整尺长。

2. 计算测设数据

根据测设方案要求测设方案中要求测设的数据。

3. 绘制测设略图

根据厂区的总平面图、厂区控制网、厂房施工图等资料，按一定比例绘制测设略图，为测设工作做好准备。

二、中小型工业厂房控制网测设

对于单一的中小型工业厂房来说，测设一个简单的矩形控制网便可满足放线了。

矩形控制网的测设可采用直角坐标法、极坐标法和角度交会法。在本节中主要以直角坐标法为例来介绍依据建筑方格网建立厂房控制网。

快学快用 1　中小型工业厂房控制网测设方法

如图10-1所示为矩形控制网示意图，试利用直角坐标法来进行厂房控制网的测设。

（1）根据测设方案与测设略图，将经纬仪安置在建筑方格网点 E 上，分别精确照准 D、H 点。

（2）自 E 点沿视线方向分别量取 $E_b=35.00$m 和 $E_c=28.00$m，定出 b、c 两点。

（3）将经纬仪分别安置于 b、c 两点上，用测设直角的方法分别测出 b_{IV}、c_{III} 方向线，沿 b_{IV} 方向测设出Ⅳ、Ⅰ两点，沿 c_{III} 方向测设出Ⅱ、Ⅲ两点，分别在Ⅰ、Ⅱ、Ⅲ、Ⅳ四个点上钉上木桩，做好标志。

（4）检查控制桩Ⅰ、Ⅱ、Ⅲ、Ⅳ各点的直角是否符合精度要求，一般情况下其误差不应超过±10″，各边长度相对误差不应超过 1/10000～1/25000。

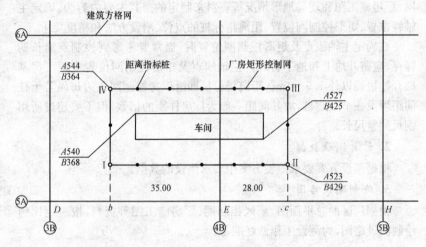

图 10-1 矩形控制网的测设

三、大型工业厂房控制网的测设

对于大型或设备基础复杂的厂房,由于施测精度要求较高,为了保证后期测设的精度,其矩形厂房控制网的建立一般分以下两步进行。

(1)首先依据厂区建筑方格网精确测设出厂房控制网的主轴线及辅助轴线(可参照建筑方格网主轴线的测设方法进行),当校核达到精度要求后。

(2)再根据主轴线测设厂房矩形控制网,并测设各边上的距离指示桩,一般距离指示桩位于厂房柱列轴线或主要设备中心线方向上。

最终应进行精度校核,直至达到要求。大型厂房的主轴线的测设精度,边长的相对误差不应超过 1/30000,角度偏差不应超过 $\pm 5''$。

第二节 工业厂房柱列轴线与柱基测设

一、工业厂房柱列轴线测设

在厂房控制网建立以后,即可按柱列间距和跨距用钢尺从靠近的距离指标桩量起,沿矩形控制网各边定出各柱列轴线桩的位置,并在桩顶上钉入小钉,作为桩基放线和构件安置的依据。厂房柱列轴线的测设示意图,如图 10-2 所示。

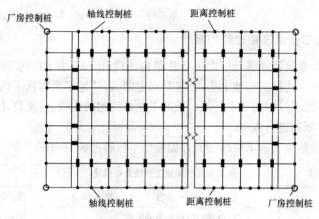

图 10-2 厂房柱列轴线的测设

二、柱基测设

1. 柱基轴线测设

用两台经纬仪分别安置在两条互相垂直的柱列轴线控制桩上,在柱列轴线的交点上,打木桩,钉上小钉。为了便于基坑开挖后能及时恢复轴线,应根据经纬仪指出的轴线方向,在基坑四周距基坑开挖线 1~2m 处打下四个柱基轴线桩,并在桩顶钉小钉表示点位,供修坑和立模使用。同法交会定出其余各柱基定位点。

2. 基坑标高测设

基坑挖到一定深度时,要在坑壁上测设水平桩,作为修整坑底的标高依据。其测设方法与民用建筑相同。坑底修整后,还要在坑底测设垫层高程,打下小木桩并使桩顶高程与垫层顶面设计高程一致。深基坑应采用高程上下传递法将高程传递到坑底临时水准点上,然后根据临时水准点测设基坑高程和垫层高程。

第三节 工业建筑物放线

一、工业建筑物放线的概念

工业建筑物放线是根据工业建筑物的设计,以一定的精度将其主要轴线和大小转移到实地上去,并将其固定起来,其是建筑物施工的准备工作,也是施工过程的一个开端。做好工业建筑物的放线,建筑物才能正确地、有计划地进行施工。

工业建筑物施工放线的允许偏差也不应超过表 10-2 的规定。

表 10-2 　　　　　　工业建筑物施工放线允许偏差

项　目	内　容		允许偏差/mm
基础桩位放线	单排桩或群桩中的边桩		±10
	群　桩		±20
各施工层上放线	外廓主轴线长度 L/m	$L \leqslant 30$	±5
		$30 < L \leqslant 60$	±10
		$60 < L \leqslant 90$	±15
		$L > 90$	±20
	细部轴线		±2
	承重墙、梁、柱边线		±3
	非承重墙边线		±3
	门窗洞口线		±3

二、工业建筑物放线工作

工业建筑物放线的工作主要包括直线定向、在地面上标定直线并测设规定的长度、测设规定的角度和高程。

工业建筑物施工放线应符合下列要求:

(1)工业建筑物放线是以一定的精度将设计的点位在地面上标定出来,在测图时,测量工作的精度应与测图的比例尺相适应,尽可能地使测

量中所产生的误差不大于相应比例尺的图解精度,而且要符合下列的关系式:

$$M=\delta m$$

式中　δ——人眼在平面图上所能分辨的最小长度;
　　　m——平面图比例尺的分母。

(2)在建筑物放线时,在地面上标定建筑物每个点的绝对误差不决定于建筑物设计图的比例尺。

(3)建筑物的放线工作,应与施工的计划和进度相配合。在进行放线以前,应当在建筑工地上妥善地组织测量工作。对于小型建筑物的放线工作通常由施工人员自己进行。对于建筑物结构复杂、放线精度要求较高的大、中型建筑物的放线工作应用精密的测量仪器,由经验丰富的测量工作者来进行。

第四节　工业建筑物结构基础施工测量放线

一、混凝土杯形基础施工测量放线

杯形基础又叫做杯口基础,是独立基础的一种,其是单层厂房的一种独特方式。当建筑物上部结构采用框架结构或单层排架及门架结构承重时,其基础常采用方形或矩形的单独基础,这种基础称独立基础或柱式基础。独立基础是柱下基础的基本形式,当柱采用预制构件时,则基础做成杯口形,然后将柱子插入并嵌固在杯口内,故称杯形基础。

快学快用　2　*混凝土杯形基础施工测量方法*

(1)柱基础定位。柱基础定位是根据工业建筑平面图,将柱纵横轴线投测到地面上去,并根据基础图放出柱基挖土边线。

(2)基坑抄平。基坑开挖后,当快要挖到设计标高时,应在基坑的四壁或者坑底边沿及中央打入小木桩,在木桩上引测同一高程的标高,以便根据标高拉线修整坑底和打垫层。

(3)支立模板。打好垫层后,应根据已标定的柱基定位桩在垫层上放出基础中心线,作为支模板的依据。支模上口还可由坑边定位桩直接拉线,用吊垂球的方法检查其位置是否正确。然后在模板的内表面用水准仪引测基础面的设计标高，并画出标明。在支杯底模板时，应注意使实际浇筑出来的杯底顶面比原设计的标高略低3~5cm，以便拆模后填高修平杯底。

(4) 杯口中心线投点与抄平。

1) 杯口中心线投点。柱基拆模后，应根据矩形控制网上柱中心线端点，用经纬仪把柱中线投到杯口顶面，并绘标志标明。

2) 杯口中心线抄平。为了修平杯底，须在杯口内壁测设某一标高线，该标高线应比基础顶面略低3~5cm。与杯底设计标高的距离为整分米数，以便根据该标高线修平杯底。

如图10-3所示为基础定位控制示意图，试进行柱基础定位。

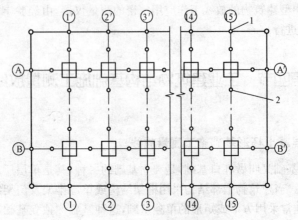

图10-3　柱基础定位控制示意图
1—端点柱；2—定位柱

①首先在矩形控制网边上以内分法测定基础中心的端点Ⓐ、①和①'等点。

②然后用两台经纬仪分别置于矩形网上端点Ⓐ和②，分别瞄准Ⓐ和②'进行中心投点，其交点就是②号柱基的中心。

③根据基础图进行柱基放线，用灰线把基坑开挖边线的实地标出。在离开挖边线约0.5~1.0m处方向线上打入四个定位木桩，钉上小钉标示中线方向，供修坑立模之用。

④同理，可放出全部柱基。

二、钢柱基础施工测量放线

1. 钢柱基础定位

钢柱基础定位的方法与上述混凝土杯形基础"柱基础定位"的方法相同。

2. 基坑抄平

钢柱基础基坑抄平的方法与上述混凝土杯形基础"基坑抄平"的方法相同。

3. 垫层中线投点与抄平

(1)垫层中线投点。垫层混凝土凝结后,应在垫层面上进行中线点投测,并根据中线点弹出墨线,绘出地脚螺栓固定架的位置(图10-4)。

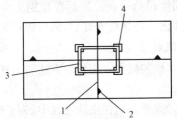

图10-4　地脚螺栓固定架位置
1—墨线；2—中线点；3—螺栓固定架；4—垫层抄平位置

投测中线时经纬仪必须安置在基坑旁,然后照准矩形控制网上基础中心线的两端点。用正倒镜法,先将经纬仪中心导入中心线内,而后进行投点。

(2)垫层中线抄平。在垫层上绘出螺栓固定架位置后,即在固定架外框四角处测出四点标高,以便用来检查并整平垫层混凝土面,使其符合设计标高,便于固定架的安装。如基础过深,从地面上引测基础底面标高,标尺不够长时,可采取挂钢尺法。

4. 固定架的安置、中线抄平与投点

(1)固定架的安置。固定架是指用钢材制作,用以固定地脚螺栓及其他埋件设件的框架。根据垫层上的中心线和所画的位置将其安置在垫层上,然后根据在垫层上测定的标高点,借以找平地脚,使其与设计标高相符合。

(2) 中线投点。在投点前,应对矩形边上的中心线端点进行检查,然后根据相应两端点,将中线投测于固定架横梁上,并刻绘标志。

(3) 固定架抄平。固定架安置好后,用水准仪测出四根横梁的标高,以检查固定架标高是否符合设计要求。固定架标高满足要求后,将固定架与底层钢筋网焊牢,并加焊钢筋支撑。若系深坑固定架,在其脚下需浇灌混凝土,使其稳固。

5. 地脚螺栓安装与标高测量

地脚螺栓安装时,应根据垫层上和固定架上投测的中心点把地脚螺栓安放在设计位置。为了测定地脚螺栓的标高,在固定架的斜对角处焊两根小角钢,在两角钢上引测同一数值的标高点,并刻绘标志,其高度应比地脚螺栓的设计高度稍低一些。然后在角钢上两标点处拉一细钢丝,以定出螺栓的安装高度。待螺栓安好后,测出螺栓第一丝扣的标高。

6. 支立模板与混凝土浇筑

(1) 支立模板。钢柱基础支立模板的方法与上述混凝土杯形基础"支立模板"的方法相同。

(2) 混凝土浇筑。重要基础在浇筑过程中,为了保证地脚螺栓位置及标高的正确,应进行看守观测,如发现变动应立即通知施工人员及时处理。

7. 地脚螺栓安放

钢柱基础施工时,为节约钢材,采用木架安放地脚螺栓,将木架与模板连续在一起,在模板与木架支撑牢固后,即在其上投点放线。地脚螺栓安装以后,检查螺栓第一丝扣标高是否符合要求,合格后即可将螺栓焊牢在钢筋网上。因木架稳定性较差,为了保证质量,模板与木器必须支撑牢固,在浇筑混凝土过程中必须进行看守观测。

三、混凝土柱基础、柱身与平台施工测量放线

当基础、柱身到上面的每层平台,采用现场捣制混凝土的方法进行施工时,配合施工要进行以下测量工作。

1. 基础中心投点及标高测设

基础混凝土凝固拆模后,应根据控制网上的柱子中心线端点,将中心

线投测在靠近柱底的基础面上,并在露出的钢筋上抄出标高点,以供在支柱身模板时定柱高及对正中心之用(图10-5)。

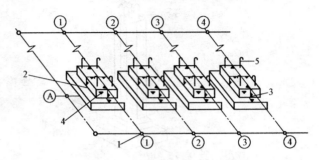

图10-5　柱基础投点及标高测量
1—中线端点;2—基础面上中线点;3—柱身下端中线点;
4—柱身下端标高点;5—钢筋上标高点

2. 柱子垂直度测量

柱身模板支好后,用经纬仪对柱子的垂直度进行检查。柱子垂直度的检查一般采用平行线投点法。而对于通视条件差,不宜于采用平行线法进行柱子垂直度检查时,可先按上法校正一排或一列首末两根柱子,中间的其他柱子可根据柱行或列间的设计距离丈量其长度加以校正。

3. 柱顶及平台模板抄平

(1)柱子模板校正以后,应选择不同行列的二、三根柱子,用钢尺从柱子下面已测好的标高点沿柱身向上量距,引测二、三个同一高程的点于柱子上端模板上。

(2)在平台模板上设置水准仪,以引上的任一标高点作后视,施测柱顶模板标高,再闭合于另一标高点以资校核。平台模板支好后,必须用水准仪检查平台模板的标高和水平情况。

4. 高层标高引测与柱中心线投点

(1)第一层柱子及平台混凝土浇筑好后,应将中线及标高引测到第一层平台上,用钢尺根据柱子下面已有的标高点沿柱身量距向上引测。

(2)向高层柱顶引测中线的方法一般是将仪器安置在柱中心线端点上,照准柱子下端的中线点,仰视向上投点。

(3)标高引测及中线投点的操作方法如图 10-6 所示,其测设容差见表 10-3。

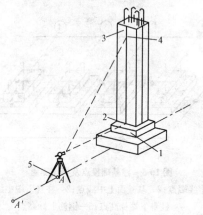

图 10-6 柱子中心线投点
1—柱子下端标高点;2—柱子下端中线点;
3—柱上端标高点;4—柱上端中线投点;5—柱中心线控制点

表 10-3 标高引测及中线投点的测设容差

项 目		容 差/mm
标高测量		±5
以中心线投点	投点高度≤5m	±3
	投点高度>5m	5

第五节 工业厂房构件安装测量放线

装配式单层工业厂房主要由柱、起重机梁、吊车梁、屋架、天窗架和屋面板等主要构件组成。

一、柱子安装测量放线

1. 柱子安装前准备工作

(1)弹出柱基中心线和杯口标高线。根据柱列轴线控制桩,用经纬仪将柱列轴线投测到每个杯形基础的顶面上,弹出墨线。

(2)当柱列轴线为边线时,应平移设计尺寸,在杯形基础顶面上加弹出柱子中心线,作为柱子安装定位的依据。根据±0.000标高,用水准仪在杯口内壁测设一条标高线,标高线与杯底设计标高的差应为一个整分米数,以便从这条线向下量取,作为杯底找平的依据。

(3)把每根柱子按轴线位置进行编号,并检查柱子的尺寸,并检查是否满足图纸的尺寸要求。

(4)弹出柱子中心线和标高线。在每根柱子的三个侧面,用墨线弹出柱身中心线,并在每条线的上端和接近杯口处各画一个红"▶"标志,供安装时校正使用。

(5)从牛腿面起,沿柱子四条棱边向下量取牛腿面的设计高程,即为±0.000标高线,弹出墨线,画上红"▼"标志,供牛腿面高程检查及杯底找平用。

2. 柱子安装测量基本要求

柱子安装测量的基本要求是保证柱子中心线与相应的柱列中心线一致,其允许偏差为±5mm;保证平面与高程位置符合设计要求,柱身垂直。

3. 柱子垂直校正测量

在进行柱子垂直校正测量时,应将两架经纬仪安置在柱子纵、横中心轴线上,且距离柱子约为柱高的1.5倍的地方。如图10-7所示为柱子垂直校正测量示意图,其校正过程是首先照准柱底中线,固定照准部,再逐渐仰视到柱顶。在此处需要注意的是,若中线偏离十字丝竖丝,表示柱子不垂直,可指挥施工人员采用调节拉绳、支撑或敲打楔子等方法使柱子垂直。

经校正后,柱的中线与轴线偏差不得大于±5mm;柱子垂直度容许误差为$H/1000$,当柱高在10m以上时,其最大偏差不得超过±20mm;柱高在10m以内时,其最大偏差不得超过±10mm。满足要求后,要立即灌浆,以固定柱子位置。

4. 柱子校正注意事项

(1)校正用的经纬仪应事先经过严格校正,因为在校正柱子垂直度时,往往只用盘左或盘右观测,仪器误差影响很大。

(2)柱子在两个方向都校正后,应再复查平面位置,看柱子下部中心线是否仍对准基础柱线。

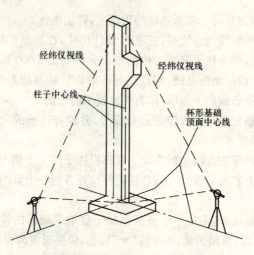

图 10-7　柱子垂直校正测量示意图

(3)校正过程中可将经纬仪安置在轴线一侧,与轴线成 10°左右角的方向线上,这样一次可校正几根柱子,有助于工作效率的提高。

(4)当对柱子的垂直度要求较高时,柱子垂直度校正应尽量在早晨太阳光直射时进行。

二、起重机梁安装测量放线

起重机轨道安装测量放线主要是为了保证轨道中线与轨顶标高符合设计要求:

(1)安装起重机轨道前先在地面上从轨道中心线向厂房内测量出一定长度($a=0.5\sim1.0$m),得两条平行线,称为校正线。

(2)分别安置经纬仪于两个端点上,瞄准另一端点,固定照准部,抬高望远镜瞄准起重机梁上横放的木尺,移动木尺。当视准轴对准木尺刻划 a 时,木尺零点应与起重机梁中心线重合。如不重合,应予以纠正并重新弹出墨线,以示校正后起重机梁中心线位置。

(3)起重机轨道按校正后中心线就位后,用水准仪检查轨道面和接头处两轨端点高程,用钢尺检查两轨道间跨距,其测定值与设计值之差应满足规定要求。

第十章 工业建筑施工测量放线

快学快用 3 起重机梁安装的标高测设

起重机梁顶面标高应符合设计要求。根据±0.000标高线,沿柱子侧面向上量取一段距离,在柱身上定出牛腿面的设计标高点,作为修平牛腿面及加垫板的依据,同时在柱子的上端比梁顶面高5~10cm处测设一标高点,据此修平梁顶面。梁顶面置平以后,应安置水准仪于起重机梁上,以柱子牛腿上测设的标高点为依据,检测梁面的标高是否符合设计要求,其容许误差应不超过±3mm。

快学快用 4 起重机梁安装的轴线投测

安装起重机梁前应先将起重机轨道中心线投测到牛腿面上,作为起重机梁定位的依据。如图10-8所示为起重机梁中心线示意图,试进行起重机梁安装的轴线投测。

图10-8 起重机梁中心线示意图

(1) 用墨线弹出起重机梁面中心线和两端中心线。

(2) 根据厂房中心线和设计跨距,由中心线向两侧量出1/2跨距d,在地面上标出轨道中心线。

(3) 分别安置经纬仪于轨道中心线两个端点上,瞄准另一端点,固定照准部,抬高望远镜将轨道中心投测到各柱子的牛腿面上。

(4) 安装时,根据牛腿面上轨道中心线和起重机梁端头中心线,两线对齐将起重机梁安装在牛腿面上,并利用柱子上的高程点,检查起重机梁的高程。

三、钢结构工程测量放线

钢结构工程在工业厂房中被广泛采用,其基本测设程序与其他工程基本相同。钢结构工程安装测量的内容,见表10-4。

表 10-6　　　　　　　　　钢结构工程安装测量内容

序号	项目	内容
1	平面控制	建立施工控制网对高层钢结构施工是极为重要的。控制网离施工现场不能太近,应考虑到钢柱的定位、检查和校正
2	高程控制	高层钢结构工程标高测设极为重要,其精度要求高,故施工场地的高程控制网,应根据城市二等水准点来建立一个独立的三等水准网,以便在施工过程中直接应用,在进行标高引测时必须先对水准点进行检查。三等水准高差闭合差的容许误差应达到$\pm 3\sqrt{n}$ (mm),其中,n为测站数
3	轴线位移校正	任何一节框架钢柱的校正,均以下节钢柱顶部的实际中心线为准,使安装的钢柱的底部对准下面钢柱的中心线即可。因此,在安装的过程中,必须时时进行钢柱位移的监测,并将实测的位移量根据实际情况加以调整
4	定位轴线检查	定位轴线从基础施工起就应引起重视,必须在定位轴线测设前做好施工控制点及轴线控制点,待基础浇筑混凝土后再根据轴线控制点将定位轴线引测到柱基钢筋混凝土底板面上,然后预检定位轴线是否同原定位重合、闭合,每根定位线总尺寸误差值是否超过限差值,纵、横网轴线是否垂直、平行。预检应由业主、监理、土建、安装四方联合进行,对检查数据要统一认可鉴证
5	标高实测	以三等水准点的标高为依据,对钢柱柱基表面进行标高实测,将测得的标高偏差用平面图表示,作为临时支承标高块调整的依据
6	柱间距检查	柱间距检查是在定位轴线认可的前提下进行的,一般采用检定的钢尺实测柱间距。柱间距离偏差值应严格控制在±3mm范围内,绝不能超过±5mm。柱间距超过±5mm,则必须调整定位轴线

续表

序号	项 目	内 容
7	单独柱基中心检查	检查单独柱基的中心线同定位轴线之间的误差,若超过限差要求,应调整柱基中心线使其同定位轴线重合,然后以柱基中心线为依据,检查地脚螺栓的预埋位置

第六节　工业管道工程施工测量放线

管道工程测量是为各种管道的设计和施工服务的,其主要包括给水、排水、沟管、热力、煤气、电力、通讯、电缆等工程。

管道工程的主要任务有两方面:一是为管道工程的设计提供地形图和断面图;二是按设计要求将管道位置敷设于实地。

一、管道工程测量准备工作

(1)熟悉设计图纸资料,弄清管线布置及工艺设计和施工安装要求。

(2)熟悉现场情况,了解设计管线走向,以及管线沿途已有平面和高程控制点分布情况。

(3)根据管道平面图和已有控制点,并结合实际地形,作好施测数据的计算整理,并绘制施测草图。

(4)根据管道在生产上的不同要求、工程性质、所在位置和管道种类等因素,确定施测精度。如厂区内部管道比外部要求精度高;无压力的管道比有压力管道要求精度高。

二、管道工程测量内容

管道工程测量内容见表 10-5。

表 10-5　　　　　　　　管道工程测量内容

序号	项 目	内 容
1	收集资料	收集规划设计区域 1:10000(或 1:5000)、1:2000(或 1:1000)地形图以及原有管道平面图和断面图等资料

续表

序号	项　目	内　容
2	规划与纸上定线	利用已有地形图,结合现场勘察,进行规划和纸上定线
3	地形图测绘	根据初步规划的线路,实地测量管线附近的带状地形图。如该区域已有地形图,需要根据实际情况对原有地形图进行修测
4	管道中线测量	根据设计要求,在地面上定出管道中心线位置
5	纵横断面图测量	测绘管道中心线方向和垂直于中心线方向的地面高低起伏情况
6	管道施工测量	根据设计要求,将管道敷设于实地所需进行的测量工作
7	管通竣工测量	将施工后的管道位置,通过测量绘制成图,以反映施工质量,并作为使用期间维修、管理以及今后管道扩建的依据

三、管道中线测量

管道中线测量的主要目的就是将已确定的管道位置测设于实地,并用木桩标定。其主要内容包括:管道主点的测设;管道中桩测设;管线转向角测量以及里程桩手簿的绘制等。

1. 管道主点的测设

管道主点测设时,根据管道设计所给的条件和精度要求,主点测设数据的采集可采用图解法或解析法两种方法。

管道主点测设后,由顶进行校核,校核主要分为两个步骤。一是用主点的坐标计算相邻主点间的长度;二是在实地量取主点间距离,看其是否与算得的长度相符。

快学快用 5 运用图解法进行管道主点测设

图解法采集主点测设数据适用于管道规划设计图的比例尺较大,而且管道主点附近又有明显可靠的地物的情况,此方法受图解精度的限制,精度不高。

如图10-9所示,A、B 是原有管道检查井位置,Ⅰ、Ⅱ、Ⅲ点是设计管道的主点。试利用图解法在地面上定出Ⅰ、Ⅱ、Ⅲ等主点。

(1) 根据比例尺在图上量出长度 D、a、b、c、d 和 e,即为测设数据。

第十章 工业建筑施工测量放线

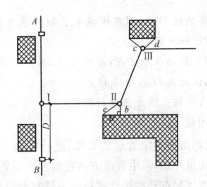

图 10-9 图解法收集主点测设数据
(a)图解法收集主点测设数据；
(b)解析法收集点测设数据

(2)沿原管道 AB 方向,从 B 点量出 D 即得Ⅰ点。

(3)用直角坐标法从房角量取 a,并垂直房边量取 b 取得Ⅱ点,再量 e 来校核Ⅱ点是否正确。

(4)用距离交会法从两个房角同时量出 c、d 交出Ⅲ点。

快学快用 6 运用解析法进行管道主点测设

当管道规划设计图上已给出管道主点的坐标,而且主点附近又有控制点时,可用解析法来采集测设数据。

如图 10-10 所示,1、2、…为导线点,A、B、…为管道主点,当管道规划设计图上已给出管道主点的坐标,而且主点附近又有控制点时,可用解析法来采集测设数据。

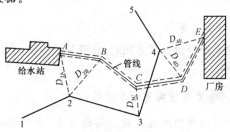

图 10-10 解析法采集测设数据

(1) 用极坐标法测设 B 点,则可根据 1、2 和 B 点坐标,按极坐标法计算出测设数据 $\angle 12B$ 和距离 D_{2B}。

(2) 测设时,安置经纬仪于 2 点,后视 1 点,转 $\angle 12B$,得出 $2B$ 方向在此方向上用钢尺测设距离 D_{2B},即得 B 点。

(3) 其他主点均可按上述方法进行测设。

2. 管道中桩测设

管道中桩测设是指为测定管道的长度、进行管线中线测量和测绘纵横断面图,从管道起点开始,需沿管线方向在地面上设置整桩和加桩的工作。其中,整桩是指从起点开始按规定每隔一整数而设置的桩;加桩是指相邻整桩间管道穿越的重要地物处及地面坡度变化处要增设的桩。

为了便于计算,要对管道中桩按管道起点到该桩的里程进行编号,并用红油漆写在木桩侧面,如整桩号为 K0+150,即此桩离起点 150m("+"号前的数为公里数),如加桩号 K2+182,即表示离起点距离为 2182m。为了避免测设中桩错误,量距一般用钢尺丈量两次,精度为 1/1000。

对于不同的管道,其起点的规定不同,见表 10-6。

表 10-6　　　　　　　　不同管道的起点规定

序号	项　目	起点规定
1	给水管道	以水源为起点
2	排水管道	以下游出水口为起点
3	煤气、热力管道	以用气方向为起点
4	电力、电讯管道	以电源为起点

3. 管线转向角测量

管线转向角是指管道改变方向时,转变后的方向与原方向的夹角,转向角有左、右之分。

快学快用 7 管线转向角测量方法

管线工程对转向角的测设有较严格的要求,它直接影响施工质量及管线的正常使用。某些管线的转向角满足定型弯头的转角要求,如给水管道使用的铸铁管弯头转角有 90°、45°、22.5°等几种类型。

如图 10-11 所示为管线转向角测量示意图,试进行管线转向角的测量。

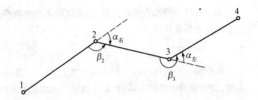

图 10-11 管线转向角测量示意图

(1)安置经纬仪于点 2,盘左瞄准点 1,在水平度盘上读数,纵转望远镜瞄准点 3,并读数,两读数之差即为转向角。

(2)对管线转向角进行校核时,先用盘右按上述盘左的观测方向再观测一次。

(3)测量结果。取盘左、盘右两次观测读数的平均值作为测量结果。

4. 里程桩手簿的绘制

里程桩是指管道中心线上的整桩和加桩。在中桩测量的同时,要在现场测绘管道两侧带状地区的地物和地貌,这种图称为里程桩手簿。里程桩手簿是绘制纵断面图和设计管道时的重要参考资料。

里程桩手簿的绘制应符合下列要求:

(1)测绘管道带状地形图时,其宽度一般为左右各 20m,如遇到建筑物,则需测绘到两侧建筑物,并用统一图式表示。

(2)测绘的方法主要用皮尺以交会法或直角坐标法进行。必要时也用皮尺配合罗盘仪以极坐标法进行测绘。

(3)当已有大比例尺地形图时,应充分予以利用,某些地物和地貌可以从地形图上摘取,以减少外业工作量,也可以直接在地形图上表示出管道中线和中线各桩位置及其编号。

四、管道纵横断面图测绘

1. 管道纵断面图测绘

(1)管道纵断面测量。管道纵断面测量的主要内容,见表 10-7。

表 10-7　　　　　　　　管道纵断面测量的主要内容

序号	项目	说　明
1	布设水准点	为了保证全线高程测量的精度,在纵断面水准测量之前,应先沿线设置足够的水准点
2	纵断面的施测	纵断面水准测量一般以相邻两水准点为一测段,从一个水准点出发,逐点测量中桩的高程,再附合到另一水准点上,以资校核。 纵断面水准测量的视线长度可适当放宽,一般情况下采用中桩作为转点,但也可另设。两转点间的各桩的高程通常用仪高法求得。 转点上读数必须读至毫米,中间点读数可读至厘米

(2)纵断面图的绘制。纵断面图的绘制一般在毫米方格纸上进行,具体绘制步骤,见表 10-8。

表 10-8　　　　　　　　纵断面图的绘制步骤

序号	项目	说　明
1	绘出水平线	在方格纸上适当位置,绘出水平线。水平线以下各栏注记实测、设计和计算的有关数据,水平线上面绘管道的纵断面图
2	绘出管道平面图	根据水平比例尺,在管道平面图栏内,标明各里程桩的位置,在距离栏内注明各桩之间的距离,在桩号栏内标明各桩的桩号;在地面高程栏内注记各桩的地面高程。根据里程桩手簿绘出管道平面图
3	绘出纵断面图	在水平线上部,根据各里程桩的地面高程,按高程比例尺在相应的垂直线上确定各点的位置,再用直线连接相邻点,即得纵断面图

2. 管道横断面图测绘

(1)管道横断面图测量。管道横断面测量时,施测宽度应由管道的直径和埋深来确定,一般每侧为 20m。测量时,横断面的方向可用十字架(图 10-12)定出。用小木桩或测钎插入地上,以标志地面特征点。特征点到管道中线的距离用皮尺丈量。特征点的高程与纵断面水准测量同时施测,作为中间点看待,但分开记录。

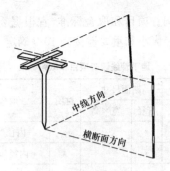

图 10-12 横断面方向

(2)管道横断面图绘制。在中线各桩处,作垂直于中线的方向线,测出该方向线上各特征点距中线的距离和高程,根据这些数据绘制断面图,这就是横断面图。横断面图表示管线两侧的地面起伏情况,供设计时计算土方量和施工时确定开挖边界之用。

管道横断面图一般在毫米方格纸上绘制。在绘制时,以中线上的地面点为坐标原点,以水平距离为横坐标,高程为纵坐标。此外,为了计算横断面的面积和确定管道开挖边界的需要,其水平比例尺和高程比例尺应相同。

五、地下管道施工测量放线

1. 地下管线调查

(1)地下管线调查,可采用对明显管线点的实地调查、隐蔽管线点的探查、疑难点位开挖等方法来确定管线的测量点位。对需要建立地下管线信息系统的项目,还应对管线的属性做进一步的调查。

(2)隐蔽管线点探查的水平位置偏差 ΔS 和埋深较差 ΔH,应分别满足下式要求:

$$\Delta S \leqslant 0.10 \times h$$
$$\Delta H \leqslant 0.15 \times h$$

式中 h——管线埋深(cm),当 $h<100cm$ 时,按 100cm 计。

(3)管线点,宜设置在管线的起止点、转折点、分支点、变径处、变坡处、交叉点、出(入)地口、附属设施中心点等特征点上;管线直线段的采点间距,宜为图上 10~30cm;隐蔽管线点,应明显标识。

(4)地下管线的调查项目和取舍标准,宜根据委托方要求确定,也可依管线疏密程度、管径大小和重要性按表 10-9 确定。

表 10-9　　　　　　　地下管线调查项目和取舍标准

管线类型		埋深		断面尺寸		材质	取舍要求	其他要求
		外顶	内底	管径	宽×高			
给水		＊	—	＊	—	＊	内径≥50mm	—
排水	管道	—	＊	＊	—	＊	内径≥200mm	注明流向
	方沟	—	＊	—	＊	＊	方沟断面 ≥300mm×300mm	
燃气		＊	—	＊	—	＊	干线和主要支线	注明压力
热力	直埋	＊	—	＊	—	＊	干线和主要支线	注明流向
	沟道	—	＊	—	＊	＊	全　　测	
工业管道	自流	—	＊	＊	—	＊	工艺流程线不测	自流管道 注明流向
	压力	＊	—	＊	—	＊		
电力	直埋	＊	—	—	—	—	电压≥380 V	注明电压
	沟道	—	＊	—	＊	—	全　　测	注明电缆根数
通信	直埋	＊	—	—	—	—	干线和主要支线	—
	管块	＊	—	—	＊	—	全　　测	注明孔数

注:1.＊为调查或探查项目。
　　2.管道材质主要包括:钢、铸铁、钢筋混凝土、混凝土、石棉水泥、陶土、PVC 塑料等。
　　　沟道材质主要包括:砖石、管块等。

(5)在明显管线点上,应查明各种与地下管线有关的建(构)筑物和附属设施。

(6)对隐蔽管线的探查,应符合下列规定。

1)探查作业,应按仪器的操作规定进行。

2)作业前,应在测区的明显管线点上进行比对,确定探查仪器的修正参数。

3)对于探查有困难或无法核实的疑难管线点,应进行开挖验证。

(7)对隐蔽管线点探查结果,应采用重复探查和开挖验证的方法进行质量检验,并分别满足下列要求。

1)重复探查的点位应随机抽取,点数不宜少于探查点总数的5%,并分别按以下公式计算隐蔽管线点的平面位置中误差 m_H 和埋深中误差 m_V,其数值不应超过限差的1/2。

$$m_H=\sqrt{\frac{[\Delta S_i \Delta S_i]}{2n}}$$

$$m_V=\sqrt{\frac{[\Delta H_i \Delta H_i]}{2n}}$$

式中 ΔS_i——复查点位与原点位间的平面位置偏差(cm);

ΔH_i——复查点位与原点位的埋深较差(cm);

n——复查点数。

2)开挖验证的点位应随机抽取,点数不宜少于隐蔽管线点总数的1%,且不应少于3个点。

2. 地下管线信息系统

地下管线信息系统,可按城镇大区域建立,也可按居民小区、校园、医院、工厂、矿山、民用机场、车站、码头等独立区域建立,必要时还可按管线的专业功能类别如供油、燃气、热力等分别建立。地下管线系统的建立应包括以下内容:

(1)地下管线图库和地下管线空间信息数据库。

(2)地下管线属性信息数据库。

(3)数据库管理子系统。

(4)管线信息分析处理子系统。

(5)扩展功能管理子系统。

快学快用 8 地下管线系统的功能

地下管线信息系统,应具有以下基本功能:

(1)地下管线图数据库的建库、数据库管理和数据交换。

(2)管线数据和属性数据的输入和编辑。

(3)管线数据的检查、更新和维护。

(4)管线系统的检索查询、统计分析、量算定位和三维观察。

(5)用户权限的控制。

(6)网络系统的安全监测与安全维护。

(7)数据、图表和图形的输出。

(8)系统的扩展功能。

3. 地下管线施测

(1)施测程序。地下管线的施测程序主要分为管道开挖中心线与施工控制桩测量、边桩与水平桩间水平距离的测量、高程测量。

1)管道开挖中心线与施工控制桩测量。地下管道开挖中心线及施工控制桩的测设是根据管线的起止点和各转折点,测设管线沟的挖土中心线,一般每20m测设一点。中心线的投点允许偏差为±10mm。量距的往返相对闭合差不得大于1/2000。管道中线定出以后,就可以根据中线位置和槽口开挖宽度,在地面上洒灰线标明开挖边界。在测设中线时,应同时定出井位等附属构筑物的位置。由于管道中线桩在施工中要被挖掉,为了便于恢复中线和附属构筑物的位置,应在不受施工干扰、易于保存桩位的地方,测设施工控制桩。管线施工控制桩分为中线控制桩和井位等附属构筑物位置控制桩两种。中线控制桩一般是测设在主点中心线的延长线点。井位控制桩则测设于管道中线的垂直线上(图10-13)。控制桩可采用大木桩,钉好后必须采取适当保护措施。

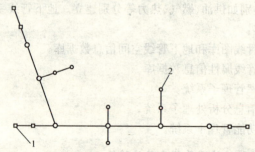

图10-13 管线控制桩
1—中线控制桩;2—井位控制桩

2)边桩与水平桩间水平距离的测量。由横断面设计图查得左右两侧边桩与中心桩的水平距离,如图10-14中的 a 和 b,施测时在中心桩处插立方向架测出横断面位置,在断面方向上,用皮尺抬平量定 A、B 两点位置各钉立一个边桩。相邻断面同侧边桩的连线,即为开挖边线,用石灰放出灰线,作开挖的界限。开挖边线的宽度是根据管径大小、埋设深度和土

质等情况而定。如图 10-15 所示,当地面平坦时,开挖槽口宽度采用下式计算:

$$d = b + 2mh$$

式中　b——槽底宽度;
　　　h——挖土深度;
　　　m——边坡率。

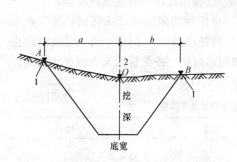
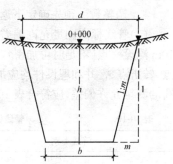

图 10-14　横断面测设示意图　　　　图 10-15　开槽断面图
1—边桩;2—中心桩

(2)高程测量。欲测管道高程即为各坡度顶板的高程。坡度板又称龙门板,在每隔 10m 或 20m 槽口上设置一个坡度板(图 10-16),作为施工中控制管道中线和位置,掌握管道设计高程的标志。坡度板必须稳定、牢固,其顶面应保持水平。用经纬仪将中心线位置测设到坡度板上,钉上中心钉,安装管道时,可在中心钉上悬挂垂球,确定管中线位置。以中心钉为准,放出混凝土垫层边线,开挖边线及沟底边线。

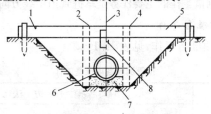

图 10-16　坡度板设置
1—开挖边线;2—垫层边线;3—中心线;
4—沟底边线;5—坡度板;6—水管;
7—混凝土垫层;8—坡度钉

为了控制管槽开挖深度,应根据附近水准点测出各坡度板顶的高程。管底设计高程,可在横断面设计图上查得。坡度板顶与管底设计高程之差称为下返数。由于下返数往往非整数,而且各坡度板的下返数都不同,施工检查时很不方便。为了使一段管道内的各坡度板具有相同的下返数(预先确定的下返数),因此,可按下式计算每一坡度板顶向上或向下量取调整数。

调整数=预先确定下返数-(板顶高程-管底设计高程)

(3)管线标高测量允许偏差。自流管的安装标高或底面模板标高每10m测设一点(不足时可加密),其他管线每20m测设一点。管线的起止点、转折点、窨井和埋设件均应加测标高点。各类管线安装标高和模板标高的测量允许偏差,应符合表10-10的规定。

表10-10　　　　　　　管线标高测量允许偏差

管线类别	标高允许偏差/mm
自流管(下水道)	±3
气体压力管	±5
液体压力管	±10
电缆地沟	±10

六、顶管施工测量

当管道穿越铁路、公路或重要建筑时,为了避免施工中大量的拆迁工作和保证正常的交通运输,往往不允许开沟槽,而采用顶管施工的方法。

顶管施工中测量工作的主要任务是掌握管道中线方向、高程和坡度。

1. 顶管测量准备工作

顶管测量各项准备工作,见表10-11。

表10-11　　　　　　　顶管测量各项准备工作

序号	项　目	操　作　方　法
1	顶管中线桩设置	根据设计图上管线的要求,在工作坑的前后钉立中线控制桩,然后确定开挖边界。开挖到设计高程后,将中线引到坑壁上,并钉立大钉或木桩,此桩称为顶管中线桩,以标定顶管的中线位置

续表

序号	项目	操作方法
2	设置临时水准点	为了控制管道按设计高程和坡度顶进,需要在工作坑内设置临时水准点。一般要求设置两个,以便相互检核
3	安装导轨	导轨一般安装在方木或混凝土垫层上。垫层面的高程及纵坡度应当符合设计要求,根据导轨宽度安装导轨,根据顶管中线桩及临时水准点检查中心线和高程,无误后,将导轨固定

2. 顶管施工中线测量

如图 10-17 所示为顶管施工中线测量示意图。通过顶管中线桩拉一条细线,并在细线上挂两垂球,两垂球的连线即为管道方向。在管内前端横放一木尺,尺长等于或略小于管径,使它恰好能放在管内。木尺上的分划是以尺的中央为零向两端增加的。将尺子在管内放平,如果两垂球的方向线与木尺上的零分划线重合,则说明管子中心在设计管线方向上;如不重合,则管子有偏差。其偏差值可直接在木尺上读出,若读数超过±1.5cm,则需要对管子进行校正。

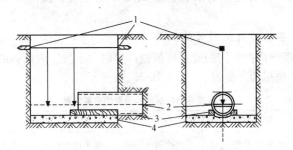

图 10-17 顶管施工中线测量示意图
1—顶管中线柱;2—木尺;3—导轨;4—垫层

七、管道竣工测量放线

为了今后的管理与维修使用,须测绘好竣工图。管道工程竣工图的主要内容,见表 10-12。

表 10-12　　　　　　　管道工程竣工图的主要内容

序号	项目	说明
1	竣工带状平面图	(1)竣工带状平面图主要对管道的主点、检查井位置以及附属构筑物施工后的实际平面位置和高程进行测绘。 (2)图上除标有各种管道位置外,还根据资料在图上标有:检查井编号、检查井顶面高程和管底(或管顶)的高程,以及井间的距离和管径等内容。对于管道中的阀门、消火栓、排气装置和预留口等,应用统一符号标明
2	管道竣工断面图	(1)管道竣工断面图测绘,一定要在回填土前进行,测绘内容包括检查井口顶面和管顶高程,管底高程由管顶高程和管径、管壁厚度算得。对于自流管道应直接测定管底高程,其高程中误差不应大于±2cm。 (2)井间距离应用钢尺丈量。如果管道互相穿越,在断面图上应表示出管道的相互位置,并注明尺寸

八、机械设备安装测量放线

机械设备的安装是指按照一定的条件将设备安放和固定在设定的位置上,对机械设备进行清洗、调整、试运转能适用于投产或使用的施工过程。

1. 设备基础内控制网的设置

设备基础内控制网的设置应根据厂房的大小与厂内设备的分布情况而定,主要包括两方面内容,见表10-13。

表 10-13　　　　　设备基础内控制网的设置的主要内容

序号	项目	内容
1	中小型设备基础内控制网设置	内控制网的标志一般采用在柱子上预埋标板,然后将柱中心线投测于标板之上,以构成内控制网
2	大型设备基础内控制网设置	大型连续生产设备基础中心线及地脚螺栓组中心线很多,为便于施工放线,将槽钢水平地焊在厂房钢柱上,然后根据厂房矩形控制网,将设备基础主要中心线的端点,投测于槽钢上,以建立内控制网

2. 线板架设

对于大型设备基础有时需要与厂房基础同时施工。因此,不可能设置内控制网,线板架设主要有钢线板和木线板两种方法。

(1)钢线板架设法。架设钢线板时,采用预制钢筋混凝土小柱子作固定架,在浇灌混凝土垫层时,将小柱埋设在垫层内,如图 10-18 所示。首先在混凝土柱上焊一角钢斜撑,再以斜撑上铺焊角钢作为线板。最好靠近设备基础的外模,这样可依靠外模的支架顶托,以增加稳固性。

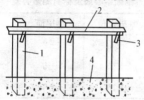

图 10-18 钢线板架设

1—钢筋混凝土预制小柱子;2—角钢;
3—角钢斜撑;4—垫层

(2)木线板架设法。木线板可直接支架在设备基础的外模支撑上,支撑必须牢固稳定。在支撑上铺设截面 5~10cm 表面刨光的木线板,如图 10-19 所示。为了便于施工人员拉线来安装螺栓,线板的高度要比基础模板高 5~6cm,同时纵横两方向的高度必须相差 2~3cm,以免挂线时纵模两钢丝在相交处相碰。

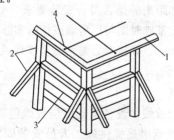

图 10-19 木线板架设

1—5cm×10cm 木线板;2—支撑;3—模板;
4—地脚螺栓组中心线点

3. 安装基准线与基准点的确定

设备安装前应确定纵向和横向基准线和基准点作为设备定位的依据。安装基准线与基准点可按下列程序进行确定。

(1)检查施工单位移交的基础或结构的中心线(或安装基准线)与标高点。精度若不符合规定,应协同有关单位予以校正,检查精度可按表10-14、表 10-15 的规定。

表 10-14　　　　　　基础中心线及标高测量容差　　　　　　mm

项　目	基础定位	垫层面	模　板	螺栓
中心线端点测设	±5	±2	±1	±1
中心线投点	±10	±5	±3	±2
标高测设	±10	±5	±3	±3

注:测设螺栓及模板标高时,应考虑预留高度。

表 10-15　　　　　　基础竣工标高测量容差　　　　　　mm

杯口底标高	钢柱、设备基础面标高	地脚螺栓标高	工业炉基础面标高
±3	±2	±3	±3

(2)根据已校正的中心线与标高点,测出基准线的端点和基准点的标高。

(3)根据所测的或前一施工单位移交的基准线和基准点,检查基础或结构相关位置、标高和距离等是否符合安装要求。平面位置安装基准线对基础实际轴线(如无基础时则与厂房墙或柱的实际轴线或边缘线)的距离偏差不得超过±20mm。如核对后需调整基准线或基准点时,应根据有关部门的正式决定调整。

4. 设备基础放线

(1)设备基础底层放线。设备基础底层放线包括坑底抄平与垫层中线投点两项工作,测设成果是提供施工人员安装固定架、地脚螺栓及支模用。

(2)设备基础上层放线。设备基础上层放线主要包括固定架设点、地脚螺栓安装抄平及模板标高测设等。对于大型设备,其地脚螺栓很多,而且大小类型和标高不一,为保证地脚螺栓的位置和标高都符合设计要求,必须在施测前绘制地脚螺栓图。

地脚螺栓图可直接从原图上描下来。若此图只供给检查螺栓标高用,上面只需绘出主要地脚螺栓中心线,地脚螺栓与中心线的尺寸关系可以不注明,只将同类的螺栓分区编号,并在图旁附绘地脚螺栓标高表,注明螺栓号码、数量、螺栓标高及混凝土面标高。图 10-20 所示为地脚螺栓分区编号图。

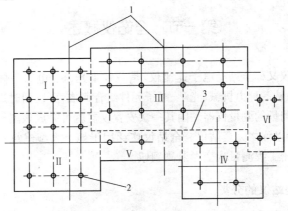

图 10-20　地脚螺栓分区编号图
1—螺栓组中心线;2—地脚螺栓;3—区界

第十一章　全站仪的使用

第一节　全站仪概述

全站仪又称全站型电子速测仪,是一种集光、机、电为一体的高技术测量仪器,是一种由机械、光学、电子元件组合而成,可以同时进行角度测量和距离测量的测量仪器。因其一次安置仪器就可完成该测站上全部测量工作,所以称之为全站仪。全站仪广泛用于地上大型建筑和地下隧道施工等精密工程测量或变形监测领域。

一、全站仪的分类

全站仪的分类一般可按其结构、测距仪测距和测量功能划分。

1. 按结构划分

全站仪按结构划分可分为组合式全站仪和整体式全站仪,见表11-1。

表11-1　　　　　　　　　　全站仪的分类

序号	名称	说　明
1	组合式全站仪	组合式全站仪是用一定的连接器将测距部分、电子经纬仪部分和电子记录部分连接成一组合体。它的优点是能通过不同的构件进行灵活多样的组合,当个别构件损坏时,可以用其他的构件代替,具有很强的灵活性
2	整体式全站仪	整体式全站仪是在一个仪器外壳内包含测距、测角和电子记录三部分。测距和测角共用一个光学望远镜,方向和距离测量只需一次瞄准,使用十分方便

2. 按测距仪测距划分

全站仪按测距仪测距划分为短距离测距全站仪、中测程全站仪和长测程全站仪三种,见表11-2。

表11-2　　　　　全站仪按测距仪测距划分

序号	名称	说　　明
1	短距离测距全站仪	测程小于3km,一般精度为±(5mm+5ppm),主要用于普通测量和城市测量
2	中测程全站仪	测程为3～15km,一般精度为±(5mm+2ppm)、±(2mm+2ppm)通常用于一般等级的控制测量
3	长测程全站仪	测程大于15km,一般精度为±(5mm+1ppm),通常用于国家三角网及特级导线的测量

3. 按测量功能划分

全站仪按测量功能划分可分为经典型全站仪、机动型全站仪、无合作目标型全站仪和智能型全站仪四种,见表11-3。

表11-3　　　　　全站仪按测量功能划分

序号	名称	说　　明
1	经典型全站仪	经典型全站仪又称常规全站仪,它具备全站仪电子测角、电子测距和数据自动记录等基本功能,有的还可以运行厂家或用户自主开发的机载测量程序。如TC系列全站仪等
2	机动型全站仪	在经典型全站仪的基础上安装轴系步进电机,可自动驱动全站仪照准部和望远镜的旋转。如TCM系列全站仪等
3	无合作目标型全站仪	无合作目标型全站仪是指在无反射棱镜的条件下,可对一般的目标直接测距的全站仪其具有明显优势。如TCR系列全站仪等
4	智能型全站仪	在机动化全站仪的基础上,仪器安装自动目标识别与照准的新功能,因此在自动化的进程中,全站仪进一步克服了需要人工照准目标的重大缺陷,实现了全站仪的智能化。如TCA型全站仪等

二、全站仪的功能与特点

1. 全站仪的基本功能

(1)测量水平角、竖直角和斜距,借助于机载程序,可以组成多种测量功能,如计算并显示平距、高差及镜站点的三维坐标,进行偏心测量、悬高测量、对边测量、后方交会测量、面积计算等。

(2)用于施工放线测量,将设计好的管线、道路、工程建设中的建筑物、构筑物等的位置按图纸数据测设到地面上。

(3)通过全站仪的接口设备将全站仪与计算机、绘图仪连接在一起,形成一套测绘系统。

2. 全站仪的特点

(1)采用先进的同轴双速制、微动机构,使照准更加快捷、准确。

(2)具有完善的人机对话控制面板,由键盘和显示窗组成,除照准目标以外的各种测量功能和参数均可通过键盘来实现。仪器两侧均有控制面板,操作方便。

(3)设有双轴倾斜补偿器,可以自动对水平和竖直方向进行补偿,以消除竖轴倾斜误差的影响。

(4)机内设有测量应用软件,能方便地进行三维坐标测量、放线测量、后方交会、悬高测量、对边测量等多项工作。

(5)具有双路通视功能,仪器将测量数据传输给电子手簿式计算机,也可接收电子手簿式计算机的指令和数据。

(6)利用传输设备可将全站仪与计算机、绘图仪连接在一起,形成一套测绘系统,以提高地形图测绘的效率与精度。

三、全站仪的基本构造

全站仪的种类很多,各种型号仪器的构造基本相同,在本节中主要介绍苏州一光 OTS615 全站仪和日本拓普康公司生产的 GTS-310 型全站仪两种。

1. 苏州一光 OTS615 全站仪

(1)苏州一光 OTS615 全站仪的基本构造。苏州一光 OTS615 全站仪各部件名称如图 11-1 所示,键盘设置情况如图 11-2 所示,各键的功能见表 11-4。

第十一章 全站仪的使用

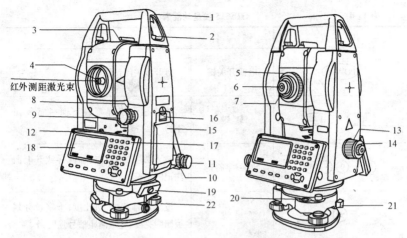

图 11-1　苏州一光 OTS615 全站仪

1—手柄；2—手柄固定螺钉；3—光学粗瞄器；4—激光发射镜；5—物镜调焦螺旋；
6—目镜；7—目镜调焦螺旋；8—望远镜制动螺旋；9—望远镜微动螺旋；10—水平制动螺旋；
11—水平微动螺旋；12—管水准器；13—光学对中器物镜调焦螺旋；
14—光学对中器目镜调焦螺旋；15—电池盒；16—电池盒按钮；17—电源开关键；18—显示；
19—RS232C 通讯口；20—圆水准器；21—轴套锁定钮；22—脚螺旋

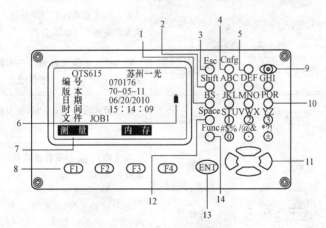

图 11-2　OTS615 全站仪键盘

1—退格键；2—数字/字符切换键；3—退出键；4—设置键；5—星键；6—剩余电量显示；
7—软键功能；8—软键；9—电源开/关键；10—数字/字符键；11—光标移动键；
12—空格键；13—回车键；14—功能（翻页）键

表 11-4　　　　　　　　OTS615 键盘功能表

按　键	键　名	功　能
(POWER)	电源开关键	打开或关闭仪器电源
(F1) ~ (F4)	软键	功能显示于屏幕最下面一行反黑字符
⓪ ~ ⑨ ⊙ ±	数字/字符键	输入数字、小数点、加减号或其上面注记的字符
★	星键	设置屏幕背光、对比度、十字丝分划板照明亮度、显示测距信号强度
(Cnfg)	设置键	设置观测条件、仪器设置、仪器校正、通讯参数、单位、日期与时间
(Esc)	退出键	退回到前一个菜单或前一个模式
(Shift)	切换键	输入模式切换数字与字符输入,测量模式切换测距目标
(BS)	退格键	输入模式删除光标前的一个数字或字符,测量模式打开电子气泡
(Space)	空格键	输入模式输入一个空格,测量模式输入仪高与目标高
(Func)	功能(翻页)键	测量模式下,翻页软键功能菜单;菜单模式下,翻页菜单
▲ ▼ ◀ ▶	选择键	上下移动光标,左右改变光标项目内容
(ENT)	确认键	选择选项或确认输入的数据

(2)苏州一光 OTS615 全站仪设置。

1)星键菜单。在主菜单、测量模式或内存模式下调出"星键"菜单对背光、对比度、分划亮度和回光信号四个设置选项进行设置,四个选项的功能见表 11-5。

表 11-5　　　　OTS615 星键菜单设置内容

设置项目	选择项	说明
背光	NO/YES	昏暗条件下测量时打开屏幕背光灯
对比度	0~13	调整显示屏对比度
分划亮度	0~9	调整十字丝分划板亮度
回光信号	—	显示测距回光信号强度

2)设置菜单。在主菜单、测量模式或内存模式下调出"设置"菜单对"观测条件"、"仪器设置"、"仪器校正"、"通讯设置"、"单位设置"、"日期与时间"等六个选项进行设置,各选项的设置内容,见表 11-6。

表 11-6　　　　OTS615"设置"菜单的内容

命令	设置项目	选择项	说明
1. 观测条件	测距模式	斜距/平距/高差	进行距离测量结果的显示内容
	倾斜改正	XONYON/XONYOFF/XOFFYOFF	X、Y 双轴补偿器开关设置
	两差改正	0.14/0.20/NO	设置大气折光和地球曲率改正系数 K
	竖角类型	天顶距/垂直角/垂直 90°/坡度	选择竖盘读数显示类型
	平角类型	HAR/HAL	右旋增加/左旋增加
	直角蜂鸣	NO/YES	水平盘读数位于 0°/90°/180°/270°的±1°范围内时发出蜂鸣声
	坐标格式	NEZ/ENZ	设置坐标显示格式为 xyH/yxH
	最小显示	1″/5″/10″	设置角度最小显示的秒数
	自动修正	NO/OFF	是否对所测距离自动加气象改正

续表

命令	设置项目	选择项	说　明
2. 仪器设置	关机方式	NO/5分钟/10分钟/15分钟/30分钟	仪器无任何操作的自动关机时间
	对比度	0～13	调整显示屏对比度
	分划亮度	0～9	调整十字丝分划板亮度
3. 仪器校正	补偿器校正		在完成圆水准器轴∥竖轴，照准部管水准器轴⊥竖轴的校正后进行
	视准差测定	测定望远镜的2C与竖盘指标差	使用测定值自动改正水平盘与竖盘读数
4. 通讯设置	波特率	1200/2400/4800/9600/19200/38400	
	数据位	8位/7位	
	奇偶校验	NO/偶/奇	
	停止位	1位/2位	
	和校验	NO/YES	
	流控	NO/YES	
5. 单位设置	温度	℃/℉	选择温度单位
	气压	hPa/mmHg/inchHg/mbar/psi	选择气压单位
	角度	degree/gon/mil/dec.deg	选择测角单位—圆周 $=360d=400g=6400mil$
	距离	meter/Us-ft/int-ft	选择距离单位美国英尺：$1m=3.2803333333333Us-ft$ 国际英尺：$1m=3.280839895013123int-ft$
6. 日期和时间	日期	以mmddyyyy格式输入当前日期	
	时间	以hhmmss格式输入当前时间	

第十一章 全站仪的使用

(3)测量模式菜单。在主菜单下按测量键(F1)进入测量模式界面,如图 11-3 所示,它有 P1~P3 三页菜单,按 Func 键翻页。

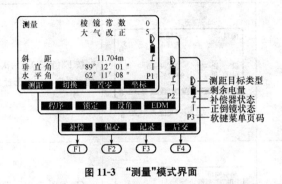

图 11-3 "测量"模式界面

1)"测量"模式 P1 页软键菜单。P1 页软键菜单的命令及其说明,见表 11-7。

表 11-7　　　　　　　　　　P1 页 软件菜单

命　令	显　示	说　明
测　距	测量　棱镜常数 0 　　　大气改正 5 斜　距　　82.953m 平　距　　82.805m 高　差　　-4.937m P1 测距 切换 置零 坐标 F1　F2　F3　F4	测距前,应先执行 P2 页软键页菜单的 EDM 命令,根据需要设置测距模式、目标类型(棱镜、反射片或免棱镜)、棱镜常数和大气改正等,其中目标类型也可按 Shift 键切换
切　换	测量　棱镜常数 0 　　　大气改正 5 斜　距　　82.953m 垂直角　93°24′45″ 水平角　62°11′08″ P1 测距 切换 置零 坐标 F1　F2　F3　F4	测距完成后,反复按 F2(切换)键,可使屏幕在"斜距/垂直角/水平角"与"斜距/平距/高差"显示模式间相互切换

续表

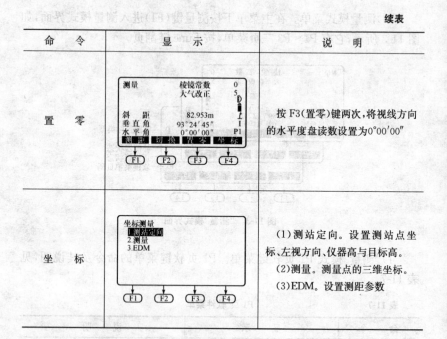

命令	显示	说明
置零	(测量界面)	按F3(置零)键两次,将视线方向的水平度盘读数设置为0°00′00″
坐标	坐标测量 1.测站定向 2.测量 3.EDM	(1)测站定向。设置测站点坐标、左视方向、仪器高与目标高。 (2)测量。测量点的三维坐标。 (3)EDM。设置测距参数

2)"测量"模式P2页软键菜单。在"测量"模式P1页软键菜单下按Func键翻页到"测量"模式P2页软键菜单,它有程序、锁定、设角、EDM四个软键命令。

3)"测量"模式P3页软键菜单。在"测量"模式P2页软键菜单下按Func键翻页到"测量"模式P3页软键菜单,它有补偿、偏心、记录、后交四个软键命令。

(4)内存模式菜单。在主菜单下按F3(内存)键,进入"内存"菜单,如图11-4所示,其功能是对仪器内存文件进行操作。内存模式菜单的功能见表11-8。

图11-4 "内存"模式菜单

表 11-8　　　　　　　　　内存模式菜单功能

项　目	显　　示	功　　能
"文件"菜单	文件 1.文件选取 2.文件更名 3.文件删除 4.通讯输出 5.通讯设置	在"内存"菜单下,按"1.文件"键进入"文件"菜单,"文件"菜单包含文件选取、文件更名、文件删除、通讯输出和通讯设置功能。
"已知数据"菜单	已知数据 文件　JOB10 1.输入坐标 2.通讯输入 3.删除坐标 4.查找坐标 5.清除坐标 6.通讯设置	在"内存"菜单下,按"2.已知数据"键进入"已知数据"菜单,"已知数据"菜单命令只能对"当前文件"中的坐标进行操作,执行该命令前,应根据需要执行"内存/文件/文件选取"命令设置好"当前文件"。"已知数据"菜单包含输入坐标、通讯输入、删除坐标、查找坐标、清除坐标、通讯设置功能
"代码"菜单	代码 1.输入代码 2.删除代码 3.查找代码 4.全清代码	在"内存"菜单下,按"3.代码"键进入"代码"菜单。仪器内存最多可以存储 40 个代码,每个代码最多允许输入 16 个字符,代码只能用数字/字符键逐个输入,不能使用软件 FOIF_Exchange610 通讯输入。"代码"菜单包含输入代码、删除代码、查找代码和全清代码功能

2. GTS-310 型全站仪

(1)GTS-310 型全站仪的基本构造。GTS-310 型全站仪各部件名称如图 11-5 所示。全站仪键盘分为两部分,一部分为操作键,在显示屏的右上方,共有 6 个键。另一部分为功能键(软键),在显示屏的下方,共有 4 个键。GTS-310 型全站仪的主要技术指标见表 11-9。

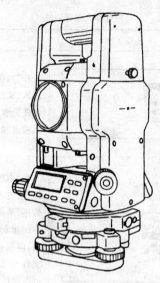

图 11-5　GTS-310 型全站仪

表 11-9　GTS-310 系列全站仪的主要技术指标

项　目	仪器类型	GTS-311	GTS-312	GTS-313
	放大倍数	30×	30×	30×
	成像方式	正像	正像	正像
	视场角(°)	1.5	1.5	1.5
	最短视距/m	1.3	1.3	1.3
	角度(水平角、竖直角)最小显示(″)	1	1	5
	角度(水平角、竖直角)标准差(″)	±2	±3	±5
	自动安平补偿范围(′)	±3	±3	±3
测程/km	单棱镜	2.4/2.7	2.2/2.5	1.6/1.9
	三棱镜	3.1/3.6	2.9/3.3	2.4/2.6
	九棱镜	3.7/4.4	3.6/4.2	3.0/3.6
测距标准差/mm		$\pm(2+2\times10^{-6}D)$		
测距时间(精测)/s		3.0(首次 4 s)		

续表

项　目	仪器类型	GTS-311	GTS-312	GTS-313
水准器分划值/mm	圆水准器	\multicolumn{3}{c}{$10'/2$}		
	长水准器	\multicolumn{3}{c}{$30''/2$}		
使用温度范围/℃		\multicolumn{3}{c}{$-20\sim+50$}		

(2)GTS-310 型全站仪设置。

1)全站仪操作键功能菜单(表 11-10)。

表 11-10　　　　　　　　操作键功能表

按键	名　称	功　能
↙	坐标测量键	坐标测量模式
◢	距离测量键	距离测量模式
ANG	角度测量键	角度测量模式
MENU	菜单键	在菜单模式和正常测量模式之间切换,在菜单模式下设置应用测量与照明调节方式
ESC	退出键	·返回测量模式或上一层模式 ·从正常测量模式直接进入数据采集模式或放线模式
POWER	电源键	电源接通/切断　ON/OFF

2)全站仪功能键菜单。全站仪功能键(软键)信息显示在显示屏的底行,软键功能相当于显示的信息,如图 11-6 所示。

3)全站仪测量模式菜单。全站仪角度测量模式、坐标测量模式和距离测量模式的功能分别见表 11-11～表 11-13。

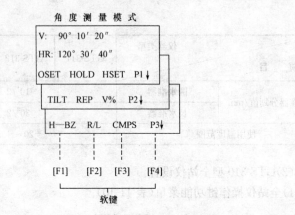
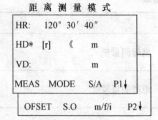
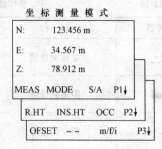

图 11-6　全站仪功能键

表 11-11　　　　　　　　　角度测量模式

页数	软键	显示符号	功　　能
1	F1	OSET	水平角置为 0°00′00″
1	F2	HOLD	水平角读数锁定
1	F3	HSET	用数字输入设置水平角
1	F4	P1↓	显示第 2 页软键功能
2	F1	TILT	设置倾斜改正开或关(ON/OFF)(若选择 ON,则显示倾斜改正值)
2	F2	REP	重复角度测量模式
2	F3	V%	垂直角/百分度(%)显示模式
2	F4	P2↓	显示第 3 页软键功能

第十一章 全站仪的使用

续表

页数	软键	显示符号	功能
3	F1	H－BZ	仪器每转动水平角90°是否要发出蜂鸣声的设置
	F2	R/L	水平角右/左方向计数转换
	F3	CMPS	垂直角显示格式（高度角/天顶距）的切换
	F4	P3↓	显示下一页（第1页）软键功能

表 11-12　　　　　　　　　　坐标测量模式

页数	软键	显示符号	功能
1	F1	MEAS	进行测量
	F2	MODE	设置测距模式，Fine/Coarse/Tracking（精测/粗测/跟踪）
	F3	S/A	设置音响模式
	F4	P1↓	显示第2页软键功能
2	F1	R.HT	输入棱镜高
	F2	INS.HT	输入仪器高
	F3	OCC	输入仪器站坐标
	F4	P2↓	显示第3页软键功能
3	F1	OFSET	选择偏心测量模式
	F3	m/f/i	距离单位米/英尺/英寸切换
	F4	P3↓	显示下一页（第1页）软键功能

表 11-13　　　　　　　　　　距离测量模式

页数	软键	显示符号	功能
1	F1	MEAS	进行测量
	F2	MODE	设置测距模式，Fine/Coarse/Tracking（精测/粗测/跟踪）
	F3	S/A	设置音响模式
	F4	P1↓	显示第2页软键功能

页数	软键	显示符号	功能
2	F1	OFSET	选择偏心测量模式
	F2	S.O	选择放线测量模式
	F3	m/f/i	距离单位米/英尺/英寸切换
	F4	P2↓	显示下一页(第1页)软键功能

第二节 全站仪基本测量

全站仪的型号种类很多,但使用方法一般都基本相同,在本节中主要介绍 GTS-310 全站仪。

一、全站仪测量前准备工作

全站仪在进行测量之前应做好以下准备工作:
(1)电池的安装。
1)把电池盒底部的导块插入装电池的导孔。
2)按电池盒的顶部直至听到"咔嚓"响声。
(2)全站仪仪器的安置。
1)架设三脚架。
2)安置仪器。
3)在实验场地上选择一点 O,作为测站,另外两点 A、B 作为观测点。
4)将全站仪安置于 O 点,对中、整平。
5)精确对中与整平。
(3)垂直度盘和竖直度盘指标设置。
1)按[ON]开机后仪器首先进行自检,松开水平制动钮,旋转仪器照准部一周,水平度盘指标自动设置完毕。
2)松开垂直制动钮,纵转一周望远镜,垂直度盘指标自动设置完毕。
(4)调整与照准目标。操作步骤与一般的经纬仪相同,注意消除视差。

第十一章　全站仪的使用

二、全站仪开机操作

全站仪在开机时,有很多参数需要设置。只有正确的设置这些参数全站仪才能正常的操作与使用。全站仪字母数字输入方法见表 11-14。

全站仪的开机操作主要如下:

(1)全站仪在整平后,打开电源开关(POWER 键)。

(2)仪器开机后应确认棱镜常数(PSM)和大气改正值(PPM)并可调节显示屏。

(3)根据需要进行各项测量工作。

表 11-14　　　　　　　　字母数字输入方法

操作步骤	操作及按键	显示屏
①用▼或▲键将箭头移到待输入的条目	▼或▲	点号→ 标识符: 仪高:　　　0.000　m 输入　查找　记录　测站
②按[F1](输入)键,箭头即变成等号(＝),这时在底行上显示字符	[F1]	点号→ 标识符: 仪高:　　　0.000　m 1234　5678　90.-[ENT] ――――――――――――― ABCD　EFGH　IJKL　[ENT] 　[F1]　[F2]　[F3]　[F4]
③按▼或▲键,选择另一页	▼或▲	点号→ 标识符: 仪高:　　　0.000　m 　(E)　(F)　(G)　(H) 　[F1] [F2] [F3] [F4]

续表

操作步骤	操作及按键	显示屏
④按软功能键选择一组字符,如按[F2]选择"EFGH"	[F2]	点号 G 标识符: 仪高:　　　0.000　m ABCD　EFGH　IJKL　[ENT]
⑤按软键选择某个字符,如按[F3]选择"G",再用同样法输入下一个字符	[F3]	点号=GOOD↑ 标识符: 仪高:　　　0.000　m ABCD　EFGH　IJKL　[ENT]
⑥按 F4(ENT)键,箭头移动到下一个条目	[F4]	点号=GOOD↑ 标识符:→ 仪高:　　　0.000　m 输入　查找　记录　测站

若要修改字符,可按键将光标移到要修改的字符上,并再次输入。

三、角度测量

角度测量是全站仪最基本的测量模式,角度测量是测定测站点至两个目标点之间的水平夹角,与此同时还应测定相应目标的天顶距。

1. 水平角右角与垂直角的测量

水平角(右角)和垂直角进行测量时,首先应将仪器调为角度测量模式,然后进行观测,具体操作见表11-15。

表11-15　　　　水平角(右角)和垂直角测量

操作步骤	操作及按键	显示
①照准第一个目标 A	照准 A	V:　　　　　90°10′20″ HR:　　　　　120°30′40″ 置零　锁定　置盘　P1↓

续表

操作步骤	操作及按键	显　示
②设置目标 A 水平角为 0°00′00″	[F1]	水平角置零 　>OK? …　　…　　[是]　[否]
按[F1](置零)键和(是)键	[F3]	V:　　　　　　　　90°10′20″ HR:　　　　　　　　0°00′00″ 置零　锁定　　置盘　P1↓
③照准第二个目标 B,显示目标的 V/H	照准 B	V:　　　　　　　　96°48′24″ HR:　　　　　　　153°29′21″ 置零　锁定　　置盘　P1↓

2. 水平角(右角/左角)切换

在水平角(右角/左角)切换时,应确认处于角度测量模式,其具体操作见表 11-16。

表 11-16　　　　　　水平角(右角/左角)的切换

操作步骤	操作及按键	显　示
①按[F4]键(↓)两次转到第 3 页功能	[F4] 两次	V:　　　　　　　　90°10′20″ HR:　　　　　　　120°30′40″ 置零　锁定　　置盘　P1↓ 倾斜　复制　　V%　P2↓
②按[F2](R/L)右角模式 HR 切换到左角模式 HL	[F2]	H-蜂鸣　R/L　　竖角　P3↓
③以左角模式 HL进行测量		V:　　　　　　　　90°10′20″ HR:　　　　　　　239°29′20″ H-蜂鸣　R/L　　竖角　P3↓

3. 水平角的设置

水平角的设置通常有通过锁定角度进行设置和通过键盘输入进行设置两种方法。

快学快用 1　通过锁定角度值对水平角的设置

通过锁定角度值进行设置将仪器调为角度测量模式,其具体操作见表 11-17。

表 11-17　　　　　　　　通过锁定角度值进行设置

操作过程	操作及按键	显　示
①用水平微动螺旋旋转到所需的水平角	显示角度	V:　　　　　　90°10′20″ HR:　　　　　　130°40′20″ 置零　锁定　置盘　P1↓
②按[F2](锁定)键	[F2]	水平角锁定 HR:　　　　　　130°40′20″ >设置? …　　…　　　　[是][否]
③照准目标	照准	
④按[F3]键完成水平角设置,显示窗变为正常的角度	[F3]	V:　　　　　　90°10′20″ HR:　　　　　　130°40′20″ 置零　锁定　置盘　P1↓

快学快用 2　通过键盘输入对水平角进行设置

通过键盘输入进行设置。将仪器调为角度测量模式,其具体操作步骤见表 11-18。

第十一章 全站仪的使用

表 11-18　　　　　　　通过键盘输入进行设置

操作过程	操作及按键	显　示
①照准目标	照准	V：　　　　　　90°10′20″ HR：　　　　　170°30′20″ 置零　　锁定　　置盘　P1↓
②按[F3]（置盘）键	[F3]	水平角设置 HR： 输入　…　　…　回车 1234　　5678　　90.-[ENT]
③通过键盘输入所要求的水平角	[F1] 70.4020 [F4]	V：　　　　　　90°10′20″ HR：　　　　　70°40′20″ 置零　　锁定　　置盘　P1↓

4. 水平角 90°间隔蜂鸣

如果水平角落在 0°、90°、180°或 270°在±1°范围以内时,蜂鸣声响起。此项设置关机后不保留,确认处于角度测量模式。

四、距离测量

1. 距离测量前准备工作

距离测量必须选用全站仪配套的反光棱镜。在进行距离测量前应须进行大气改正、棱镜常数设置,然后才能进行距离测量。

(1)大气改正的计算。大气改正值是由大气温度、大气压力、海拔高度、空气湿度推算出来的,其计算公式如下:

$$PPM = 273.8 - \frac{0.2900 \times 气压值(hPa)}{1 + 0.00366 \times 温度值(℃)} \quad (m)$$

此外,也可直接输入大气改正值,其主要步骤是:

1)在全站仪功能菜单界面中单击"测量设置";

2)在全站仪系统设置菜单栏中单击"气象参数";
3)清除掉已有的 PPM 值,输入新值;
4)单击"保存"。

(2)棱镜常数设置。拓普康的棱镜常数为 0,设置棱镜改正为 0。若使用其他厂家生产的棱镜,则在使用之前应先设置一个相应的常数,即使电源关闭,所设置的值也仍会被保存在仪器中。

2. 距离测量模式

全站仪进行距离测量时,主要有连续测量模式、精测模式、粗测模式和跟踪模式四种模式。

(1)连续测量模式。连续测量模式是将仪器调为距离测量模式,具体操作见表 11-19。

表 11-19　　　　　　　　连续测量模式

操作过程	操作及按键	显　　示
①照准棱镜中心	照准 [◢]	V:　　　　　　90°10′30″ HR:　　　　　120°30′40″ 置零　锁定　置盘　P1↓
②按距离测量键,距离测量开始显示测量的距离		HR:　　　　　120°30′40″ HD*[r]:　　　　　　m VD:　　　　　　　　m 测量　模式　S/A　P1↓
*再次按[◢]键,显示变为水平角(HR)、垂直角(V)和斜距(SD)	照准 [◢]	HR:　　　　　120°30′40″ HD:　　　　　123.456m VD:　　　　　　5.678m 测量　模式　S/A　P1↓

第十一章 全站仪的使用

续表

操作过程	操作及按键	显示
①照准棱镜中心		V: 90°10′20″ HR: 120°30′40″ SD: 131.678m 测量 模式 S/A P1↓
②按[◢]键,连续测量开始		V: 90°10′20″ HR: 120°30′40″ 置零 锁定 置盘 P1↓
③当连续测量不再需要时,可按[F1](测量)键,"*"标志消失并显示平均值	[F1] [◢]	HR: 120°30′40″ HD*[r] m VD: m 测量 模式 S/A P1↓
		HR: 120°30′40″ HR*[r] m VD: m 测量 模式 S/A P1↓ ↓
*当光电测距(EDM)正在工作时,再按[F1](测量)键,模式转变为连续测量模式		HR: 120°30′40″ HD: 123.456m VD: 5.678m 测量 模式 S/A P1↓

(2)精测模式。这是正常的测距模式,最小显示单位为 0.2mm 或 1mm,其测量时间为:0.2mm 模式下大约为 2.8s,1mm 模式大约为 1.2s。

(3)粗测模式。粗测模式观测时间比精测模式短,最小显示单位为10mm或1mm,测量时间约为0.7s。具体操作见表11-20。

表11-20　　　　　　　　　粗测模式

操作过程	操作及按键	显示
①在距离测量模式下按[F2](模式)键,设置模式的首字符(F/T/C)将显示出来(F:精测;T:跟踪;C:粗测)	[F2]	HR: 120°30′40″ HD: 123.456m VD: 5.678m 测量　模式　S/A　P1↓
②按[F1](精测)键、[F2](跟踪)键或[F3](粗测)键	[F1]~[F3]	HR: 120°30′40″ HD: 123.456m VD: 5.678m 精测　跟踪　粗测　F
		HR: 120°30′40″ HD: 123.456m VD: 5.678m 测量　模式　S/A　P1↓

(4)跟踪模式。跟踪模式观测时间要比精测模式短,最小显示单位为10mm,测量时间约为0.4s。

五、放线测量

放线测量是全站仪的一种重要功能,其主要是将设计的点位测设到地面的位置上。

放线测量功能可显示出测量的距离与输入的放线距离之差。即:测量距离-放线距离=显示值。其具体操作见表11-21。

第十一章 全站仪的使用

表 11-21　　　　　　　　　　放线测量

操作过程	操作及按键	显　示
①在距离测量模式下按[F4](↓)键,进入第2页功能	[F4]	HR:　　　　　120°30′40″ HD*　　　　　123.456m VD:　　　　　　5.678m 测量　模式　S/A　P1↓
②按[F2](放线)键,显示出上次设置的数据	[F2]	偏心　放线　m/f/i　P2↓
		放线 HD:　　　　　　0.000m 平距　高差　斜距 ……
③通过按[F1]~[F3]键选择测量模式。例:水平距离	[F1]	放线 HD:　　　　　　0.000m 输入　…　　…　回车 1234　5678　90—[ENT]
④输入放线距离	[F1] 输入数据 [F4] 照准 P	放线 HD:　　　　　100.000m 输入　…　　…　回车
⑤照准目标(棱镜),测量开始,显示出测量距离与放线距离之差		HR:　　　　　120°30′40″ dHD*[r]:　　　　　　m VD:　　　　　　　　m 测量　模式　S/A　P1
⑥移动目标棱镜,直至距离差等于0m为止		HR:　　　　　120°30′40″ dHD*[r]:　　　　23.456m VD:　　　　　　5.678m 测量　模式　S/A　P1↓

六、坐标测量

1. 测站点坐标设置

设置仪器(测站点)相对于测量坐标原点的坐标,仪器可自动转换和显示未知点(棱镜点)在该坐标系中的坐标,如图 11-7 所示,其具体操作见表 11-22。

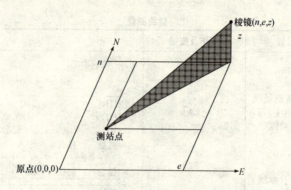

图 11-7 测站点坐标设置

表 11-22　　　　　　　　　测站点坐标的设置

操作过程	操作及按键	显　　示
①在坐标测量模式下，按[F4](↓)键进入第2页功能	[F4]	N： 123.456m E： 34.567m Z： 78.912m 测量　模式　S/A　P1↓ ------------------------ 镜高　仪高　测站　P2↓
②按[F3]（测站）键	[F3]	N→： 0.000m E： 0.000m Z： 0.000m 输入　…　…　回车 ------------------------ 1234　5678　90.-[ENT]
③输入 N 坐标	[F1] 输入数据 [F4]	N 51.456m E→ 0.000m Z： 0.000m 输入　…　…　回车
④按同样方法输入 E 和 Z 坐标。输入数据后，显示屏返回坐标测量模式		N： 51.456m E： 34.567m Z： 78.912m 测量　模式　S/A　P1↓

2. 仪器高的设置

在关闭仪器电源之后,可对仪器高进行设置,其具体操作见表 11-23。

表 11-23　　　　　　　　　　仪器高的设置

操作过程	操作及按键	显　　示
①在坐标测量模式下,按[F4](↓)键,进入第 2 页功能	[F4]	N:　　　　　123.456m E:　　　　　 34.567m Z:　　　　　 78.912m 测量　　模式　　S/A　　P1↓ -------- 镜高　　仪高　　测站　　P2↓
②按[F2](仪高)键,显示当前值	[F2]	仪器高 输入 仪高:　　　　　0.000m 输入　…　　…　　回车 -------- 1234　　5678　　90.-[ENT]
③输入棱镜高	[F1] 输入仪器高 [F4]	N:　　　　　123.456m E:　　　　　 34.567m Z:　　　　　 78.912m 测量　　模式　　S/A　　P1↓

3. 棱镜高的设置

棱镜高也称目标高,主要用于获取坐标值,仪器电源关闭后,可对棱镜高(目标高)进行设置,其具体操作见表 11-24。

表 11-24　　　　　　　　　棱镜高的设置

操作过程	操作及按键	显示
①在坐标测量模式下,按[F4](↓)键,进入第2页功能	[F4]	N: 123.456m E: 34.567m Z: 78.912m 测量　模式　S/A　P1↓ ---------- 镜高　仪高　测站　P2↓
②按[F2](镜高)键,显示当前值	[F2]	镜高 输入 镜高: 0.000m 输入　…　…　回车 ---------- 1234　5678　90.-[ENT]
③输入棱镜高	[F1] 输入棱镜高 [F4]	N: 123.456m E: 34.567m Z: 78.912m 测量　模式　S/A　P1↓

七、特殊模式测量

特殊模式的测量主要有悬高测量、对边测量与偏心测量三种。

1. 悬高测量

为了得到不能放置棱镜的目标点高度,只需将棱镜架设于目标点所在铅垂线上的任一点,然后进行悬高测量,悬高测量有两种情形:一是有棱镜高(h)输入的情形;二是没有棱镜高输入的情形。

2. 对边测量

测量两个目标棱镜之间的水平距离(d_{HD})、斜距(d_{SD})、高差(d_{VD})和水平角(H_R)。也可直接输入坐标值或调用坐标数据文件进行计算。

3. 偏心测量

偏心测量模式主要适用于棱镜难于直接安置在目标点上的时候。其主要有角度偏心测量模式和平面偏心测量模式两种,见表 11-25。

表 11-25　　　　　　　　　　偏心测量模式

序号	项目	说明
1	角度偏心测量模式	当棱镜直接架设有困难时,此模式是十分有用的,如在树木的中心。只要安置棱镜于和仪器平距相同的点 P 上,在设置仪器高度/棱镜高后进行偏心测量即可得到被测物中心位置的坐标
2	平面偏心测量模式	用于测定无法直接测量的点位,如测定一个平面边缘的距离或坐标。使用这种模式测量时首先应在该模式下测定平面上的任意三个点(P_1,P_2,P_3)以确定被测平面,照准测点 P_0,然后仪器就会计算并显示视准轴与该平面交点距离和坐标

八、全站仪的检验与校正

在使用全站仪前应进行各项检验与校正,以确保作业成果精度。

1. 长水准器的检验与校正

长水准器的检验与校正见表 11-26。

表 11-26　　　　　　　　　长水准器的检验与校正

序号	项目	说明
1	检验内容	用长水准器精确整平仪器(经纬仪)
2	校正步骤	(1)将仪器旋转 180°,检查气泡是否居中。如果气泡仍不居中,继续调整,直至气泡居中。 (2)将仪器旋转 90°,用第三个脚螺旋调整气泡居中。重复检验与校正步骤直至照准部转至任何方向气泡均居中为止

2. 圆水准器的检验与校正

圆水准器的检验与校正见表 11-27。

表 11-27　　　　　　　　　圆水准器的检验与校正

序号	项目	说明
1	检验内容	长水准器检校正确后,若圆水准器气泡亦居中就不必校正

续表

序号	项目	说 明
2	校正步骤	若气泡不居中,用校正针或内六角扳手调整气泡下方的校正螺钉使气泡居中。 (1)校正时,应先松开气泡偏移方向对面的校正螺钉(1或2个)。 (2)拧紧偏移方向的其余校正螺钉使气泡居中。 (3)气泡居中时,三个校正螺钉的紧固力均应一致

3. 望远镜分划板

(1)检验内容。整平仪器后在望远镜视线上选定一目标点 A 并固定水平和垂直制动手轮。转动望远镜垂直微动手轮,使 A 点移动至视场的边沿(A'点)。若 A 点是沿十字丝的竖丝移动,则十字丝不倾斜不必校正。如 A' 点偏离竖丝中心,则十字丝倾斜,需对分划板进行校正。

(2)校正步骤。

1)首先取下位于望远镜目镜与调焦手轮之间的分划板座护盖;

2)用螺钉旋具均匀地旋松该四个固定螺钉,绕视准轴旋转分划板座,使 A' 点落在竖丝的位置上;

3)均匀地旋紧固定螺钉,再用上述方法检验校正结果;

4)最后将护盖安装回原位。

4. 视准轴与横轴的垂直度

(1)检验内容。距离仪器同高的远处设置目标 A,精确整平仪器并打开电源。在盘左位置将望远镜照准目标 A,读取水平角(例:水平角 $L=10°13'10''$)。松开垂直及水平制动手轮中转望远镜,旋转照准部盘右照准 A 点(照准前应旋紧水平及垂直制动手轮),并读取水平角(例:水平角 $R=190°13'40''$)。$2C=L-(R±180°)=30''≥±20''$,需校正。

(2)校正步骤。

1)用水平微动手轮将水平角读数调整到消除值后的正确读数:$R+C=190°13'40''-15''=190°13'25''$;

2)取下位于望远镜目镜与调焦手轮之间的分划板座护盖,调整分划板上水平左右两个十字丝校正螺钉,先松一侧后紧另一侧的螺钉,移动分划板使十字丝中心照准目标 A;

3)重复检验步骤,校正至$|2C|<20''$符合要求为止;
4)最后将护盖安装回原位。

5. 竖盘指标零点自动补偿

(1)检验内容:安置和整平仪器后,使望远镜的指向和仪器中心与任一脚螺旋的连线相一致,旋紧水平制动手轮。开机后指示竖盘指标归零,旋紧垂直制动手轮,仪器显示当前望远镜指向的竖直角值。朝一个方向慢慢转动脚螺旋至 10mm 圆周距左右时,显示的竖直角相应随着变化到消失出现"b"信息,表示仪器竖轴倾斜已大于 $3'$,超出竖盘补偿器的设计范围。当反向旋转脚螺旋复原时,仪器又复现竖直角,在临界位置可反复试验观其变化,表示竖盘补偿器工作正常。

(2)校正步骤:当发现仪器补偿失灵或异常时,应送厂检修。

6. 竖盘指标差(三角)和竖盘指标零点设置

(1)检验内容:在完成圆水准器,视准轴与横轴的垂直度的检校项目后再检验本项目。安置整平好仪器后开机,将望远镜照准任一清晰目标 A,得竖直角盘左读数 R。中转望远镜再照准 A,得竖直角盘右读数 R。若竖直角天顶为 $0°$,则 $i=(L+R-360°)/2$;若竖直角水平为 $0°$,则 $i=(L+R-180°)/2$ 或 $(L+R-540°)/2$。若 $|i|\geqslant 10''$,则需对竖盘指标零点重新设置。

(2)校正步骤。

1)整平仪器后,按住 F1 键开机。在盘左水平方向附近上下转动望远镜,待上行显示出竖直角后,转动仪器精确照准与仪器同高的远处任一清晰稳定目标 A,按 F4 键。

2)旋转望远镜,盘右精确照准同一目标 A,按 F4 键,设置完成,仪器返回测角模式。

3)重复检验步骤重新测定指标差(i)。若指标差仍不符合要求,则应检查校正(指标零点设置)的三个步骤的操作是否有误,目标照准是否准确等,按要求再重新进行设置。

4)校正模式 F1:垂直角零基准 F2:仪器常数垂直角基准校正。第一步>正镜盘左 V:$88°09'30''$回车垂直角基准校正。第二步>倒镜盘右 V:$279°0'0''$回车<设置>5;

5)经反复操作仍不符合要求时,应送厂检修。

7. 光学对中器

(1)检验内容。将仪器安置到三脚架上,在一张白纸上画一个十字交叉并放在仪器正下方的地面上。调整好光学对中器的焦距后,移动白纸使十字交叉位于视场中心。转动脚螺旋,使对中器的中心标志与十字交叉点重合。旋转照准部,每转 90°,观察对中器的中心标志与十字交叉点的重合度。如果照准部旋转时,光学对中器的中心标志一直与十字交叉点重合,则不必校正。否则需按下述方法进行校正。

(2)校正步骤。

1)将光学对中器目镜与调焦手轮之间的改正螺钉护盖取下;

2)固定好十字交叉白纸并在纸上标记出仪器每旋转 90°时对中器中心标志落点,如 A、B、C、D 点;

3)用直线连接对角点 AC 和 BD,两直线交点为 O;

4)用校正针调整对中器的四个校正螺丝,使对中器的中心标志与 O 点重合,检查校正至符合要求;

5)最后将护盖安装回原位。

8. 仪器常数(K)

(1)检验内容:仪器常数在出厂时进行了检验,并在机内作了修正,使 $K=0$。仪器常数很少发生变化,但建议此项检验每年进行 1~2 次。此项检验适合在标准基线上进行,也可以按下述简便的方法进行。选一平坦场地在 A 点安置并整平仪器,用竖丝仔细在地面标定同一直线上间隔 50m 的 B、C 两点,并准确对中地安置反射棱镜。仪器设置了温度与气压数据后,精确测出 AB,AC 的平距。在 B 点安置仪器并准确对中,精确测出 BC 的平距。可以得出仪器测距常数:$K=AC-(AB+BC)$。应接近等于 0,若 $|K|>5mm$ 应送标准基线场进行严格的检验,然后依据检验值进行校正。

(2)校正步骤:经严格检验证实仪器常数 K 不接近于 0,用户如果须进行校正,将仪器加常数按综合常数 K 值进行设置(按 F1 键开机)。应使用仪器的竖丝方向,严格使 A、B、C 三点在同一直线上。B 点地面要有牢固清晰的对中标记。B 点棱镜中心与仪器中心是否重合一致,是保证检测精度的重要环节,因此,最好在 B 点用三脚架和两者能通用的基座,如果三爪式棱镜连接器及基座互换时,三脚架和基座保持固定不动,仅换棱镜和仪器的基座以上部分,可减少不重合误差。

9. 视准轴与发射电光轴的平行度

(1)检验内容。在距仪器 50m 处安置反射棱镜。用望远镜十字丝精确照准反射棱镜中心。打开电源进入测距模式按 MEAS 键作距离测量,左右旋转水平微动手轮,上下旋转垂直微动手轮,进行电照准,通过测距光路畅通信息闪亮的左右和上下的区间,找到测距的发射电光轴的中心。检查望远镜十字丝中心与发射电光轴照准中心是否重合,如基本重合即可认为合格。

(2)校正步骤。如望远镜十字丝中心与发射电光轴中心偏差很大,则须送专业修理部门校正。

第十二章 建筑物变形观测与竣工总平面图的编绘

第一节 建筑物变形观测概述

利用观测设备对建筑物在荷载和各种影响因素作用下产生的结构位置和总体形状的变化,所进行的长期测量工作,称为建筑物变形测量。

一、建筑物变形测量的意义

随着经济建设的不断发展,全国各地兴建了大量的建筑物,以及为开发地下资源而兴建的工程设施,安装了许多精密机械、导轨,以及科学试验设备和设施等。由于各种因素的影响,在这些工程建筑物及其设备的运营过程中,都会产生变形。这种变形在一定限度之内是正常的现象,但如果超过了规定的界限,就会影响建筑物的正常使用,严重时还会危及建筑物的安全。根据《建筑变形测量规范》(JGJ 8—2007)的规定,以下建筑在施工和使用期间应进行变形测量。

(1)地基基础设计等级为甲级的建筑;

(2)复合地基或软弱地基上的设计等级为乙级的建筑;

(3)加层、扩建建筑;

(4)受临近深基坑开挖施工影响或受场地地下水等环境因素变化影响的建筑;

(5)需要积累经验或进行设计分析的建筑。

二、建筑物产生变形的原因

工程建筑物产生变形的原因有很多,主要的原因有以下几个方面:

(1)自然条件及其变化。建筑物地基的工程地质、水文地质、土的物理性质、大气温度和风力等因素引起。例如,同一建筑物由于基础的地质条件不同,引起建筑物不均匀沉降,使其发生倾斜或裂缝。

(2)建筑物自身的原因。建筑物本身的荷载、结构、形式及动荷载(如风力、振动等)的作用。

(3)勘测、设计、施工的质量及运营管理工作的不合理也会引起建筑物的变形。

三、建筑物变形测量的内容与任务

1. 建筑物变形测量的主要内容

建筑物变形测量的主要内容包括沉降观测和倾斜观测、位移观测、裂缝观测、挠度观测等。

2. 建筑物变形测量的任务

变形观测的任务就是周期性地对所设置的观测点(或建筑物某部位)进行重复观测,以求得在每个观测周期内的变化量。若需测量瞬时变形,可采用各种自动记录仪器测定其瞬时位置。

四、建筑物变形测量前准备工作

(1)根据建筑地基基础设计的等级和要求、变形类型、测量目的、任务要求以及测区条件进行施测方案设计。

(2)确定变形测量的内容、精度级别、基准点与变形点布设方案、观测周期、仪器设备及检定要求、观测与数据处理方法、提交成果内容等。

(3)编写技术设计书或施测方案。

五、建筑物变形测量等级划分及精度要求

1. 建筑变形测量的等级及适用范围

建筑变形测量的级别、精度指标及适用范围应符合表 12-1 的规定。

表 12-1　　　　建筑变形测量的级别、精度指标及适用范围

变形测量级别	沉降观测 观测点测站高差中误差/mm	位移观测 观测点坐标中误差/mm	主要适用范围
特级	±0.05	±0.3	特高精度要求的特种精密工程的变形测量

续表

变形测量级别	沉降观测 观测点测站高差中误差 /mm	位移观测 观测点坐标中误差 /mm	主要适用范围
一级	±0.15	±1.0	地基基础设计为甲级的建筑的变形测量;重要的古建筑和特大型市政桥梁等变形测量等
二级	±0.5	±3.0	地基基础设计为甲、乙级的建筑的变形测量;场地滑坡测量;重要管线的变形测量;地下工程施工及运营中变形测量;大型市政桥梁变形测量等
三级	±1.5	±10.0	地基基础设计为乙、丙级的建筑的变形测量;地表、道路及一般管线的变形测量;中小型市政桥梁变形测量等

注:1. 观测点测站高差中误差,系指水准测量的测站高差中误差或静力水准测量、电磁波测距三角高程测量中相邻观测点相应测段间等价的相对高差中误差;
2. 观测点坐标中误差,系指观测点相对测站点(如工作基点)的坐标中误差、坐标差中误差以及等价的观测点相对基准线的偏差值中误差、建筑或构件相对底部固定点的水平位移分量中误差;
3. 观测点点位中误差为观测点坐标中误差的$\sqrt{2}$倍;
4. 本规范(JGJ 8—2007)以中误差作为衡量精度的标准,并以二倍中误差作为极限误差。

2. 建筑变形测量精度级别的确定

(1)地基基础设计为甲级的建筑及有特殊要求的建筑变形测量工程,应根据现行国家标准《建筑地基基础设计规范》(GB 50007—2011)规定的建筑地基变形允许值,分别按规定进行精度估算后,按下列原则确定精度级别。

1)当仅给定单一变形允许值时,应按所估算的观测点精度选择相应的精度级别。

2)当给定多个同类型变形允许值时,应分别估算观测点精度,根据其中最高精度选择相应的精度级别。

3)当估算出的观测点精度低于表 12-1 中三级精度的要求时,应采用三级精度。

(2)其他建筑变形测量工程,可根据设计和施工的要求,按照表 12-1

的规定,选取适宜的精度级别。

(3)当需要采用特级精度时,应对作业过程和方法作出专门的设计与论证后实施。

3. 建筑变形测量的精度估算

(1)沉降观测点测站高差中误差的估算。

1)按照设计的沉降观测网,计算网中最弱观测点高程的协因数 Q_H 和待求观测点间高差的协因数 $Q_{\Delta H}$;

2)单位权中误差即观测点测站高差中误差 μ 的估算公式如下:

$$\mu = m_s / \sqrt{2Q_H}$$

$$\mu = m_{\Delta s} / \sqrt{2Q_{\Delta H}}$$

式中　m_s——沉降量 s 的测定中误差(mm);

$m_{\Delta s}$——沉降差 Δs 的测定中误差(mm)。

(2)位移观测点坐标中误差的估算。

1)安装设计的位移观测网,计算网中最弱观测点坐标的协因数 Q_X、待求观测点间坐标差的协因数 $Q_{\Delta X}$;

2)单位权中误差即观测点坐标中误差 μ 估算公式如下:

$$\mu = m_d / \sqrt{2Q_X}$$

$$\mu = m_{\Delta d} / \sqrt{2Q_{\Delta X}}$$

式中　m_d——位移分量 d 的测定中误差(mm);

$m_{\Delta d}$——位移分量差 Δd 的测定中误差(mm)。

六、建筑变形观测网网点布设

建筑变形观测网网点分为基准点、工作基点和变形观测点,其布设要求见表 12-2。

表 12-2　　　　　建筑变形观测网网点布设要求

序号	项目	布设要求
1	基准点	基准点应选在变形影响区域之外稳固可靠的位置。每个工程至少应有 3 个基准点。大型的工程项目,其水平位移基准点应采用带有强制归心装置的观测墩,垂直位移基准点宜采用双金属标或钢管标

续表

序号	项目	布设要求
2	工作基点	工作基点应选在比较稳定且方便使用的位置。设立在大型工程施工区域内的水平位移观测工作基点宜采用带有强制归心装置的观测墩;垂直位移观测工作基点可采用钢管标。对通视条件较好的小型工程,可不设立工作基点,在基准点上直接测定变形观测点
3	变形观测点	变形观测点应设立在能反映观测体变形特征的位置或观测断面上,观测断面一般分为:关键断面、重要断面和一般断面。需要时,还应埋设一定数量的应力、应变传感器

七、建筑物变形观测周期

变形测量的观测周期,应根据建(构)筑物的特征、变形速率、观测精度要求和工程地质条件等因素综合考虑,观测过程中,根据变形量的变化情况,应适当调整。一般在施工过程中,频率应大些,周期可以为 3d、7d、15d 等,等竣工投产以后,频率可小一些,一般为一个月、两个月、三个月、半年及一年等周期。若遇特殊情况,还要临时增加观测的次数。

第二节　建筑物沉降观测

建筑物沉降观测是根据水准基点周期性测定建筑物上的沉降观测点的高程计算沉降量的工作。

一、沉降观测的标志

沉降观测的标志,可根据不同的建筑结构类型和建筑材料,采用墙(柱)标志、基础标志和隐蔽式标志等形式,并应符合以下规定:

(1)各类标志的立尺部位应加工成半球形或有明显的凸出点,并涂上防腐剂。

(2)标志的埋设位置应避开如雨水管、窗台线、散热器、暖水管、电气开关等有碍设标与观测的障碍物,并应视立尺需要离开墙(柱)面和地面一定距离。

(3)当应用静力水准测量方法进行沉降观测时,观测标志的形式及其埋设,应根据采用的静力水准仪的型号、结构、读数方式以及现场条件确定。标志的规格尺寸设计,应符合仪器安置的要求。

二、沉降观测水准点的测设

1. 水准点的布设

由于建筑物附近的水准点是对建筑物进行沉降观测的依据,所以这些水准点必须坚固稳定。为了对水准点进行相互校核,防止其本身产生变化,水准点的数目应尽量不少于3个,以组成水准网。对水准点要定期进行高程检测,以保证沉降观测成果的正确性。在进行水准点布设时,应考虑下列因素:

(1)水准点应尽量与观测点接近,其距离不应超过100m,以保证观测的精度。

(2)水准点应布设在受振区域以外的安全地点,以防止受到振动的影响。

(3)离开公路、铁路、地下管道和滑坡至少5m。避免埋设在低洼易积水处及松软土地带。

(4)为防止水准点受到冻胀的影响,水准点的埋设深度至少要在冰冻线下0.5m。一般情况下,可以利用工程施工时使用的水准点,作为沉降观测的水准基点。如果由于施工场地的水准点离建筑物较远或条件不好,为了便于进行沉降观测和提高精度,可在建筑物附近另行埋设水准基点。

2. 水准点的形式与埋设

建筑物沉降观测水准点的形式与埋设,一般与三、四等水准点的形式与埋设要求相同,但具体操作时也应根据现场条件及沉降观测在时间上的要求等决定。

(1)当观测急剧沉降的建筑物和构筑物时,若建造水准点已来不及,可在已有房屋或结构物上设置标志作为水准点,但这些房屋或结构物的沉降必须证明已经达到终止。

(2)在山区的建设中,建筑物附近常有基岩,可在岩石上凿一洞,用水泥砂浆直接将金属标志嵌固于岩层之中,但岩石必须稳固。

(3)当场地为砂土或其他不利情况下,应建造深埋水准点或专用水准点。

快学快用 1 水准点高程的测定

沉降观测水准点的高程应根据厂区永久水准基点引测,采用二等水准测量的方法测定。往返测误差不得超过 $\pm n$ mm(n 为测站数),或 $\pm 4L$ mm。

三、沉降观测点的布设

沉降观测点的布置,应以能全面反映建筑及地基变形特征并结合地质情况及建筑结构特点确定。

1. 一般要求

(1)建筑的四角、大转角处及沿外墙每 10~15m 处或每隔 2~3 根柱基上。

(2)高低层建筑、新旧建筑、纵横墙等交接处的两侧。

(3)建筑裂缝和沉降缝两侧、基础埋深相差悬殊处、人工地基与天然地基接壤处、不同结构的分界处及填挖方分界处。

(4)宽度大于等于 15m 或小于 15m 而地质复杂以及膨胀土地区的建筑,在承重内隔墙中部设内墙点,并在室内地面中心及四周设地面点。

(5)邻近堆置重物处、受振动有显著影响的部位及基础下的暗浜(沟)处。

(6)框架结构建筑的每个或部分柱基上或沿纵横轴线设点。

(7)筏形基础、箱形基础底板或接近基础结构部分的四角处及其中部位置。

(8)重型设备基础和动力设备基础的四角、基础形式或埋深改变处以及地质条件变化处两侧。

(9)电视塔、烟囱、水塔、油罐、炼油塔、高炉等高耸建筑,沿周边在与基础轴线相交的对称位置上布点,点数不少于 4 个。

2. 民用建筑沉降观测点布设

为保证沉降观测点的稳定性,一般民用建筑沉降观测点大都设置在外墙勒脚处,观测点埋在墙内的部分应大于露出墙外部分的 5~7 倍。常用观测点的布设要求见表12-3。

表12-3　　　　　　　民用建筑沉降观测点布设要求

观测点类别	图示	说明
预制墙式观测点	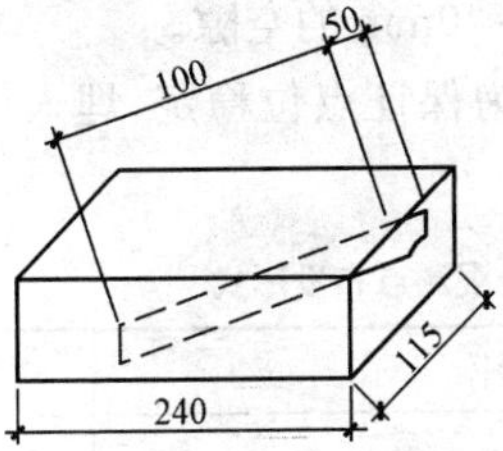	预制墙式观测点由混凝土预制而成,其大小可做成普通黏土砖规格的1～3倍,中间嵌以角钢,角钢棱角向上,并在一端露出50mm。在砌砖墙勒脚时,将预制块砌入墙内,角钢露出端与墙面夹角为50°～60°
燕尾形观测点	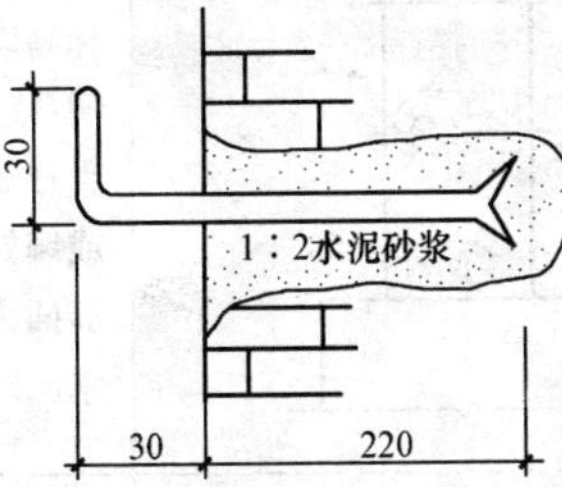	利用直径20mm的钢筋,一端弯成90°角,一端制成燕尾形埋入墙内
角钢埋设观测点	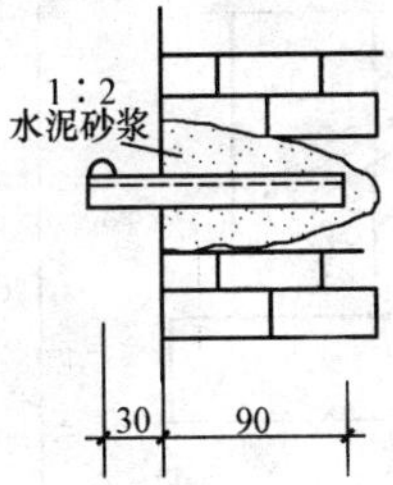	用长120mm的角钢,在一端焊一铆钉头,另一端埋入墙内,并以1:2水泥砂浆填实

3. 柱基础观测点布设

柱基础沉降观测点的布设,可以参考下述"5. 设备基础观测点布设"的相关内容。但是当柱子安装后进行二次灌浆时,原设置的观测点将被砂浆埋掉,因而,必须在二次灌浆前,及时在柱身上设置新观测点。

4. 柱身观测点布设

常见的钢筋混凝土柱和钢柱的柱身沉降观测点的布设形式,见表

12-4。在柱子上设置新的观测点时应注意以下事项:

(1)为保持沉降观测的连贯性,新的观测点应在柱子校正后二次灌浆前,将高程引测至新的观测点上。

(2)新旧观测点的水平距离不应大于1.5m,高差不应大于1.5m。

(3)观测点与柱面应有30~40mm的空隙。

(4)在混凝土柱下埋标时,为保证点位稳定,埋入柱内的长度应大于露出的部分。

表12-4　　　　　　　　柱身观测点布设形式

观测点类别	图示	说明
钢筋混凝土柱观测点	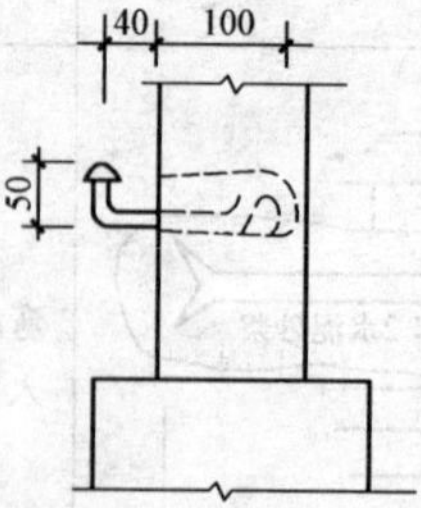	用钢凿在柱子±0.000标高以上10~50cm处凿洞(或在预制时留孔),将直径20mm以上的钢筋或铆钉,制成弯钩形,平面插入洞内,再以1:2水泥砂浆填实
	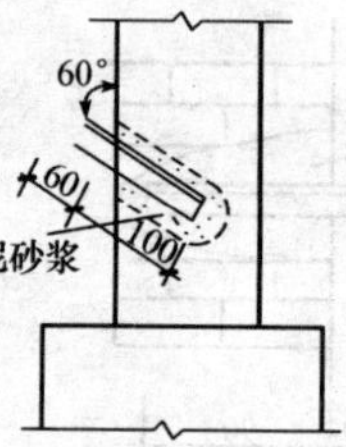 1:2水泥砂浆	采用角钢作为标志,埋设时使其与柱面成50°~60°的倾斜角
钢柱观测点	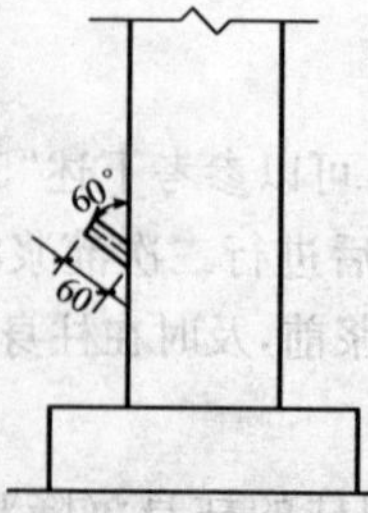	将角钢的一端切成使脊背与柱面成50°~60°的倾斜角,将此端焊在钢柱上

第十二章 建筑物变形观测与竣工总平面图的编绘

续表

观测点类别	图 示	说 明
钢柱观测点		将铆钉弯成钩形,将其一端焊在钢柱上

5. 设备基础观测点布设

设备基础观测点一般用铆钉或钢筋来制作,然后将其埋入混凝土内,其布设形式见表 12-5。在埋设观测点时应注意以下事项:

(1)铆钉或钢筋埋在混凝土中露出的部分,不宜过高或太低。

(2)观测点应垂直埋设,与基础边缘的间距不得小于 50mm,埋设后将四周混凝土压实,待混凝土凝固后用红油漆编号。

(3)埋点应在基础混凝土将达到设计标高时进行。如混凝土已凝固须增设观测点时,可用钢凿在混凝土面上确定的位置凿一洞,将标志埋入,再以 1∶2 水泥砂浆灌实。

表 12-5　　　　　　设备基础观测点布设形式

观测点布设形式		图 示	说 明
非永久性观测点	垫板式		用长 60mm、直径 20mm 的铆钉,下焊 40mm×40mm×5mm 的钢板
	弯钩式		将长约 100mm、直径 20mm 的铆钉一端弯成直角

续表

观测点布设形式		图示	说明
非永久性观测点	燕尾式	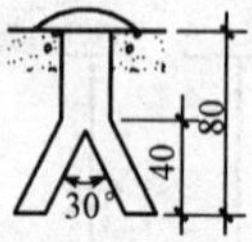	将长80～100mm、直径20mm的铆钉,在尾部中间劈开,做成夹角为30°左右的燕尾形
	U字式	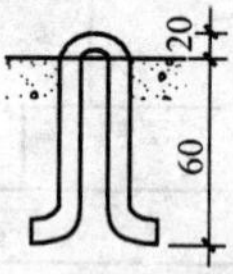	用直径20mm、长220mm左右的钢筋弯成"U"形,倒埋在混凝土之中
永久性观测点		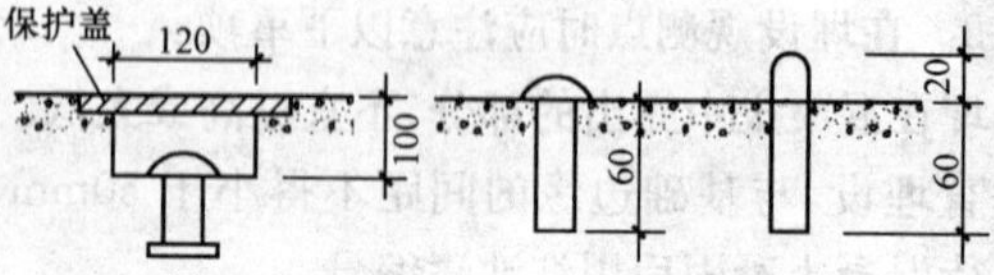 (a) (b)	如观测点使用期长,应埋设有保护盖的永久性观测点。对于一般工程,如因施工紧张而观测点加工不及时,可用直径20～30mm的铆钉或钢筋头(上部锉成半球状)埋置于混凝土中作为观测点

四、建筑物沉降观测的实施

1. 沉降观测时间和次数

沉降观测的时间和次数,应根据工程性质、工程进度、地基土质情况及基础荷重增加情况等决定。

(1)高层建筑施工期间的沉降观测周期,应每增加1～2层观测一次。

(2)建筑物封顶后,应每3个月观测一次,观测一年。如果最后两个观测周期的平均沉降速率小于0.02mm/日,可以认为整体趋于稳定,如果各点的沉降速率均小于0.02mm/日,即可终止观测。否则,应继续每3个月观测一次,直至建筑物稳定为止。

(3)工业厂房或多层民用建筑的沉降观测总次数,不应少于5次。竣工后的观测周期可根据建(构)筑物的稳定情况确定。

2. 沉降观测工作要求

沉降观测是一项较长期的系统观测工作,为了确保观测成果的准确性,观测时应做到"固定",即:

(1)固定人员观测和整理成果。
(2)固定使用的水准仪及水准尺。
(3)使用固定的水准点。
(4)按规定的日期、方法及路线进行观测。

快学快用 2　沉降观测路线的确定

为加快沉降观测的施测速度,在沉降观测前,应确定观测路线。首先,应到现场进行规划,确定安置仪器的位置,选定若干较稳定的沉降观测点或其他固定点作为临时水准点,并与永久水准点组成环路。然后,应根据选定的临时水准点、设置仪器的位置以及观测路线,绘制沉降观测路线图,如图12-1所示,以后每次都按固定的路线观测。

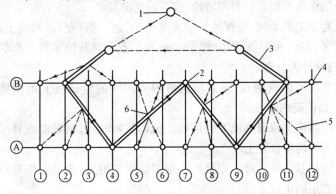

图 12-1　沉降观测路线
1—沉降观测水准点;2—作为临时水准点的观测点;3—观测路线;
4—沉降观测点;5—前视线;6—置仪器位置

快学快用 3　建筑物沉降观测成果提交

观测工作结束后,应提交下列成果:
(1)工程平面位置图及基准点分布图。

(2)沉降观测点位分布图。
(3)沉降观测成果表。
(4)时间-荷载-沉降量曲线图。
(5)等沉降曲线图。

五、建筑沉降观测的内容

建筑沉降观测可根据需要,分别或组合测定建筑场地沉降、基坑回弹、地基土分层沉降以及基础和上部结构沉降。对于深基础建筑或高层、超高层建筑,沉降观测应从基础施工时开始。

1. 基坑回弹观测

基坑回弹观测,应测定深埋建筑基础在基坑开挖后,由于卸除基坑土自重而引起的基坑内外影响范围内相对于开挖前的回弹量。

(1)回弹观测点位的布设。回弹观测点位的布设,应根据基坑形状、大小、深度及地质条件确定,用适当点数能测出所需各纵横断面回弹量。可利用回弹变形的近似对称特性,按下列规定布点:

1)对于矩形基坑,应在基坑中央及纵(长边)、横(短边)轴线上布设,纵向每 8~10m 布一点,横向每 3~4m 布一点。对其他不规则形状的基坑,可与设计人员商定。

2)基坑外的观测点,应在所选坑内方向线的延长线上距基坑深度 1.5~2 倍距离内布置。

3)当所选点位遇到地下管道或其他构筑物时,可将观测点移至与之对应方向线的空位置上。

4)应在基坑外相对稳定且不受施工影响的地点,选设工作基点及为寻找标志用的定位点。

5)观测路线应组成起讫于工作基点的闭合或附合路线,使之具有检核条件。

(2)基坑回弹观测技术要求。

1)回弹标志应埋入基坑底面以下 20~30cm。根据开挖深度和地层土质情况,可采用钻孔法或探井法。根据埋设与观测方法的不同,标志形式可采用辅助杆压入式、钻杆送入式或直埋式标志。

2)回弹观测精度可按相关规定以给定或预估的最大回弹量为变形允

许值进行估算后确定。但最弱观测点相对邻近工作基点的高差中误差，不应大于±1.0mm。

3) 回弹观测不应少于三次，其中第一次在基坑开挖之前，第二次在基坑挖好之后，第三次在浇筑基础混凝土之前。当基坑挖完至基础施工的间隔时间较长时，亦应适当增加观测次数。

4) 基坑开挖前的回弹观测，宜采用水准测量配以铅垂钢尺读数的钢尺法。较浅基坑的观测，可采用水准测量配辅助杆垫高水准尺读数的辅助杆法。观测结束后，应在观测孔底充填厚度约为1m的白灰。

快学快用 4　基坑、回弹观测设备与作业方法

(1) 钢尺在地面的一端，应用三脚架、滑轮、拉力计和重锤牵拉。在孔内的一端，应配以能在读数时准确接触回弹标志头的装置。观测时，可配挂磁锤。当基坑较深、地质条件复杂时，可用电磁探头装置观测；基坑较浅时，可用挂钩法，此时，标志顶端应加工成弯钩状。

(2) 辅助杆宜用空心两头封口的金属管制成，顶部应加工成半球状，并于顶部侧面安置圆盒水准器，杆长以放入孔内后露出地面20～40cm为宜。

(3) 测前与测后应对钢尺和辅助杆的长度进行检定。长度检定中误差不应大于回弹观测测站高差中误差的1/2。

(4) 每一测站的观测可按先后视水准点上标尺面、再前视孔内尺面的顺序进行，每组读数3次，以反复进行两组作为一测回。每站不应少于两测回，并同时测记孔内温度。观测结果应加入尺长和温度的改正。

快学快用 5　基坑回弹观测成果提交

基坑回弹观测工作结束后，应提交下列成果：
(1) 回弹观测点位布置平面图。
(2) 回弹量纵、横断面图。
(3) 回弹观测成果表。

2. 地基土分层沉降观测

(1) 分层沉降观测，应测定高层和大型建筑物地基内部各分层土的沉降量、沉降速度以及有效压缩层的厚度。

(2) 分层沉降观测点，应在建筑物地基中心附近约为2m×2m或各点间距不大于 50cm 的范围内,沿铅垂线方向上的各层土内布置。点位数量与深度,应根据分层土的分布情况确定,每一土层设一点,最浅的点位应设在基础底面下不小于 50cm 处,最深的点位应在超过压缩层理论厚度处或压缩性低的砾石或岩石层上。

(3)分层沉降观测标志的埋设应采用钻孔法。

(4)分层沉降观测精度可按分层沉降观测点相对于邻近工作基点或基准点的高差中误差不大于±1.0mm 的要求设计确定。

(5)分层沉降观测应按周期用精密水准仪或自动分层沉降仪测出各标顶的高程,计算出沉降量。

(6)分层沉降观测,应从基坑开挖后基础施工前开始,直至建筑竣工后沉降稳定时为止。观测周期可参照建筑物沉降观测的规定确定。首次观测应至少在标志埋好 5d 后进行。

快学快用 6 地基土分层沉降观测成果提交

地基土分层沉降观测工作结束后,应提交下列成果:
(1)地基土分层标点位置图。
(2)地基土分层沉降观测成果表。
(3)各土层 p-s-z(载荷-沉降-深度)曲线图。

快学快用 7 建筑物沉降观测成果关系曲线

将时间与沉降量关系曲线和时间与荷重关系曲线合画在同一图上,便能清楚地表明每个观测点在一定时间内,所受到的荷重及沉降量。时间与沉降量关系曲线、时间与荷重关系曲线的画法见表 12-6。

表 12-6　　　　　　　建筑物沉降观测成果关系曲线

序号	项目	画法
1	时间与沉降量关系曲线	时间与沉降量的关系曲线,是以沉降量 S 为纵轴,时间 T 为横轴,根据每次观测日期和每次下沉量按比例画出各点,然后将各点连接起来,并在曲线的一端注明观测点号
2	时间与荷重关系曲线	时间与荷重的关系曲线,是以载荷的重量 P 为纵轴,时间 T 为横轴,根据每次观测日期和每次的载荷重量画出各点,然后将各点连接起来

第三节　建筑物位移观测

建筑物位移观测应根据建筑物的特点和施测去做好观测方案的设计和技术准备工作，并取得委托方及有关人员的配合。

一、建筑物位移观测的主要内容

建筑物位移观测可根据现场作业条件和经济因素选用视准线法、测角交会法或方向差交会法、极坐标法、激光准直法、投点法、测小角法、测斜法、正倒垂线法、激光位移计自动测记法、GPS法、激光扫描法或近景摄影测量法等方法观测。

建筑物位移观测的主要内容包括建筑主体倾斜观测、建筑水平位移观测、基坑壁侧向位移观测、场地滑坡观测和挠度观测。

二、建筑主体倾斜观测

建筑主体倾斜观测应测定建筑顶部观测点相对于底部固定点或上层相对于下层观测点的倾斜度、倾斜方向及倾斜速率。刚性建筑的整体倾斜，可通过测量顶面或基础的差异沉降来间接确定。

1. 观测点与测站点的布设

（1）点位的选择。建筑物主体倾斜观测时，观测点与测站点的点位选择应符合下列要求：

1）当从建筑外部观测时，测站点的点位应选在与倾斜方向成正交的方向线上距照准目标 1.5～2.0 倍目标高度的固定位置。当利用建筑内部竖向通道观测时，可将通道底部中心点作为测站点。

2）对于整体倾斜，观测点及底部固定点应沿着对应测站点的建筑主体竖直线，在顶部和底部上下对应布设；对于分层倾斜，应按分层部位上下对应布设。

3）按前方交会法布设的测站点，基线端点的选设应顾及测距或长度丈量的要求。按方向线水平角法布设的测站点，应设置好定向点。

（2）点位标志的设置。建筑物主体倾斜观测时，观测点与测站点的点位设置应符合下列要求：

1)建筑顶部和墙体上的观测点标志可采用埋入式照准标志。当有特殊要求时,应专门设计。

2)不便埋设标志的塔形、圆形建筑以及竖直构件,可以照准视线所切同高边缘确定的位置或用高度角控制的位置作为观测点位。

3)位于地面的测站点和定向点,可根据不同的观测要求,使用带有强制对中装置的观测墩或混凝土标石。

4)对于一次性倾斜观测项目,观测点标志可采用标记形式或直接利用符合位置与照准要求的建筑特征部位,测站点可采用小标石或临时性标志。

2. 建筑主体倾斜观测精度与周期

(1)观测精度。建筑物主体倾斜观测的精度可根据给定的倾斜量允许值,按照《建筑变形测量规范》(JGJ 8—2007)的相关规定确定。当由基础倾斜间接确定建筑整体倾斜时,基础差异沉降的观测精度也应符合《建筑变形测量规范》(JGJ 8—2007)的相关规定。

(2)观测周期。主体倾斜观测的周期可视倾斜速度每1~3个月观测一次。当遇基础附近因大量堆载或卸载、场地降雨长期积水等而导致倾斜速度加快时,应及时增加观测次数。倾斜观测应避开强日照和风载荷影响大的时间段。

快学快用 8 建筑主体倾斜观测方法的选用

(1)当从建筑或构件的外部观测主体倾斜时,宜选用表12-7中观测法。

表12-7 从建筑或构件的外部观测主体倾斜的方法

序号	项目	观测方法
1	投点法	观测时,应在底部观测点位置安置水平读数尺等测量设施。在每测站安置经纬仪投影时,应按正倒镜法测出每对上下观测点标志间的水平位移分量,再按矢量相加法求得水平位移值(倾斜量)和位移方向(倾斜方向)
2	测水平角法	对塔形、圆形建筑或构件,每测站的观测应以定向点作为零方向,测出各观测点的方向值和至底部中心的距离,计算顶部中心相对底部中心的水平位移分量。对矩形建筑,可在每测站直接观测顶部观测点与底部观测点之间的夹角或上层观测点与下层观测点之间的夹角,以所测角值与距离值计算整体的或分层的水平位移分量和位移方向

续表

序号	项目	观测方法
3	前方交会法	所选基线应与观测点组成最佳构形,交会角宜在60°~120°之间。水平位移计算,可采用直接由两周期观测方向值之差解算坐标变化量的方向差交会法,亦可采用按每周期计算观测点坐标值,再以坐标差计算水平位移的方法

(2)当利用建筑或构件的顶部与底部之间的竖向通视条件进行建筑主体倾斜观测时,宜选用表12-8中的观测方法。

(3)当利用相对沉降量间接确定建筑整体倾斜时,可选用表12-8中的观测法。

表12-8　　　竖向通视条件下观测建筑主体倾斜的方法

序号	项目	观测方法
1	激光垂准仪观测法	应在顶部适当位置安置接收靶,在其垂线下的地面或地板上安置激光垂准仪或激光经纬仪,按一定周期观测,在接收靶上直接读取或量出顶部的水平位移量和位移方向。作业中仪器应严格置平、对中,应旋转180°观测两次取其中数。对超高层建筑,当仪器设在楼体内部时,应考虑大气湍流的影响
2	激光位移计自动记录法	位移计宜安置在建筑底层或地下室地板上,接收装置可设在顶层或需要观测的楼层,激光通道可利用未使用的电梯井或楼梯间隔,测试室宜选在靠近顶部的楼层内。当位移计发射激光时,从测试室的光线示波器上可直接获取位移图像及有关参数,并自动记录成果
3	正、倒垂线法	垂线宜选用直径0.6~1.2mm的不锈钢丝或钢瓦丝,并采用无缝钢管保护。采用正垂线法时,垂线上端可锚固在通道顶部或所需高度处设置的支点上。采用倒垂线法时,垂线下端可固定在锚块上,上端设浮筒。用来稳定重锤、浮子的油箱中应装有阻尼液。观测时,由观测墩上安置的坐标仪、光学垂线仪、电感式垂线仪等量测设备,按一定周期测出各测点的水平位移量

续表

序号	项 目	观 测 方 法
4	吊垂球法	应在顶部或所需高度处的观测点位置上,直接支出一点悬挂适当重量的垂球,在垂线下的底部固定毫米格网读数板等读数设备,直接读取或量出上部观测点相对底部观测点的水平位移量和位移方向

快学快用 9 倾斜观测成果提交

建筑物主体倾斜观测完成后,应提交下列成果:
(1)倾斜观测点位布置图。
(2)倾斜观测成果表。
(3)主体倾斜曲线图。

三、建筑水平位移观测

(1)观测点的布设。建筑水平位移观测点的位置应选在墙角、柱基及裂缝两边等处。标志可采用墙上标志,具体形式及其埋设应根据点位条件和观测要求确定。

(2)建筑水平位移观测周期。

1)水平位移观测的周期,对于不良地基土地区的观测,可与一并进行的沉降观测协调确定。

2)对于受基础施工影响的有关观测,应按施工进度的需要确定,可逐日或间隔2~3d观测一次,直至施工结束。

(3)建筑水平位移观测方法。建筑水平位移观测的方法主要有视准线法、激光准直法、引张线法和测边角法四种。

快学快用 10 运用视准线法进行水平位移观测

由经纬仪的视准面形成基准面的基准线法,称为视准线法。视准线法又分为角度变化法和位移法两种。

(1)角度变化法。角度变化法又称小角法,是利用精密光学经纬仪,精确测出基准线与置镜端点到观测点视线之间所夹的角度。采用小角法

第十二章 建筑物变形观测与竣工总平面图的编绘

进行视准线测量时,视准线应按平行于待测建筑边线布置,观测点偏离视准线的偏角不应超过 30″。偏离值 d（图 12-2）可按下式计算：

$$d = \alpha/\rho \cdot D$$

式中　α——偏角(″)；

　　　D——从测站点到观测点的距离(m)；

　　　ρ——常数,其值 206265″。

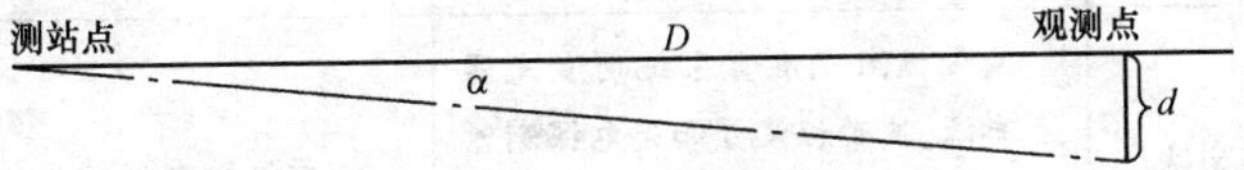

图 12-2　小角法

（2）位移法。位移法又称活动觇牌法,是直接利用安置在观测点上的活动觇牌来测定偏离值。采用活动觇牌法进行视准线测量时,观测点偏离视准线的距离不应超过活动觇牌读数尺的读数范围。应在视准线一端安置经纬仪或视准仪,瞄准安置在另一端的固定觇牌进行定向,待活动觇牌的照准标志正好移至方向线上时读数。每个观测点应按确定的测回数进行往测与返测。

快学快用 11　运用激光准直法进行水平位移观测

当采用激光准直法测定位移时,应符合下列要求：

（1）使用激光经纬仪准直法时,当要求具有 $10^{-5} \sim 10^{-4}$ 量级准直精度时,可采用 DJ_2 型仪器配置氦-氖激光器或半导体激光器的激光经纬仪及光电探测器或目测有机玻璃方格网板；当要求达到 10^{-6} 量级精度时,可采用 DJ_1 型仪器配置高稳定性氦-氖激光器或半导体激光器的激光经纬仪及高精度光电探测系统。

（2）对于较长距离的高精度准直,可采用三点式激光衍射准直系统或衍射频谱成像及投影成像激光准直系统。对短距离的高精度准直,可采用衍射式激光准直仪或连续成像衍射板准直仪。

（3）激光仪器在使用前必须进行检校,仪器射出的激光束轴线、发射系统轴线和望远镜照准轴线应三者重合,观测目标与最小激光斑应重合。

激光准直法可分为激光束准直法和波带板激光准直法两类,见表 12-9。

表 12-9　　　　　　　　　激光准直法分类

类　别	原　理	特点与应用
激光束准直法	通过望远镜发射激光束,在需要准直的观测点上用光电探测器接收	由于这种方法是以可见光束代替望远镜视线,用光电探测器探测激光光斑能量中心,所以常用于施工机械导向的自动化和变形观测
波带板激光准直法	波带板激光准直系统由激光器点光源、波带板装置和光电探测器或自动数码显示器三部分组成,是一种特殊设计的屏,它能把一束单色相干光会聚成一个亮点	该方法的准直精度较高,可达 $10^{-6} \sim 10^{-7}$ 以上

快学快用 12　运用引张线法进行水平位移观测

引张线法是在两固定端点之间用拉紧的金属丝作为基准线,用于测定建筑物水平位移。引张线的装置由端点、观测点、测线与测线保护管四部分组成。

在引张线法中假定钢丝两端固定不动,则引张线是固定的基准线。由于各观测点上之标尺是与建筑物体固定连接的,所以对于不同的观测周围,钢丝在标尺上的读数变化值,就是该观测点的水平位移值。引张线法常用在大坝变形观测中,引张线安置在坝体廊道内,不受旁折光和外界影响,所以观测精度较高,根据生产单位的统计,三测回观测平均值的中误差可达 0.03mm。

快学快用 13　运用测边角法进行水平位移观测

当采用测边角法测定水平位移时,应符合下列需求:

(1)对主要观测点,可以根据该点为测站测出对应视准线端点的边长和角度,求得偏差值。对其他观测点,可选适宜的主要观测点为测站,测出对应其他观测点的距离与方向值,按坐标法求得偏差值。

(2)角度观测测回数与长度的丈量精度要求,应根据要求的偏差值观测中误差确定。

(3)测量观测点任意方向位移,可视观测点的分布情况,采用前方交会或方向差交会及极坐标等方法。

(4)单个建筑亦可采用直接量测位移分量的方向线法,在建筑纵、横轴线的相邻延长线上设置固定方向线,定期测出基础的纵向和横向位移。对于观测内容较多的大测区或观测点远离稳定地区的测区,宜采用测角、测边、边角及GPS与基准线法相结合的综合测量方法。

快学快用 14 水平位移观测成果提交

建筑水平位移观测后,应提交下列成果:
(1)水平位移观测点位布置图。
(2)水平位移观测成果表。
(3)水平位移曲线图。

四、基坑壁侧向位移观测

基坑壁侧向位移观测应测定基坑围护结构桩墙顶水平位移和桩墙深层挠曲。

基坑壁侧向位移观测的周期应符合以下规定:

(1)基坑开挖期间应2~3d观测一次,位移速率或位移量大时应每天观测1~2次。

(2)当基坑壁的位移速率或位移量迅速增大或出现其他异常时,应在做好观测本身安全的同时,增加观测次数,并立即将观测结果报告委托方。

快学快用 15 基坑壁侧向位移观测方法的选用

基坑壁侧向位移观测可根据现场条件使用视准线法、测小角法、前方交会法或极坐标法,并宜同时使用测斜仪或钢筋计、轴力计等进行观测。采用不同的观测方法时,其要求见表12-10。

表12-10　　　　　　　　基坑壁侧向位移观测要求

序号	观测方法	观测要求
1	视准线法、测小角法、前方交会法和极坐标法	(1)基坑壁侧向位移观测点应沿基坑周边桩墙顶每隔10~15m布设一点。 (2)侧向位移观测点宜布置在冠梁上,可采用铆钉枪射入铝钉,亦可钻孔埋设膨胀螺栓或用环氧树脂胶粘标志。 (3)测站点宜布置在基坑围护结构的直角上

续表

序号	观测方法	观测要求
2	测斜仪测定法	(1)测斜仪宜采用能连续进行多点测量的滑动式仪器。 (2)测斜管应布设在基坑每边中部及关键部位,并埋设在围护结构桩墙内或其外侧的土体内,基坑埋设深度应与围护结构入土深度一致。 (3)将测斜管吊入孔或槽内时,应使十字形槽口对准观测的水平位移方向。连接测斜管时应对准导槽,使之保持在一条直线上。管底端应装底盖,每个接头及底盖处应密封。 (4)埋设于基坑围护结构中的测斜管,应将测斜管绑扎在钢筋笼上,同步放入成孔或槽内,通过浇筑混凝土后固定在桩墙中或外侧。 (5)埋设于土体中的测斜管,应先用地质钻机成孔,将分段测斜管连接放入孔内,测斜管连接部分应密封处理,测斜管与钻孔壁之间空隙宜回填细砂或水泥与膨润土拌和的灰浆,其配合比应根据土层的物理力学性能和水文地质情况确定。测斜管的埋设深度应与围护结构入土深度一致。 (6)测斜管埋好后,应停留一段时间,使测斜管与土体或结构固连为一整体。 (7)观测时,可由管底开始向上提升测头至待测位置,或沿导槽全长每隔500mm(轮距)测读一次,将测头旋转180°再测一次。两次观测位置(深度)应一致,将此作为一测回。每周期观测可测两测回,每个测斜导管的初测值,应测四测回,观测成果取中数
3	利用物理仪表观测法	当应用钢筋计、轴力计等物理测量仪表测定基坑主要结构的轴力、钢筋内力及监测基坑四周土体内土体压力、孔隙水压力时,应能反映基坑围护结构的变形特征。对变形大的区域,应适当加密观测点位和增设相应仪表

快学快用 16 侧向位移观测成果提交

基坑壁侧向位移观测后,应提交下列成果:
(1)基坑壁位移观测点布置图。
(2)基坑壁位移观测成果表。
(3)基坑壁位移曲线图。

五、场地滑坡观测

建筑场地滑坡观测应测定滑坡的周界、面积、滑动量、滑移方向、主滑线以及滑动速度,并视需要进行滑坡预报。

1. 观测点位的布设

(1)观测点位的设置。

1)滑坡面上的观测点应均匀布设。滑动量较大和滑动速度较快的部位,应适当增加布点。

2)滑坡周界外稳定的部位和周界内稳定的部位,均应布设观测点。

3)当主滑方向和滑动范围已明确时,可根据滑坡规模选取十字形或格网形平面布点方式;当主滑方向和滑动范围不明确时,可根据现场条件,采用放射形平面布点方式。

4)需要测定滑坡体深部位移时,应将观测点钻孔位置布设在主滑轴线上,并可对滑坡体上局部滑动和可能具有的多层滑动面进行观测。

5)对已加固的滑坡,应在其支挡锚固结构的主要受力构件上布设应力计和观测点。

(2)观测点位标石埋设。滑坡观测点位标石、标志及其埋设应符合下列要求:

1)土体上的观测点可埋设预制混凝土标石。根据观测精度要求,顶部的标志可采用具有强制对中装置的活动标志或嵌入加工成半球状的钢筋标志。标石埋深不宜小于1m,在冻土地区应埋至当地冻土线以下0.5m。标石顶部应露出地面20~30cm。

2)岩体上的观测点可采用砂浆现场浇固的钢筋标志。凿孔深度不宜小于10cm。标志埋好后,其顶部应露出岩体面5cm。

3)必要的临时性或过渡性观测点以及观测周期短、次数少的小型滑坡观测点,可埋设硬质大木桩,但顶部应安置照准标志,底部应埋至当地冻土线以下。

4)滑动体深部位移观测钻孔应穿过潜在滑动面进入稳定的基岩面以下不小于1m。观测钻孔应铅直,孔径应不小于110mm。

2. 滑坡观测周期

滑坡观测的周期应视滑坡的活跃程度及季节变化等情况而定,并应符合下列规定：

(1) 在雨季，宜每半月或一月测一次；干旱季节，可每季度测一次。

(2) 当发现滑速增快，或遇暴雨、地震、解冻等情况时，应增加观测次数。

(3) 当发现有大的滑动可能或有其他异常时，应在做好观测本身安全的同时，及时增加观测次数，并立即将观测结果报告委托方。

快学快用 17　场地滑坡观测方法的选用

滑坡观测点的位移观测方法，可根据现场条件，按下列要求选用：

(1) 当建筑数量多、地形复杂时，宜采用以三方向交会为主的测角前方交会法，交会角宜在 $50°\sim110°$ 之间，长短边不宜悬殊。也可采用测距交会法、测距导线法以及极坐标法。

(2) 对于视野开阔的场地，当面积小时，可采用放射线观测网法，从两个测站点上按放射状布设交会角在 $30°\sim150°$ 之间的若干条观测线，两条观测线的交点即为观测点。每次观测时，应以解析法或图解法测出观测点偏离两测线交点的位移量。当场地面积大时，可采用任意方格网法，其布设与观测方法应与放射线观测网相同，但应需增加测站点与定向点。

(3) 对于带状滑坡，当通视条件较好时，可采用测线支距法，在与滑动轴线的垂直方向布设若干条测线，沿测线选定测站点、定向点与观测点。每次观测时，应按支距法测出观测点的位移量与位移方向。当滑坡体窄而长时，可采用十字交叉观测网法。

(4) 对于抗滑墙(桩)和要求高的单独测线，可选用视准线法。

(5) 对于可能有大滑动的滑坡，除采用测角前方交会等方法外，亦可采用数字近景摄影测量方法同时测定观测点的水平和垂直位移。

(6) 当符合 GPS 观测条件和满足观测精度要求时，可采用单机多天线 GPS 观测方法观测。

快学快用 18　场地滑坡观测成果提交

建筑场地滑坡观测时应提交以下图表：

(1) 滑坡观测点位布置图。

(2) 观测成果表。

(3) 观测点位移与沉降综合曲线图。

地基土深层侧向位置宜按图 12-3、图 12-4 表示，滑坡观测点的位移与沉降综合曲线图可按图 12-5 的样式表示。

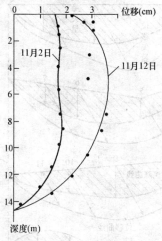

图 12-3　深度-位移曲线图

注：图 12-3 为某工程实测的大面积加荷引起的水平位移沿深度分布线。

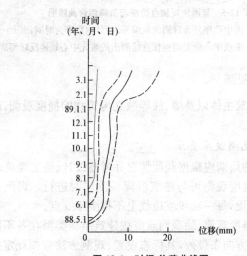

图 12-4　时间-位移曲线图

注：图 12-4 为某高层建筑基坑四周地下钢筋混凝土连续墙上一个测斜导管，在不同深度处，从基坑开挖前开始，直至基础底板混凝土浇筑完毕止，所测得的时间-位移曲线。

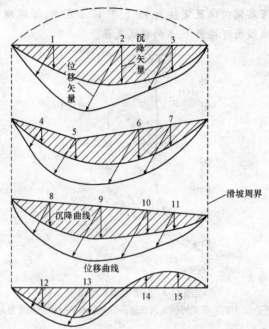

图 12-5　某滑坡观测点位移与沉降综合曲线图

注：1. 图中顺序号为观测次数编号，括号内数字为时间；
　　2. 曲线图由激光铅直仪直接测出的激光中心轨迹反转而成。

六、建筑挠度观测

建筑基础和建筑主体以及墙、柱等独立构筑物的挠度观测，应按一定周期测定其挠度值。

1. 建筑挠度观测技术要求

(1)挠度观测的周期应根据载荷情况并考虑设计、施工要求确定。

(2)建筑基础挠度观测可与建筑沉降观测同时进行。观测点应沿基础的轴线或边线布设，每一轴线或边线上不得少于 3 点。

(3)建筑主体挠度观测，除观测点应按建筑结构类型在各不同高度或各层处沿一定垂直方向布设外，其标志设置、观测方法应按规定执行。挠度值应由建筑上不同高度点相对于底部固定点的水平位移值确定。

(4)独立构筑物的挠度观测，除可采用建筑主体挠度观测要求外，当观测条件允许时，亦可用挠度计、位移传感器等设备直接测定挠度值。

2. 建筑挠度观测数据计算

(1)如图 12-6 所示,挠度值 f_d 应按下式计算:

$$f_d = \Delta s_{AE} - \frac{L_{AE}}{L_{AE}+L_{EB}} \cdot \Delta s_{AB}$$

$$\Delta s_{AE} = s_E - s_A$$

$$\Delta s_{AB} = s_B - s_A$$

式中 s_A、s_B——基础上 A、B 点的沉降量或位移量(mm);
s_E——基础上 E 点的沉降量或位移量(mm),E 点位于 A、B 两点之间;
L_{AE}——A、E 之间的距离(m);
L_{EB}——E、B 之间的距离(m)。

(2)跨中挠度值 f_{dc} 应按下列公式计算:

$$f_{dc} = \Delta s_{10} - \frac{1}{2}\Delta s_{12}$$

$$\Delta s_{10} = s_0 - s_1$$

$$\Delta s_{12} = s_2 - s_1$$

式中 s_0——基础中点的沉降量或位移量(mm);
s_1、s_2——基础两个端点的沉降量或位移量(mm)。

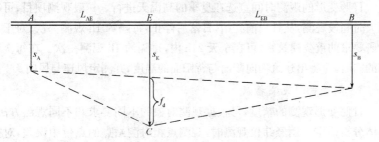

图 12-6 挠度值计算

快学快用 19 挠度观测成果提交

挠度观测后,应提交以下成果:
(1)挠度观测点布置图。
(2)挠度观测成果表。
(3)挠度曲线图。

第四节　特殊变形测量

一、日照变形观测

日照变形观测应在高耸建筑物或单柱(独立高柱)受强阳光照射或辐射的过程中进行,应测定建筑物或单柱上部由于向阳面与背阳面温差引起的偏移及其变化规律。

1. 日照变形观测点的选设

(1)当利用建筑物内部竖向通道观测时,应以通道底部中心位置作为测站点,以通道顶部正垂直对应于测站点的位置作为观测点。

(2)当从建筑物或单柱外部观测时,观测点应选在受热面的顶部或受热面上部的不同高度处于底部(视观测方法需要布置)适中位置,并设置照准标志,单柱亦可直接照准顶部与底部中心线位置;测站点应选在与观测点连线呈正交或近于正交的两条方向线上,其中一条宜与受热面垂直,距观测点的距离约为照准目标高度 1.5 倍的固定位置处,并埋设标石。

2. 日照变形观测时间

日照变形的观测时间宜选在夏季的高温天进行。一般观测项目,可在白天时间段观测,从日出前开始,日落后停止,每隔约 1h 观测一次;对于有科研要求的重要建筑物,可在全天 24h 内,每隔约 1h 观测一次。在每次观测的同时,应测出建筑物向阳面与背阳面的温度,并测定风速与风向。

3. 日照变形观测精度

日照变形观测的精度,可根据观测对象的不同要求和不同观测方法,具体分析确定。用经纬仪观测时,观测点相对测站点的点位中误差,对投点法不应大于±1.0mm,对测角法不应大于±2.0mm。

快学快用 20　日照变形观测方法的选用

日照变形观测的方法包括激光垂准仪观测法、测角前方交会法和方向差交会法,可根据不同观测条件与要求选用。

(1)当建筑物内部具有竖向通视条件时,应采用激光垂准仪观测法。在测站点上可安置激光垂准仪或激光经纬仪,在观测点上安置接收靶。

第十二章 建筑物变形观测与竣工总平面图的编绘

每次观测,可从接收靶读取或量出顶部观测点的水平位移值和位移方向,亦可借助附于接收靶上的标示光点设施,直接获得各次观测的激光中心轨迹图,然后反转其方向即为实测日照变形曲线图。

(2)从建筑物外部观测时,可采用测角前方交会法或方向差交会法。对于单柱的观测,按不同量测条件,可选用经纬仪投点法、测顶部观测点与底部观测点之间的夹角法或极坐标法。按上述方法观测时,从两个测站对观测点的观测应同步进行。所测顶部水平位移量与位移方向,应以首次测算的观测点坐标值或顶部观测点相对底部观测点的水平位移值作为初始值,与其他各次观测的结果相比较后计算求取。

快学快用 21 日照变形观测成果提交

日照变形观测工作结束后,应提交下列成果:
(1)日照变形观测点位布置图。
(2)日照变形观测成果表。
(3)日照变形曲线图。

某电视塔顶部日照变形曲线图,如图12-7所示。

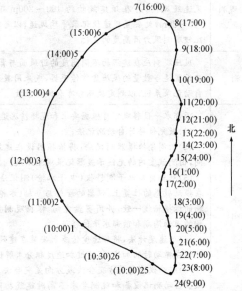

图12-7 某电视塔顶部日照变形曲线图

二、风振观测

风振观测应在高层、超高层建筑物受强风作用的时间段内,同步测定建筑物的顶部风速、风向和墙面风压以及顶部水平位移,以获取风压分布、体型系数及风振系数。

1. 观测精度

风振位移的观测精度,如采用自动测记法,应视所用仪器设备的性能和精确程度要求具体确定;如采用经纬仪观测,观测点相对测站点的点位中误差不应大于±15mm。

快学快用 22 风振观测方法的选用

风振观测方法的选用见表 12-11。

表 12-11 风振观测方法选用

序号	项目	观测方法
1	风速、风向观测	风速、风向观测,宜在建筑物顶部的专设桅杆上安置两台风速仪(如电动风速仪、文氏管风速仪),分别记录脉动风速、平均风速及风向,并在距建筑物约 100~200m 距离的一定高度(10~20m)处安置风速仪记录平均风速,以与建筑物顶部风速比较观测风力沿高度的变化
2	风压观测	风压观测应在建筑物不同高度的迎风面与背风面外墙上,对应设置适当数量的风压盒作传感器,或采用激光光纤压力计与自动记录系统,以测定风压分布和风压系数
3	顶部水平位移观测	顶部水平位移观测可根据要求和现场情况选用下列方法: (1)激光位移计自动测记法; (2)长周期拾振器测记法:将拾振器设在建筑物顶部天面中间,由测试室内的光线示波器记录观测结果; (3)双轴自动电子测斜仪(电子水枪)测记法:测试位置应选在振动敏感的位置上,仪器的 x 轴与 y 轴(水枪方向)应与建筑物的纵横轴线一致,并用罗盘定向,根据观测数据计算出建筑物的振动周期和顶部水平位移值; (4)加速度计法:将加速度传感器安装在建筑物顶部,测定建筑物在振动时的加速度,通过加速度积分求解位移值; (5)经纬仪测角前方交会法或方向差交会法。此法适用于在缺少自动测记设备和观测要求不高时建筑物顶部水平位移的测定,但作业中应采取措施防止仪器受到强风影响

2. 数据计算

由实测位移值计算风振系数 β 时,可采用下列公式:
$$\beta=(s+0.5A)/s$$
或
$$\beta=(s_a+s_d)/s$$

式中　　s——平均位移值(mm);
　　　　A——风力振幅(mm);
　　　　s_a——静态位移值(mm);
　　　　s_d——动态位移值(mm)。

快学快用 23　风振观测成果提交

风振观测工作结束后,应提交下列成果:
(1)风速、风压、位移的观测位置布置图。
(2)各项观测成果表。
(3)风速、风压、位移及振幅等曲线图。
(4)观测成果分析说明资料。

三、裂缝观测

裂缝观测应测定建筑物上的裂缝分布位置,裂缝的走向、长度、宽度及其变化程度。观测的裂缝数量视需要而定,主要的或变化的裂缝应进行观测。

1. 裂缝观测标志

(1)裂缝观测标志的设置要求。

1)对需要观测的裂缝应统一进行编号。每条裂缝至少应布设两组观测标志,一组在裂缝最宽处,另一组在裂缝末端。每组标志由裂缝两侧各一个标志组成。

2)裂缝观测标志,应具有可供量测的明晰端面或中心。观测期较长时,可采用镶嵌或埋入墙面的金属标志、金属杆标志或楔形板标志;观测期较短或要求不高时可采用油漆平行线标志或用建筑胶粘贴的金属片标志。要求较高、需要测出裂缝纵横向变化值时,可采用坐标方格网板标志。使用专用仪器设备观测的标志,可按具体要求另行设计。

(2)裂缝观测标志形式。裂缝观测标志形式见表12-12。

表 12-12　　　　　　　　　裂缝观测标志形式

序号	类别	说明
1	石膏板标志	用厚10mm,宽约50~80mm 的石膏板,在裂缝两边固定牢固。当裂缝继续发展时,石膏板也随之开裂,从而观察裂缝继续发展的情况
2	白铁片标志	用两块白铁片,一片取 150mm×150mm 的正方形,固定在裂缝的一侧,并使其一边和裂缝的边缘对齐。另一片为 50mm×200mm,固定在裂缝的另一侧,并使其中一部分紧贴相邻的正方形白铁片。当两块白铁片固定好以后,在其表面均涂上红色油漆。在裂缝继续发展的情况下,两白铁片将逐渐拉开,露出正方形白铁片上原被覆盖没有涂油漆的部分,其宽度即为裂缝加大的宽度,可用尺子量出
3	金属棒标志	在裂缝两边凿孔,将长约 10cm 直径 10mm 以上的钢筋头插入,并使其露出墙外约 2cm 左右,用水泥砂浆填灌牢固。在两钢筋头埋设前,应先把钢筋一端锉平,在上面刻画十字丝或中心点,作为量取其间距的依据。待水泥砂浆凝固后,量出两金属棒之间的距离,并记录下来。以后如裂缝继续发展,则金属棒的间距也就不断加大。定期测量两棒之间距并进行比较,即可掌握裂缝开展情况

2. 裂缝观测技术要求

(1)对于数量不多,易于量测的裂缝,可视标志形式不同,用比例尺、小钢尺或游标卡尺等工具定期量出标志间距离求得裂缝变位值,或用方格网板定期读取"坐标差"计算裂缝变化值;对于较大面积且不便于人工量测的众多裂缝宜采用近景摄影测量方法;当需连续监测裂缝变化时,还可采用测缝计或传感器自动测记方法观测。

(2)裂缝观测的周期应视其裂缝变化速度而定。通常开始可半月测一次,以后一月左右测一次。当发现裂缝加大时,应增加观测次数,直至几天或逐日一次的连续观测。

(3)裂缝观测中,裂缝宽度数据应量取至 0.1mm,每次观测应绘出裂缝的位置、形态和尺寸,注明日期,附必要的照片资料。

快学快用 24 裂缝观测成果提交

建筑物裂缝观测后,应提交以下成果:
(1)裂缝分布位置图。
(2)裂缝观测成果表。
(3)观测成果分析说明资料。
(4)当建筑物裂缝和基础沉降同时观测时,可选择典型剖面绘制两者的关系曲线。

第五节 竣工总平面的编绘

一、编绘竣工总平面图的意义

竣工总平面图是设计总平面图在施工后实际情况的全面反映,所以设计总平面图不能完全代替竣工总平面图。由此,施工结束后应及时进行编绘竣工总平面图,其主要目的如下:

(1)全面反映竣工后的现状。在施工过程中,由于设计时没有考虑到的问题而使设计有所变更,这种临时变更设计的情况必须通过测量反映到竣工总平面图上。

(2)为日后建(构)筑物的管理、维修、扩建、改建及事故处理提供资料依据。

(3)为工程验收提供资料依据。

二、编绘竣工总平面图的主要程序

1. 准备工作

(1)确定竣工总平面图的比例尺。建筑物竣工总平面图的比例尺一般为 1/500 或 1/1000。

(2)绘制竣工总平面图底图坐标方格网。编绘竣工总平面图,首先要在图纸上精确地绘出坐标方格网。坐标格网画好后,应进行检查。

(3)展绘控制点。以底图上绘出的坐标方格网为依据,将施工控制网点按坐标展绘在图上。

(4)展绘设计总平面图。在编绘竣工总平面图之前,应根据坐标格网,先将设计总平面图的图面内容按其设计坐标,用铅笔展绘于图纸上。

2. 竣工测量

在建筑物施工过程中,在每一个单项工程完成后,必须由施工单位进行竣工测量,提出工程的竣工测量成果,作为编绘竣工总平面图的依据。竣工测量内容包括:

(1)工业厂房及一般建筑物;

(2)地下管线;

(3)架空管线;

(4)交通线路;

(5)特种构筑物;

(6)其他。

3. 现场实测

对于以下情况,应经过现场实测后再进行竣工总平面图的编绘。

(1)由于未能及时提供建筑物或构筑物的设计坐标,而在现场指定施工位置的工程。

(2)设计图上只标明工程与地物的相对尺寸而无法推算坐标和标高。

(3)由于设计多次变更而无法查对设计资料。

(4)竣工现场的竖向布置、围墙和绿化情况,施工后尚保留的大型临时设施。

三、竣工总平面图编绘内容

竣工总平面图的编绘包括室外实测和室内资料编绘两方面的内容。

1. 室外实测

在每一个单项工程完成后,必须由施工单位进行竣工测量。提出工程的竣工测量成果。其内容见表12-13。

表12-13　　　　　　　　室外实测的内容

序号	项目	实测内容
1	工业厂房及一般建筑物	包括房角坐标,各种管线进出口的位置和高程;并附房屋编号、结构层数、面积和竣工时间等资料

第十二章 建筑物变形观测与竣工总平面图的编绘

续表

序号	项　目	实　测　内　容
2	铁路、公路	包括起止点、转折点、交叉点的坐标,曲线元素,桥涵等构筑物的位置和高程
3	地下管网	窨井、转折点的坐标,井盖、井底、沟槽和管顶等的高程;并附注管道及窨井的编号、名称、管径、管材、间距、坡度和流向
4	架空管网	包括转折点、结点、交叉点的坐标,支架间距,基础面高程

2. 室内资料编绘

竣工测量完成后,应提交完整的资料,包括工程的名称,施工依据,施工成果,作为编绘竣工总平面图的依据。

室内资料编绘时,应符合下列要求:

(1)编绘分类竣工总平面图时,对于大型企业和较复杂的工程,如将厂区地上、地下所有建筑物和构筑物都绘在一张总平面图上,这样将会形成图面线条密集,不易辨认。为了使图面清晰醒目,便于使用,可根据工程的密集与复杂程度,按工程性质分类编绘竣工总平面图。

(2)编绘综合竣工总平面图时,综合竣工总平面图即全厂性的总体竣工总平面图,包括地上、地下一切建筑物、构筑物和竖向布置及绿化情况等。

(3)竣工总平面图的图面内容和图例,一般应与设计图一致。图例不足时可补充编绘。

(4)为了全面反映竣工成果,便于生产、管理、维修和日后企业的扩建或改建,与竣工总平面图有关的一切资料,应分类装订成册,作为竣工总平面图的附件保存。

(5)编绘工业企业竣工总平面图,最好的办法是随着单位或系统工程的竣工,及时地编绘单位工程或系统工程平面图,并由专人汇总各单位工程平面图编绘竣工总平面图。

四、竣工总平面图绘制注意事项

(1)根据设计资料展点成图。凡按设计坐标定位施工的工程,应以测量定位资料为依据,按设计坐标(或相对尺寸)和标高编绘。

(2)根据竣工测量资料或施工检查测量资料展点成图。在工业与民用建筑施工过程中,在每一个单位工程完成后,应该进行竣工测量,并提出该工程的竣工测量成果。

(3)展绘竣工位置时的要求。根据上述资料编绘成图时,对于厂房应使用黑色墨线绘出该工程的竣工位置,并应在图上注明工程名称、坐标和标高及有关说明。对于各种地上、地下管线,应用各种不同颜色的墨线绘出其中心位置,并注明转折点及井位的坐标、高程及有关注明。

参考文献

[1] 国家标准.GB 50026—2007 工程测量规范[S].北京:中国计划出版社,2007.
[2] 行业标准.JGJ 8—2007 建筑变形测量规范[S].北京:中国建筑工艺出版社,2007.
[3] 周建郑.建筑工程测量技术[M].武汉:武汉理工大学出版社,2002.
[4] 郭宗河.测量学[M].北京:科学出版社,2010.
[5] 唐春平,汪新.建筑工程测量[M].北京:北京理工大学出版社,2011.
[6] 孔德志.工程测量[M].郑州:黄河水利出版社,2005.
[7] 张志刚.普通测量[M].成都:西南交通大学出版社,2006.
[8] 凌志援.建筑施工测量[M].北京:高等教育出版社,2005.
[9] 陈学平.实用工程测量[M].北京:中国建材工业出版社,2007.

发展出版传媒　　服务经济建设

传播科技进步　　满足社会需求

我们提供

图书出版、图书广告宣传、企业定制出版、团体用书、会议培训、其他深度合作等优质、高效服务。

编辑部	图书广告	出版咨询	图书销售
010-68343948	010-68361706	010-68343948	010-68001605

jccbs@hotmail.com　　www.jccbs.com.cn

中国建材工业出版社
China Building Materials Press

（版权专有，盗版必究。未经出版者预先书面许可，不得以任何方式复制或抄袭本书的任何部分。举报电话：010-68343948）